Krüger

Grundlagen der Kraftfahrzeugelektronik

Manfred Krüger

Grundlagen der Kraftfahrzeugelektronik

Schaltungstechnik

4., aktualisierte Auflage

Autor:

Prof. Dr.-Ing. Manfred Krüger
Fachhochschule Dortmund

Bibliografische Information der Deutschen Nationalbibliothek:
Die Deutsche Nationalbibliothek verzeichnet diese Publikation in der Deutschen Nationalbibliografie; detaillierte bibliografische Daten sind im Internet über http://dnb.d-nb.de abrufbar.

© 2020 Carl Hanser Verlag München
Internet: www.hanser-fachbuch.de

Lektorat: Frank Katzenmayer
Herstellung: Anne Kurth
Satz: Kösel Media GmbH, Krugzell
Titelmotiv: © shutterstock.com/peterschreiber.media
Covergestaltung: Max Kostopoulos
Coverkonzept: Marc Müller-Bremer, www.rebranding.de, München
Druck und Bindung: Friedrich Pustet GmbH & Co. KG, Regensburg
Printed in Germany

Print-ISBN   978-3-446-46320-2
E-Book-ISBN   978-3-446-46361-5

Vorwort

Die Kraftfahrzeugindustrie ist heute einer der zentralen Industriezweige in Europa und der Welt. Dabei handelt es sich nicht nur um die Fahrzeughersteller, sondern auch im verstärkten Maße um die Zulieferindustrie, da die Fertigungstiefe der Fahrzeughersteller ständig abnimmt und wichtige zentrale Entwicklungsaufgaben zunehmend in die Zulieferebene verlagert werden.

Ein weiterer Aspekt ist die Zunahme der Elektronikanteile in modernen Kraftfahrzeugen. Allgemein anerkannt ist folgende Aussage:

90 % der Innovationen in Kraftfahrzeugen werden heute von oder mit der Elektronik realisiert.

Das heißt, fast alle verbauten Systeme sind elektronisch gesteuert. Nur so lassen sich heute und in Zukunft die Anforderungen an die Sicherheit, die Umweltbelastung, die Funktionalität und den Komfort neuer Fahrzeuggenerationen erfüllen.

Einem normalen Fahrzeugnutzer ist im Allgemeinen nicht bewusst, dass er beim Führen seines Fahrzeugs bereits heute von einer Vielzahl von Computern unterstützt wird, die zum größten Teil untereinander vernetzt sind und ihn in den verschiedensten Fahrsituationen mit Informationen versorgen, komplizierte Bedienungen erleichtern bzw. ganz abnehmen und in einer Krisensituation für die Sicherheit der Fahrzeuginsassen sorgen.

Diese Tendenz zu mehr Elektronik ist ungebrochen und wird in Zukunft einen weit höheren Wertanteil in einem Fahrzeug darstellen.

Daraus ergibt sich für die Fahrzeugindustrie ein immer größer werdendes Problem: für die Entwicklung höchst komplexer Fahrzeugsysteme entsprechend ausgebildete Ingenieure zu finden.

Die Zielgruppen, für die dieses Buch interessant ist, sind nicht nur die Studentinnen und Studenten der Fachgebiete Fahrzeug- und Verkehrstechnik mit Schwerpunkt Fahrzeugelektronik an den Hochschulen, sondern durchaus auch bereits ausgebildete Ingenieure.

Meine eigene Arbeit in der Fahrzeugindustrie hat gezeigt, dass es eine lange (und für die Firma teure) Zeit dauern kann, bis ein Ingenieur, der seine Ausbildung gerade beendet hat, bzw. ein Ingenieur aus anderen Berufsfeldern die speziellen hardware- und softwaretechnischen Besonderheiten in der Kraftfahrzeugelektronik sicher beherrscht, so dass er eigenverantwortlich in einem Entwicklungsprojekt wichtige Entscheidungen treffen und sie dann auch für eine Großserienfertigung zielgerichtet umsetzen kann.

Speziell die Probleme auf dem Hardwaregebiet werden von Neueinsteigern oft unterschätzt. Daher wird in diesem Buch der Schwerpunkt auf die Hardware gelegt und in einfacher und anschaulicher Form versucht, die Probleme bei der Integration einer Elektronik in ein Kraftfahrzeug darzustellen und die dabei auftretenden Besonderheiten genauer zu erläutern und mit Beispielen anzureichern.

Allgemeine elektrotechnische Grundlagen und der Umgang mit Bauelementen werden dabei als bekannt vorausgesetzt.

Nach einer allgemeinen Einführung werden zuerst einige Fahrzeugsteuerungen beispielhaft erwähnt, um die heute bereits vorliegende Vielfalt der verschiedenen elektronisch gesteuerten Systeme in Kraftfahrzeugen zu verdeutlichen.

Danach folgt ein Kapitel, das sich mit den Umweltanforderungen für Fahrzeugelektronik näher befasst. Schwerpunkt dabei sind die elektrischen Anforderungen, ergänzt durch die mechanischen, thermischen und chemischen Anforderungen. Dazu gehört auch die elektromagnetische Verträglichkeit (EMC).

Es werden dann einige grundlegende Methoden zur Erstellung einer Elektronik für Kraftfahrzeuge mit einigen kleinen Beispielen beschrieben. Dabei wird auf die in den vorherigen Kapiteln eingeführten Fachbegriffe und Sachverhalte zurückgegriffen.

Einen Schwerpunkt bildet die Hardwareentwicklung von Kraftfahrzeugelektronik inkl. der Integration von Mikrocontrollern in Steuergeräte.

Zum Abschluss werden in einem Spezialkapitel einige besondere Aspekte beschrieben, die in der täglichen Entwicklungsarbeit immer wieder zu Problemen führen können.

Ein kleines Tabellenwerk mit den am häufigsten während einer Entwicklung benötigten Informationen schließt sich an.

Diese Informationen stellen den theoretischen Unterbau dar, mit dessen Wissen es möglich ist, die einzelnen Strukturelemente einer Kraftfahrzeugelektronik im Einzelnen zu verstehen bzw. deren Notwendigkeit nachzuvollziehen. Damit ist dem Entwicklungsingenieur eine Grundlage an die Hand gegeben, mit der er sowohl als Einsteiger als auch als fortgeschrittener Entwickler für Kraftfahrzeugelektronik die wichtigsten Daten und Fakten griffbereit vorliegen hat.

Dabei kann es sich natürlich nur um eine Momentaufnahme handeln, da gerade in der Kraftfahrzeugelektronik ständig neue Entwicklungen stattfinden und neue elektronische Bauteile ihren Einzug halten, die in der Praxis meist ihre jeweiligen Eigenheiten produzieren.

Bei Beachtung der grundsätzlichen Prinzipien, wie sie in diesem Buch beschrieben werden, kann jedoch eine erhebliche qualitative Verbesserung der Entwicklertätigkeit in der Praxis erreicht werden.

Danken möchte ich der Fa. Hella KGaA Hueck & Co., Lippstadt, für die Unterstützung bei der Bereitstellung der in diesem Buche vorhandenen Fotografien.

Lippstadt, 2004   *Prof. Dr.-Ing. Manfred Krüger*

Vorwort zur vierten Auflage

Die weitere Entwicklung der Elektronik innerhalb der Kraftfahrzeuge schreitet schnell voran. Die inzwischen in den Vordergrund gerückten Themen sind unter anderem:

Elektromobilität, autonomes Fahren, Hybridisierung, Internetvernetzung und Sicherheit gegenüber kriminellen Angriffen von außen auf die Fahrzeuge.

Das wird in kurzer Zeit dazu führen, dass immer mehr Wertschöpfung bei den Fahrzeugen von der reinen Mechanik und klassischen Elektronik hin zur Entwicklung von Software verlagert wird. Tendenzen zeigen, dass in näherer Zukunft bis zu 80 % der Fahrzeugentwicklung aus Softwarearbeiten bestehen wird.

Das korrekte Funktionieren eines Fahrzeuges setzt in diesem Zusammenhang voraus, dass die verbaute Hardware, auf der die Software laufen muss, auch sicher und über lange Zeiträume fehlerfrei funktioniert. Außerdem darf sie nicht durch kriminelle Hardwareeingriffe manipulierbar sein.

Als Ergebnis aus den bisher gemachten Darstellungen ist festzustellen, dass es auch in Zukunft strenge Anforderungen an die elektronische Hardware (Steuergeräte und zentrale Domain-Controller) innerhalb eines Fahrzeuges geben wird, schon in Hinblick auf das autonome Fahren. Dort sind mit Sicherheit keinerlei Fehlfunktionen zu akzeptieren.

Die in diesem Buch aufgezeigten Maßnahmen zur Verbesserung der funktionalen Sicherheit einer Fahrzeugelektronik im Hardwarebereich gelten also auch weiterhin, wenn nicht sogar noch verschärft.

Die Einführung der 48-V-Spannungsebene im Hybridbereich der Fahrzeuge und die Einführung der Kommunikation mittels Ethernet im Fahrzeug sind neu aufgenommene Themen.

Dortmund, im Januar 2020   *Prof. Dr.-Ing. Manfred Krüger*

Inhalt

6 Grundlegende Methoden, Berechnungen und Sichtweisen für die Entwicklung von Kraftfahrzeugelektronik 99

7 Modularisierung und Realisation von Kraftfahrzeugelektronik 117

8 Mikrocontroller in der Kraftfahrzeugelektronik 179

1

Einleitung: Grundlagen der Schaltungstechnik für Kfz-Elektronik

Vergleicht man die Anforderungen an moderne Kraftfahrzeuge mit denen vor 15 oder 20 Jahren, so ist festzustellen, dass sich neben der reinen technischen Verbesserung des Systems Kraftfahrzeug auch der Stellenwert des Fahrzeuges innerhalb der modernen Gesellschaft drastisch verändert hat. Die individuelle Mobilität der Menschen in den hoch industrialisierten Ländern, speziell außerhalb der Ballungsgebiete, wird heutzutage als ein Grundrecht betrachtet und auch so ausgeführt.

Dabei wird vorausgesetzt, dass das Transportmedium (z. B. das Auto) zu jeder Zeit und unter jeder Umgebungsbedingung perfekt funktioniert und eine lange Lebensdauer ohne Störungen aufweist. Hinzu kommt, dass durch die aktuellen Diskussionen innerhalb der Gesellschaft und auf der politischen Ebene ständig neue Anforderungen an moderne Kraftfahrzeugsysteme formuliert werden, die dann innerhalb weniger Jahre als Standard in die Fahrzeuge Einzug halten.

Es ist festzustellen, dass der größte Anteil dieser neuen Forderungen in Systemveränderungen resultiert, die ohne den Einsatz modernster Elektronik nicht mehr zu realisieren wären. Die wichtigsten Schwerpunkte dieser Veränderungen sind:

- ständig neue und verschärfte Abgasrichtlinien
- ständige Verringerung des Kraftstoffverbrauchs pro gefahrener Strecke
- Verschärfung der Sicherheitsanforderungen für die Fahrzeuginsassen im Falle eines Unfalls
- Sicherheit in der Bedienung des Fahrzeuges
- aktive Unterstützung des Fahrers im normalen Fahrbetrieb durch moderne Systeme, die in das Fahrverhalten des Fahrzeuges eingreifen, wie z. B. elektronische Stabilitätssysteme usw.
- erhöhte Anforderungen an den Fahrkomfort (wie z. B. Klima- oder Navigationssystem).

Durch die Verschärfung des Konkurrenzdrucks zwischen den Fahrzeugherstellern oder den Zulieferern im Zuge der Globalisierungsprozesse müssen die o. g. Eigenschaften bei immer geringeren Kosten bereitgestellt werden können.

Als Folge davon werden ständig neue Systeme entwickelt und bereits vorhandene Systeme überarbeitet. Diese Überarbeitungen haben folgende Ziele:

- Verbesserung der Zuverlässigkeit

- Verbesserung des Bedienkomforts

- Erhöhung der Sicherheit

- Verkleinerung der mechanischen Abmessungen

- Verringerung des Gewichtes

- kostengünstigere Produktion im Allgemeinen (Bauteile, Prozess usw.)

- Nachentwicklung von vorhandenen Systemen bei Bauteileabkündigungen.

Dieses gesamte Problemfeld kann jetzt und in Zukunft nur dadurch erfolgreich bearbeitet werden, dass die Entwicklungsaufwendungen innerhalb der Entwicklungsabteilungen der Fahrzeughersteller oder Fahrzeugzulieferindustrie ständig verstärkt werden.

Das ununterbrochene rasante Anwachsen des Fachwissens auf diesem Gebiet kann nur durch eine ständige Weiterbildung der Entwicklungsingenieure beherrscht werden.

Im folgenden Kapitel soll nach einer allgemeinen Betrachtung konkret darauf eingegangen werden, welche Besonderheiten elektronische bzw. elektromechanische Systeme in Kraftfahrzeugen aufweisen.

Die meisten elektronischen Systeme in Fahrzeugen sind verdeckt verbaut, das bedeutet, der Fahrzeugnutzer merkt das Vorhandensein eines speziellen Systems erst, wenn dieses ihm eine Nachricht schickt bzw. eine gewünschte Funktion durchführt.

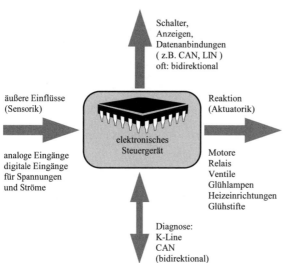

Bild 1.1 Interaktion eines elektronischen Steuergerätes in Kraftfahrzeugen

Natürlich gibt es auch Systeme, die direkt mit dem Fahrer interagieren (wie z. B. Schalter und Anzeigenmodule). Ganz allgemein betrachtet beinhalten fast alle elektronischen Systeme in Kraftfahrzeugen prinzipiell vier Schnittstellengruppen:

- äußere Einflüsse (Sensorik)

- Reaktionen auf diese Einflüsse (Aktuatorik)

- Kommunikation mit anderen Systemen oder mit dem Bediener

- Diagnoseinformationen.

Das komplette System besteht also auf der einen Seite aus mechanischen Elementen, wie z. B. speziell verbauten Sensoren oder auch Antriebsmotoren, auf der anderen Seite aus einem Steuergerät, das die Bereitstellung der geforderten Funktionalität durchführt.

Diese äußere Struktur kann nun heruntergebrochen werden auf die innere Struktur eines Steuergerätes, man erhält so eine ganz grobe Strukturierung der Hardware in einzelne Funktionsblöcke:

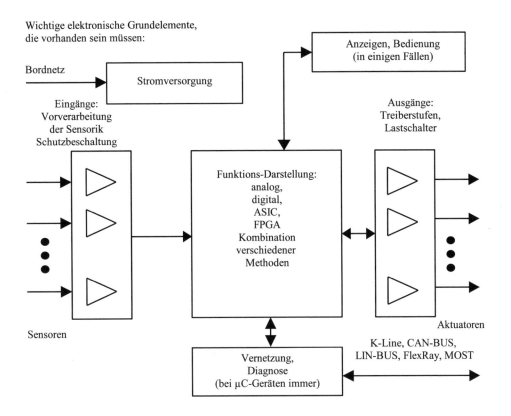

Bild 1.2 Grundelemente einer Kraftfahrzeugelektronik

- Stromversorgung

- Zentraleinheit (Darstellung der eigentlichen Funktionalität, analog oder digital)

- Eingänge (Verarbeitung der Sensorik, Schalter, Vorverstärkung von Signalen usw.)

- Ausgänge (Ansteuerung der Aktuatorik unterschiedlichster Art mit unterschiedlichen Strömen)

- Schnittstelleninterface (externe Diagnose oder Kommunikation mit anderen Systemen)

- Schnittstelle zur Anzeige und ggf. zum Fahrer.

Im folgenden Kapitel wird auch beispielhaft dargestellt, welche elektronischen System-gruppen derzeit in modernen Kraftfahrzeugen verbaut werden und aus welchen Einzel-systemen sie bestehen.

Bevor in Kapitel 7 im Einzelnen auf die Besonderheiten bei der Realisation (Entwicklung) einer derartigen Elektronik eingegangen wird, werden zunächst die Umweltanforderun-gen an Fahrzeugelektronik beschrieben, die meist einen erheblichen Einfluss auf das zu wählende Realisationsprinzip haben und oft zunächst einfach aussehende Teilprobleme erheblich komplizieren können.

2 Elektronische Systeme in Kraftfahrzeugen

Der Einsatz von Elektronik in Kraftfahrzeugen hat in den letzten Jahren stark zugenommen und wird auch zukünftig noch weiter steigen. Eine der Hauptmotivationen besteht darin, dass es in der heutigen Zeit erforderlich ist, Elektronik einzusetzen, um technologische Verbesserungen durchzuführen bzw. neue innovative Systeme überhaupt erst möglich zu machen. Fast alle Funktionalitäten innerhalb eines modernen Kraftfahrzeuges werden daher von oder mit Elektronik realisiert.

Auf Grund der Tatsache, dass eine Vielzahl von elektronischen Systemen auch zu einer Vielzahl von elektrischen Anschlussleitungen führt, hat sich in den letzten Jahren die Notwendigkeit ergeben, derartige Systeme miteinander zu vernetzen. Nur so ist es prinzipiell möglich, eine umfangreiche Funktionalität darzustellen, ohne dass das als Verbindungselement dienende Bordnetz extrem große Ausmaße annimmt (Anzahl der Leitungen innerhalb der Kabelstränge).

Wie in Abschnitt 7.6.2 noch näher beschrieben wird, existieren derzeit für derartige Vernetzungen unterschiedliche Bussysteme. Als Beispiel seien hier genannt: der sog. CAN-Bus, der LIN-Bus oder auch der MOST-Bus.

Die Bus-Typen zur Vernetzung von elektronischen Systemen in Kraftfahrzeugen verwendet man als Strukturierungsmerkmal für die Kraftfahrzeugelektronik. Als Hauptgruppen ergeben sich daraus:

- elektronische Systeme im Motorraum
- elektronische Systeme innerhalb der Fahrgastzelle
- Infotainment-Systeme
- Systeme zur drahtlosen Kommunikation mit anderen Fahrzeugen oder Kommunikationsstellen außerhalb des Fahrzeuges (Telematik).

In den folgenden Abschnitten werden nun einige Beispiele aufgeführt, die entsprechenden Systemgruppen zuzuordnen sind. Dabei werden die Systeme nur genannt, ohne sie genau technisch zu beschreiben. Das würde den Umfang dieses Buches sprengen und ist auch nicht das Ziel.

■ 2.1 Elektronische Systeme im Motorraum

Die Vernetzung geschieht oft unter Verwendung eines CAN-Bus mit hoher Datengeschwindigkeit (des sog. High-Speed-CAN-Bus). Zukünftig werden auch schnelle Hochsicherheitsbusse (FlexRay, TTP) eingesetzt.

Beispiele:

- Motorelektronik
- Getriebesteuerung
- Leuchtweitenregulierung
- elektrisch unterstützte Lenkung
- Standheizung
- adaptive Fahrwerksregelung
- Anti-Blockier-System
- elektronisches Stabilitäts-Modul
- Antriebsschlupfregelung
- elektronisches Zündschloss
- Kombiinstrument
- Airbag-Steuerung
- elektronischer Bremsassistent.

■ 2.2 Elektronische Systeme innerhalb der Fahrgastzelle

Bei der Vernetzung dieser Systeme wird ebenfalls oft ein CAN-Bus verwendet, jedoch mit einer geringeren Datenübertragungsrate (der sog. Low-Speed-CAN-Bus).

Beispiele:

- zentrales Diagnose-Gateway
- Kombiinstrument
- Dachmodul
- Wischersteuerung vorn und hinten
- Einparkhilfe
- Zentralelektronik mit Steuerung der gesamten Front- und Heckbeleuchtung, Energiemanagement, Steuerung der Heizeinrichtungen für Heckscheibe, Spiegel und Waschdüsen, Erfassung sämtlicher Schalter

- programmierbare Sitzverstellung für Fahrer und Beifahrersitz

- Keyless-Go- bzw. Keyless-Entry-Systeme

- Sitzheizung für Fahrer- bzw. Beifahrersitz

- Sitzbelegungserkennung

- Steuerung der Innenbeleuchtung

- Steuerung der Armaturenbrettbeleuchtung

- Klimaregelung mit Klappenverstellung inkl. Umluftklappe, Gebläsesteuerung, diverse Temperatur-Sensoren

- Türsteuergeräte jeweils für vorn-links, vorn-rechts, hinten-links und hinten-rechts und Heckklappe mit Fensterheber, Türschlossbedienung, Spiegelverstellung, verschiedenen Bedienfelder, Funkfernbedienung für die Türen, Lampenausfallkontrolle.

2.3 Infotainment-Systeme

Die Verbindung dieser Systeme untereinander geschieht heute noch unter Verwendung verschiedener Bussysteme wie z. B. eines CAN- oder auch eines MOST-Bus.

Beispiele:

- Radioanlage mit Verstärker und Lautsprecher

- Telefonanlage

- Navigationssystem

- CD-Wechsler

- Fernsehempfänger (TV-Tuner)

- Sprachbedienung

- Bildschirmsteuerung.

2.4 Fahrerassistenzsysteme

Innerhalb der letzten Jahre sind eine Vielzahl von neuen Systemen in der Serie eingeführt worden oder befinden sich noch in der Entwicklungsphase, die das Umfeld des Fahrzeuges erfassen und überwachen können. Somit ist es möglich, den Fahrer zu unterstützen.

Die Anzahl dieser Systeme wird in Zukunft noch weiter zunehmen, hier nun einige Systeme (beispielhaft):

- automatisches Einparken, längs und quer

- kameragesteuerte Ausleuchtung des Fahrzeugvorfeldes

- Fahrsituationserkennung

- Erkennung von Verkehrsschildern mit Fahreingriff

- Radarerfassung des Fahrbereiches vor dem Fahrzeug

- automatischer Spurwechselassistent

- Erfassung des „toten Winkels"

- Radar-Rundumerkennung von Hindernissen oder anderen Verkehrsteilnehmern

- Erkennung der Ermüdung des Fahrers (ggf. mit Kamera)

- automatisches Abstandsradar mit Notbremsfunktion bis zum Stillstand

- autonomes Fahren

- autonomes Überholen

- Zugriff auf das Internet (Cloud-Zugriff).

■ 2.5 Weitere Systeme

Beispiele:

- Frontscheibenheizung

- Steuerung der Katalysatorvorwärmung

- elektrische Zusatzheizung

- Reifendruckerkennung

- adaptive Frontbeleuchtung

- Bremsbelag-Sensorik

- adaptive Geschwindigkeitsregelung (ACC)

- elektronisches Gaspedal (E-Gas)

- adaptives Bremslicht.

Wie bereits angedeutet, kann es sich bei dieser groben Übersicht nur um einige Beispiele handeln, die in verschiedenen Fahrzeugen je nach Ausstattung heutzutage verbaut werden.

Die genaue Strukturierung dieser Systeme untereinander ist naturgemäß von Fahrzeugtyp zu Fahrzeugtyp und auch zwischen den Fahrzeugen verschiedener Fahrzeughersteller höchst unterschiedlich.

Die hier beschriebene Struktur wird sich zukünftig stark weiterentwickeln. Das bedeutet, dass noch viele neue elektronische Systeme in die Kraftfahrzeuge hinein eingebaut werden, die auch zu völlig neuen Systemstrukturen führen.

Ein möglicher Trend wird sein, elektronische Steuergeräte bzw. heute noch zum Teil diskret realisierte Steuerungen zusammenzufassen, die sich örtlich innerhalb eines Fahrzeuges in der Nähe befinden, um so höher integrierte und von der Funktionalität her leistungsfähigere Zentralsysteme zu erhalten.

Es ist bei einigen Fahrzeugen bereits üblich, verschiedene sog. Zentralelektronik-Module zu verwenden, die eine Vielzahl von einzelnen Funktionen zusammenfassen. Man erhält so z. B.:

- eine Zentralelektronik für den Frontbereich,

- eine für den Heckbereich und

- eine für den Motorbereich.

Diese Überlegungen gehen teilweise sogar so weit, zukünftig innerhalb eines Fahrzeuges elektronisch gesehen nur noch relativ einfache Steuerungen für die Aktuatorik vorzusehen und die gesamte Funktionalität an einer Stelle in einem sehr leistungsfähigen Zentralrechner zusammenzufassen, um Kostenvorteile zu erhalten. Man würde so eine völlig zentrale Systemarchitektur erhalten.

Welche Entwicklung sich durchsetzen wird, ist derzeit noch nicht abzusehen. Dennoch ist bereits heute festzustellen: Während die elektronischen Systeme einer dezentralen Struktur im Fehlerfall noch einen sog. Notlauf ermöglichen, wäre bei einer vollkommen zentralen Architektur beim Ausfall des Zentralrechners sofort und unmittelbar das gesamte Fahrzeug betroffen und wahrscheinlich auch nicht mehr funktionsfähig. Diese beiden Betrachtungsweisen werden in absehbarer Zeit noch zu erheblichen Diskussionen innerhalb der Fachwelt führen.

■ 2.6 Kommunikation mit externen Systemen außerhalb des Fahrzeuges (Telematik)

Die Telematik ist ein vergleichsweise noch recht junges technisches Gebiet innerhalb der Kraftfahrzeugumgebung. Es geht dabei in erster Linie um eine Datenübertragung von und zu externen Fahrzeugsystemen. Dazu kann man auch die Systeme aus dem Infotainment-Bereich zählen, die ihre Information ebenfalls drahtlos erhalten, wie z. B. die Radioanlage.

Auch hier gibt es verschiedene Ansätze, die zum einen Teil heute schon realisiert sind, zum anderen Teil jedoch Perspektiven darstellen:

- Internet-Kommunikation aus dem Fahrzeug heraus, über D/E-Netz, Telefonverbindungen, UMTS oder LTE

- Fernsehempfang im Fahrzeug

- Übertragung von Telemetrie-Daten (Maut-Gebühren)

- Empfang von Navigationsdaten (GPS, Global-Positioning-System)

- Empfang von selektiv ausgewählten Verkehrsnachrichten in Verbindung mit der aktuellen Position und dem Fahrziel des Fahrzeuges

- Übertragung von Zustandsdaten verschiedener Fahrzeugsysteme, um Diagnose- oder Serviceaktivitäten vorzubereiten oder zu diagnostizieren.

Einige weitergehende Möglichkeiten werden sich erst mittelfristig durchsetzen, da sich mit deren Einführung Fragen auf dem rechtlichen Gebiet und unter Datenschutzaspekten auftun, die derzeit noch nicht geklärt sind.

Die Notwendigkeit für deren Einführung ergibt sich nach heutigem Wissensstand daraus, dass bei zunehmender Verkehrsdichte in Zukunft die Anzahl der schweren Unfälle mit Personenschäden nur noch durch vermehrten Einsatz von Systemen erreicht werden kann, die kritische Fahrsituationen vorausschauend erkennen und ggf. sogar Zwangseingriffe im eigenen Fahrzeug einleiten.

Eine Lösung wäre die Kommunikation mit anderen Fahrzeugen in mittelbarer bzw. unmittelbarer Nähe zum eigenen Fahrzeug (Austausch von Fahrdaten bzw. Fahrzeugzuständen).

Beispiel:

Plötzliches Bremsen eines Fahrzeuges in einer Kolonne mit unmittelbarer Übertragung dieser Funktion auf alle nachfolgenden Fahrzeuge, um dort ebenfalls eine Zwangsbremsung auszulösen.

Analoge Funktionen sind auch bei einer Beschleunigung denkbar. Die Konsequenz für den Fahrzeugführer wäre, dass er gegebenenfalls akzeptieren muss, dass sein Fahrzeug Aktionen einleitet, die er so nicht veranlasst hat und die ihn unter Umständen überraschend treffen.

Das Gebiet der Telematik stellt sich also als ein sehr umfangreiches und komplexes Themenfeld dar, das zur besseren Übersichtlichkeit hier in fünf Bereiche aufgeteilt werden soll.

2.6.1 Telematik-Infotainment-/Büro-Bereich

Obwohl einige dieser technischen Möglichkeiten bereits seit langer Zeit in Fahrzeugen zu finden sind (z. B. Radio), ist davon auszugehen, dass zukünftig dieser Bereich stark ausgeweitet wird. Die sich dabei auftuenden neuen Aspekte sind neben Grundfunktionalitäten die Bedienbarkeit komplexer Systeme im Fahrzeug, ggf. sogar vom Fahrer während der Fahrt:

- Rundfunkempfang
- Telefon (D-/E-Netz oder UMTS)
- Internetanbindung
- TV-Empfang (terrestrisch oder über Satellit).

Dazu sind neuartige Verfahren notwendig, wie z. B. Head-up-Display, Spracheingabe oder die berührungslose Bedienung durch einen Fingerzeig.

2.6.2 Telematik-Navigationsbereich

Um den zukünftigen Verkehr überhaupt noch tragen zu können, ist eine gleichmäßigere Auslastung der Straßen erforderlich, die nur durch weitergehende technische Einrichtungen ermöglicht werden kann. Dazu gehört eine Verknüpfung der aktuellen Position eines

Fahrzeuges mit seinem Fahrziel unter Einbindung der Verkehrssituation in unmittelbarer und mittelbarer Umgebung.

Nur so können Verkehrsströme bei hohem Verkehrsaufkommen intelligent um aktuelle Unfallsituationen oder andere Störungen (Baustellen usw.) herumgeleitet werden, ohne dass es zu den heute üblichen Staus kommt.

Neben der so möglichen Entlastung der Straßen und der Reduktion von Unfällen ist hier auch unbedingt der positive Umweltaspekt zu betrachten, da jeder verhinderte Stau den Treibstoffverbrauch der gesamten Fahrzeugflotte verringert.

Eine technologische Ausweitung in diese Richtung ist zwar heute schon in der Diskussion und auch an einigen Stellen in der Forschung und Vorerprobung, jedoch ist der Weg bis zu einem stabil und zielführend arbeitenden Gesamtsystem, das europaweit zuverlässig funktioniert, noch weit.

Beispiele:

- adaptive GPS-Navigation

- ständiges Update der Karten-Daten

- Verarbeitung von Situationsdaten

- neuartige Mensch-Fahrzeug-Interfaces (z. B. Head-up-Displays).

2.6.3   Telematik-Fahrsituationsbereich

Gemeint ist hier der Austausch von Daten zwischen den Fahrzeugen oder auch von und zu Feststationen, um rechtzeitig auf kritische Situationen reagieren zu können, wie bereits oben erwähnt.

Heute stellt eine fahruntypische Situation, wie z. B. die Vollbremsung eines Verkehrsteilnehmers, eine Gefahr für die sich in der Nähe befindlichen anderen Fahrzeuge dar. Es ist denkbar, dass sich die Situation durch Austausch verschiedener Fahrsituationsdaten entschärfen lässt.

Diese Kommunikation muss allerdings einhergehen mit der Möglichkeit, in den benachbarten Fahrzeugen Aktionen automatisch auszulösen (z. B. Bremsen), die den Fahrer überraschend treffen können. Derartige Dinge erfordern noch eine eingehende gesellschaftliche Diskussion:

- Vollbremsung eines vorausfahrenden Fahrzeuges

- Warnung vor einem Falschfahrer

- Situation des Gegenverkehrs für Überholvorgänge

- Warnung vor Pannenfahrzeugen

- auftretende Sichtbehinderungen

- Glatteis/Regen.

2.6.4 Telematik-Servicebereich

Innerhalb der letzten Jahrzehnte sind die Fahrzeuge auf den Straßen wesentlich zuverlässiger und ressourcenschonender geworden. Dennoch ist die Notwendigkeit, in bestimmten Abständen einen Service-Betrieb aufsuchen zu müssen, für die meisten Fahrzeugführer eine kostenintensive und oft auch zeitlich umständliche Aktion. Sie sollte daher erst dann stattfinden, wenn eine begründete Notwendigkeit dazu besteht.

An Stelle einer kompletten und zeitintensiven Untersuchung in einer Werkstatt kann durch Übertragung geeigneter Systemdaten aus dem Fahrzeug heraus (Zustände der technischen Systeme im Fahrzeug) über eine große Entfernung zu einer Service-Stelle eine zielgerichtete Diagnose erstellt werden. Die Notwendigkeit eines Werkstattbesuches und die dann durchzuführenden Arbeiten würden so individuell zum optimalen Zeitpunkt erfolgen und zielgerichtet ablaufen.

Diese Funktionalität kann auch unterwegs bei einer Panne zu einer erheblichen Verbesserung der Hilfemöglichkeiten des Pannenpersonals führen.

Hinzu kommt ein weiterer Aspekt: Durch die ansteigende Komplexität moderner Fahrzeuge wird es für die Service-Betriebe immer schwerer, Fehler in der vernetzten Elektronik zu diagnostizieren. Eine Analyse geeigneter Daten durch besonders geschultes Fachpersonal in einem ggf. weit entfernten spezialisierten Analyse-Zentrum kann die Reparatur in Zusammenarbeit mit dem Service-Personal vor Ort für den Kunden schneller, zielgerichteter und preiswerter gestalten.

Beispiele:

- Voranalyse und Übertragung der Systemdaten eines Fahrzeuges

- verbesserte Hilfe bei Pannen

- erweiterte Analysemöglichkeit durch speziell geschultes Fachpersonal, ggf. weltweit

- Zeit- und Kosteneinsparung.

2.6.5 Telematik-Inkasso-Bereich

Obwohl in der derzeitigen Diskussion einige Bedenken geäußert werden, ob es sinnvoll oder erstrebenswert ist, eine automatische Fahrstreckenerfassung unter Verwendung von GPS-Systemen oder anderer Techniken einzuführen bzw. zu nutzen, ist es doch sehr wahrscheinlich, dass in naher Zukunft derartige Systeme technisch fehlerfrei funktionieren und eingesetzt werden.

Es ist in der heutigen und zukünftigen wirtschaftlichen Situation offensichtlich eine politisch gewollte Möglichkeit, zu jeder Zeit den Straßenverkehr zu erfassen und ggf. den Verkehrsteilnehmer, der eine Straße befährt, zusätzlich zu den bereits geleisteten Zahlungen über die verschiedenen Steuern benutzungsabhängig an weiteren Zahlungen zu beteiligen (Maut-Gebühren). Der Einsatz moderner Technik ermöglicht zukünftig eine schnelle Ausweitung dieser Erfassungen auch auf alle Straßen und Fahrzeuge.

Ein weitergehender Gedanke ist der, hoch belastete Fahrstrecken zeitabhängig mit unterschiedlichen Gebührensätzen zu belegen, um so ein zusätzliches Mittel der Verkehrslenkung zu erhalten.

Auf Grund der zu erwartenden stark steigenden Komplexität dieses Gebietes ist mit einem erhöhten technischen Forschungs- und Entwicklungsaufwand zu rechnen.

Wie bereits angedeutet, sind vor der Einführung derartiger Systeme, (die auf dem technischen Gebiet vom Prinzip her realisierbar wären) innerhalb der Gesellschaft erst noch ausführliche Diskussionen zu führen, bis eine Akzeptanz erreicht werden kann.

Zusammenfassung: Die Vielfalt der Systeme und neuen elektronisch gesteuerten Funktionen innerhalb eines Kraftfahrzeuges wird in der Zukunft noch weiter ansteigen, wie z. B.:

- automatische Umfeldwahrnehmung rund um das Fahrzeug, optisch und/oder mittels Radar

- Fahrerassistenzsysteme

- automatische Notbremse

- Kommunikation mit in unmittelbarer Nähe fahrenden Fahrzeugen bezüglich der Fahrsituation usw.

- autonomes Fahren.

Die technologischen Anforderungen steigen damit immer weiter an und erfordern seitens der Entwicklerteams immer mehr Fachwissen.

3

Umgebungsanforderungen im Kraftfahrzeug und die Auswirkungen auf die Elektronik

3.1 Allgemeine Bemerkungen

Die Verwendung von elektronischen Systemen in Kraftfahrzeugen erfordert erhebliche Schutzmaßnahmen für diese Ausrüstungen, um Störungen oder Frühausfälle zu vermeiden.

Im Gegensatz zu vielen anderen elektronischen Systemen des alltäglichen Lebens, wie z. B. Geräten aus der Unterhaltungsindustrie oder der Haushaltselektronik, handelt es sich bei einem Kraftfahrzeug um ein System, das in höchst unterschiedlichen Umgebungssituationen zum Einsatz kommt: von winterlichen Bedingungen in arktischen Bereichen bis hin zur Wüste.

Hinzu kommt noch ein weiterer Aspekt, der die besondere Situation in Kraftfahrzeugen kennzeichnet:

Bei einem Kraftfahrzeug handelt es sich bei Betrachtung der elektrischen Versorgung aller Komponenten um ein kleines „Inselnetz", bestehend aus Generator, Speichereinheit für elektrische Energie (Akkumulator, Batterie), Verteilung (Bordnetzverkabelung) und Verbraucher (z. B. elektromechanische Systeme).

Es ist also hier nicht möglich, wie im Haushalts-Versorgungsnetz, auf ein großes System von Energieverteilungseinrichtungen zurückzugreifen, die sich gegenseitig elektrisch stabilisieren. Jede Art von Laständerung (z. B. Schaltvorgänge) oder mechanische Einflüsse (wie etwa die Drehzahländerung des Motors, Temperaturschwankungen) auf den Generator führen zu dynamischen Vorgängen auf dem kompletten Bordnetz mit möglichen Folgen für die Elektronik. Das lässt sich prinzipiell niemals vermeiden. Auch in zukünftigen neuen Bordnetzen, wie dem angedachten 48-V-Bordnetz (Mild-Hybridfahrzeug oder darüber hinaus wie beim Full-Hybridfahrzeug), wird erheblich mit derartigen Einflüssen zu rechnen sein.

Je nach Art dieser Ereignisse sind die Auswirkungen auf ein Bordnetz sehr unterschiedlich und rufen dementsprechend auch verschiedene elektrische Reaktionen hervor. Im Abschnitt über die elektromagnetische Verträglichkeit (Kapitel 4) wird noch näher darauf eingegangen.

Insgesamt sollen diese Einflüsse mit **„elektrische Umwelteinflüsse"** bezeichnet werden. Neben den rein elektrischen Umwelteinflüssen sind bei der Realisation von Kraftfahrzeugelektroniken zusätzlich noch weitere Einflüsse zu beachten, die ggf. sehr große Auswirkungen auf die Funktionalität einer Elektronik haben können.

Diese **„nicht elektrischen Umwelteinflüsse"** können je nach Einbausituation sehr unterschiedlich sein. Bezüglich der Einbauorte von Kraftfahrzeugelektronik sind dabei grundsätzlich verschiedene Unterscheidungen möglich, meist reicht jedoch die Unterteilung in zwei Klassen aus:

- der Verbau in einem Bereich, der nicht direkt den Witterungseinflüssen unterliegt (z. B. innerhalb der Fahrzeugkabine)

- der Verbau im Außenbereich (inkl. Motorraum), der direkten Kontakt zu den Witterungseinflüssen hat.

Allgemein kann man die nicht elektrischen Umgebungsanforderungen für Elektroniken in Kraftfahrzeugen in folgende Themengebiete unterteilen:

- mechanische Anforderungen (Schwingung, Stoßbeanspruchung usw.)

- Anforderungen an die Klimabeständigkeit (Feuchte, Temperatur)

- chemische Anforderungen an Elektronik in Kraftfahrzeugen (Salznebel, Kraftstoffe, Schmierstoffe, Reinigungsmittel usw.).

Bild 3.1 Die Umweltbedingungen für Kraftfahrzeugelektronik

Diese Anforderungen sind notwendig, um im alltäglichen Betrieb einer Kraftfahrzeugelektronik keine Störungen zu erhalten. Das bedeutet jedoch auch einen erheblichen Entwicklungsaufwand und damit Entwicklungskosten.

In der heutigen Zeit wird dabei gelegentlich an der einen oder anderen Stelle gespart mit der Folge, dass Fahrzeuge im Extremfall sogar in die Werkstätten zurückgerufen werden müssen, um die fehlerhaften Systeme auszutauschen, was noch höhere Kosten verursacht. In den nächsten Abschnitten wird näher auf diese Anforderungen eingegangen.

Oft ist es sehr schwierig, diese Anforderungen alle mit den zur Verfügung stehenden Bauteilen und Finanzmitteln innerhalb der gesetzten Entwicklungszeiten zu erfüllen und überhaupt zu einem befriedigenden Ergebnis zu kommen.

Man könnte das Problemfeld **Fahrzeugelektronik** folgendermaßen umschreiben:

„Schnelle und fehlerfreie Entwicklung von ‚raumfahrttauglicher' Elektronik mit Standardbauteilen zum Konsumer-Preis mit Fertigung in großen Stückzahlen ..."

Diese Punkte widersprechen sich im Grunde genommen alle.

Nur durch entsprechende Erfahrung auf dem Gebiet der Entwicklung von Kraftfahrzeugelektronik kann für einen Anwender eine in allen Punkten akzeptable Lösung erreicht werden.

■ 3.2 Definition von Umwelteinflüssen für Kraftfahrzeugelektronik

Betrachtet man die heutige Situation bezüglich der Umwelteinflüsse (elektrisch oder nicht elektrisch), die für ein elektronisches System in Kraftfahrzeugen vorgesehen werden und damit auch während der Entwicklungsphase geprüft werden müssen, so stellt sich die Frage: Wo kommen diese Anforderungen her, wer hat sie aufgestellt und sind sie alle auch sinnvoll?

Zur Beantwortung dieser Frage sollte man sich immer vor Augen halten, dass es sich bei dem heutigen Stand um eine Momentaufnahme in einem langen Prozess handelt. In den Anfängen der Kraftfahrzeugelektronik war die Situation auf den ersten Blick sehr viel einfacher: Fast alle elektronischen Auswirkungen, die sich auf einem Bordnetz ausbilden konnten, waren noch nicht bekannt bzw. konnten sogar noch nicht einmal gemessen werden, da die entsprechenden Messgeräte am Markt noch nicht verfügbar waren.

Als Resultat erhielt man sehr unzuverlässige Elektroniken, die beim rauen Einsatz im Kraftfahrzeug oft völlig überraschend ausfielen, ohne dass jemand dafür eine Erklärung hatte. Dadurch hat sich im allgemeinen Verständnis bis heute oft der Eindruck gehalten „Elektronik im Auto ist unsicher".

Erst in den darauf folgenden Jahren wurde dann bei den verschiedenen Herstellern erkannt, dass es sich hierbei offensichtlich um Effekte handelt, die in der Entwicklungsphase einzeln zu berücksichtigen sind, um die Qualität zu verbessern. Das betraf nicht nur die rein elektrischen Einflüsse, sondern auch die übrigen nicht elektrischen Umwelteinflüsse.

Wie sind nun die Anforderungen im Einzelnen entstanden?

Dazu sollte man sich vergewissern, dass es weltweit viele Fahrzeughersteller gab und gibt, die mit dem oben beschriebenen Problem konfrontiert waren und sind. Aus verständlichen Gründen (Geheimhaltung) hatte man in der Anfangszeit Bedenken, diese Erfahrungen untereinander auszutauschen.

Dieses hatte zur Folge, dass innerhalb der Fahrzeugherstellerfirmen oder der Zulieferfirmen für die Entwicklung von Kraftfahrzeugelektronik diese Effekte über Jahre hinweg parallel untersucht und Lösungen bezüglich der Umweltanforderungen individuell erarbeitet wurden, um die eigenen Produkte sicher zu machen.

Das Resultat ist, dass es heute viele unterschiedliche Anforderungen seitens der Fahrzeughersteller gibt, die im Grunde jedoch eigentlich den gleichen physikalischen Sachverhalt beschreiben sollen. Besonders deutlich werden diese Unterschiede bei Betrachtung der Anforderungen bei Herstellern aus verschiedenen Kontinenten.

Anders ausgedrückt, jeder Fahrzeughersteller hat heute seine eigenen Anforderungen, die meist als *„Hausnorm"* bezeichnet werden.

Diese Situation ist für eine Elektronikentwicklungsabteilung extrem schwierig. Bei jedem Projekt müssen sich die Entwickler zunächst darüber im Klaren sein, welche Hausnormen zu berücksichtigen sind. Bei sog. Querschnittsprodukten, d. h. Systemen, die unverändert an verschiedene Fahrzeughersteller geliefert werden sollen, ist dieses Problem noch größer.

Die sich hier anbietende Lösung ist, geeignete Normen zwischen den Fahrzeugherstellern zu erarbeiten, die die Umwelteinflüsse ausreichend genau und für alle stellvertretend beschreiben.

Die Notwendigkeit derartiger Normen wurde schon vor längerer Zeit erkannt und es bildeten sich entsprechende nationale und internationale Arbeitsgremien, die entsprechende Festlegungen erarbeiten sollten. Als Ergebnis sind heute internationale Normen vorhanden, die die Umwelteinflüsse in der Kraftfahrzeugelektronik hinreichend genau beschreiben, so dass eine zielführende Entwicklung möglich sein sollte. Dennoch sind oft erhebliche Unschärfen in den Normen vorhanden, die bei den Fahrzeugherstellern unterschiedlich interpretiert werden können.

Hinzu kommt, dass in vielen Fällen die Hausnormen der Fahrzeughersteller weiter in Kraft geblieben sind, oft jedoch angepasst und angelehnt an die internationalen Normenwerke. Meist sind jedoch in verschiedenen Parametern für einzelne Tests Abweichungen vorhanden, die vom Entwickler herausgearbeitet werden müssen.

In diesem Buch können nur die Anforderungen näher berücksichtigt werden, die sich in den Normen befinden, da die fahrzeugherstellerspezifischen Abweichungen den Rahmen sprengen würden und meist auch vertraulich sind.

In den Normen selbst sind meist nur zu berücksichtigende Anforderungen und Messverfahren beschrieben. Die Inhalte werden in diesem Buch nur kurz dargestellt, da innerhalb einer Elektronikentwicklung im Einzelfall geprüft werden muss, ob alle Anforderungen erfüllt werden. Außerdem ist festzustellen, dass auch die Normen einem ständigen Wandel unterliegen. Auf Grund der schnell fortschreitenden Entwicklung auf dem Gebiet der Kraftfahrzeugelektronik ergeben sich zum Teil neue Anforderungen wegen der Einführung neuer Systeme. Als Folge davon ist vor allem die Parametrierung der Anforderungen einem ständigen Wandel unterlegen.

Für die Entwickler von Kraftfahrzeugelektronik ist es daher viel wichtiger zu verstehen, welche physikalischen Ursachen bei einzelnen Anforderungen zu Grunde liegen, um so Veränderungen zu erkennen und schnell darauf reagieren zu können.

Vor diesem Hintergrund sind die folgenden Abschnitte zu sehen.

Zunächst noch eine Bemerkung zu den Hausnormen der Fahrzeughersteller und Zulieferfirmen. Wie bereits erwähnt, unterscheiden sie sich von Fahrzeughersteller zu Fahrzeughersteller zum Teil erheblich. Liest man diese Hausnormen flüchtig, so gewinnt man oft den Eindruck, dass es sich um komplett unterschiedliche Bestimmungen handeln könnte. Das würde in der Praxis dazu führen, dass Produkte, die für verschiedene Fahrzeughersteller entwickelt wurden (Querschnittsprodukte), höchst unterschiedliche Eigenschaften haben müssten, um die entsprechenden Anforderungen zu erfüllen. Das kann in der Tat in der Praxis gelegentlich so vorkommen.

Dennoch ist festzustellen:

Auch wenn die Hausnormen unterschiedlich sind, so sind die Prüfungen, die für eine Systemfreigabe eines Fahrzeugherstellers erforderlich sind, vom Prinzip her in vielen Fällen ähnlich. Das heißt, oft genügt es, die Parameter an der Prüfeinrichtung (Spannungsverläufe, Zeiten, Temperaturverläufe usw.) anzupassen. Natürlich müssen diese Bedingungen während der Entwicklungsphase genau bekannt sein und im Gesamtkonzept berücksichtigt worden sein.

Oder anders ausgedrückt: Wenn man bei einer Entwicklung die hier beschriebenen Anforderungen einhält und sich mit den elektrischen Parametern nicht zu dicht an die Funktionsgrenzen eines elektronischen Systems legt (Sicherheitsabstand), so zeigt die Erfahrung aus der Praxis, dass man damit bereits eine sehr gute Basis hat, die Hausnormen der Fahrzeughersteller zu erfüllen.

Sollten dennoch sehr unterschiedliche Anforderungen an ein System gestellt werden, ergeben sich folgende Lösungsmöglichkeiten:

- Entwicklung einer Abart für jeden Fahrzeughersteller oder

- Entwicklung einer Abart, die aber die maximalen Anforderungen jedes möglichen Kunden berücksichtigt.

Während die erste Variante die zu fertigenden Stückzahlen pro Abart in der Regel drastisch reduziert (Umrüstkosten) und damit die Fertigungskosten anhebt, kann die zweite Möglichkeit zu erhöhten Geräte-Stückkosten führen, da in der Hardware für alle Kunden der ungünstigste Fall berücksichtigt werden muss, was in der Regel die Kosten für die elektronischen Bauteile ebenfalls anhebt. Dafür sind meist die Fertigungskosten geringer.

Die Entscheidung, welcher Weg zu beschreiten ist, hängt also von verschiedenen Faktoren ab, wie z. B. den zur Verfügung stehenden Fertigungseinrichtungen bzw. der zu erwartenden Abartenvielfalt, und wird in der Regel im Entwicklerteam unter Beachtung der Kostensituation entschieden.

In einigen Fällen kann diesem Problem auch durch Softwareanpassungen begegnet werden, indem man in der Fertigung zwar eine identische Hardware (z. B. Leiterkarte) bereitstellt, jedoch die Software im steuernden Mikrocontroller anpasst. Dann hätte man eine sog. „End-of-Line"-Programmierung (EOL), auf die in einem späteren Abschnitt noch ausführlich eingegangen wird (Abschnitt 10.3.2).

Eine weitere Möglichkeit wäre in einigen Fällen die Mehr- oder Minderbestückung einer einzigen, voll getesteten Leiterkarte (meist in Verbindung mit einer EOL-Programmierung), um speziellen Kundenwünschen entgegenzukommen. In jedem Fall ergibt sich eine aufwändigere Ablaufsteuerung in einer Fertigung.

Es folgen nun die elektrischen Anforderungen auf Basis der Normen, wie oben erwähnt. Dabei werden nur die wichtigsten Aspekte dargestellt. Im konkreten Fall einer Entwicklung sollte der komplette Normentext zu Grunde gelegt werden.

Diese Anforderungen können in zwei große Gruppen unterteilt werden:

- Einflüsse, die sich nur auf die Bereitstellung der Betriebsspannung beziehen (Lastsituation). Damit sind in erster Linie Schwankungen des Bordnetzes gemeint, wie sie auf Grund der Lastsituation (Batterie/Generator) im Normalbetrieb auftreten.

- Einflüsse, die sich auf Effekte beziehen, die durch dynamische Vorgänge anderer Systeme am Bordnetz oder extern auftreten; die elektromagnetische Verträglichkeit, EMV (auch: Electromagnetic Compatibility, EMC).

▓ 3.3 Elektrische Anforderungen, Lastsituationen

(angelehnt an die internationale Norm ISO/DIS 16750-2)

Der Inhalt dieser Norm beschreibt die elektrischen Vorgänge, die in den Versorgungsleitungen und den Signalleitungen eines Kraftfahrzeugbordnetzes auftreten können, wie z. B. Betriebsspannungsschwankungen oder Störimpulse.

Hier ist bezüglich der Bordnetzspannungsangabe eine Ergänzung erforderlich. Im Allgemeinen wird in der Fachwelt vom 12-V-Bordnetz (bei PKW) oder 24-V-Bordnetz (bei LKW und Bussen in Europa) gesprochen. Das entspricht der Ruhespannung einer oder zwei 6-zelligen Bleibatterien.

Diese Spannungen würden anliegen, wenn der Generator im Fahrzeug nicht angetrieben wird (Fahrzeug steht, Motor ist aus). Im Betrieb ergibt sich bei geladener Batterie jedoch ein höherer Wert, der je nach Umgebungstemperatur etwas schwankt. Bei PKW wäre das ein Wert von ca. 14 V, bei LKW und Bussen ein Wert von 28 V.

Also müsste man korrekterweise von „14-V-Bordnetz" oder „28-V-Bordnetz" sprechen. Diese Bezeichnung ist jedoch in der Praxis unüblich und wird daher in diesem Buch nicht verwendet.

Die Bordnetzspannung kann also erheblich schwanken. Daher ist es nicht sinnvoll, bei der Bezeichnung von unterschiedlichen Anschlusspunkten auf einen Bordnetz von absoluten Spannungsbezeichnungen und Spannungswerten auszugehen. Vielmehr werden alle Anschlussklemmen mit eindeutigen Ziffern gekennzeichnet, die seit langem genormt worden sind (siehe 11.5). Diese sog. *„Klemmenbezeichnungen"* werden im weiteren Verlauf dieses Buches verwendet.

3.3.1 Allgemeines

Um die Beschreibung zu vereinfachen, werden folgende Definitionen eingeführt:

Betriebszustände

- **Mode 1:** ohne Betriebsspannung

  1.1: keine Verbindung mit dem Kabelbaum

  1.2: volle Verkabelung mit dem Fahrzeugkabelbaum

- **Mode 2:** voll verkabelt, voller Betrieb mit Nennspannung bei stehendem Generator

  2.1: System im ausgeschalteten Zustand (inkl. Sleep-Mode)

  2.2: System im Nennbetrieb

- **Mode 3:** voll verkabelt, voller Betrieb mit laufendem Generator

  3.1: System im ausgeschalteten Zustand (inkl. Sleep-Mode)

  3.2: System im Nennbetrieb

Funktionszustände

- **CLASS A:** volle Funktionalität während und nach dem Test mit allen Spezifikationen.

- **CLASS B:** volle Funktionalität während des Tests. Kleine Toleranzabweichungen erlaubt, die nach dem Test wieder verschwinden. Keine Speicherverluste.

- **CLASS C:** teilweiser Funktionsausfall. Die Störungen verschwinden automatisch nach dem Test.

- **CLASS D:** teilweiser Funktionsausfall ohne automatische Rückkehr zum Normalbetrieb. Einfacher RESET erforderlich.

- **CLASS E:** teilweiser Funktionsausfall, Schädigung des Systems, Reparatur bzw. Ersatz erforderlich.

Allgemeine Testbedingungen (sofern vom Test selbst nicht anders definiert)

- Temperatur: $+ 23\ °C \pm 5\ °C$

- Luftfeuchte: 25 % bis 75 % rel.

Tabelle 3.1 Elektrische Spannungen während der Tests (Betriebsmodi 2 und 3, s. o.)

Testspannung	12-V-Bordnetzsystem	24-V-Bordnetzsystem
Mode 3, U_A	14 ± 0,2 V	28 ± 0,2 V
Mode 2, U_B	12 ± 0,2 V	24 ± 0,2 V

3.3.2 Betrieb an einer Gleichspannung

Mit diesem Test wird der Normalbetrieb des Systems überprüft und festgestellt, ob die geforderten Funktionen und Toleranzen eingehalten werden.

Testparameter

Einzustellende Betriebsmodi: Mode 2 und Mode 3, s. o.

Die Spannungsbereiche sind durch sog. Codes gekennzejchnet, die vereinfacht gesprochen *„Schärfegrade"* darstellen oder Anforderungsklassen bezüglich der Betriebsspannung:

Tabelle 3.2 Schärfegrade für die Betriebsspannungsbereiche, 12 V

12-V-Bordnetz:	Betriebsspannung	
Code:	U_{min}	U_{max}
A	6 V	16 V
B	8 V	16 V
C	9 V	16 V
D	10,5 V	16 V

Tabelle 3.3 Schärfegrade für die Betriebsspannungsbereiche, 24 V

24-V-Bordnetz:	Betriebsspannung	
Code:	U_{min}	U_{max}
E	10 V	32 V
F	16 V	32 V
G	22 V	32 V

Alle zu testenden Elektronikteile müssen während der Tests in der Funktionsklasse CLASS A verbleiben (s. o.).

3.3.3 Betrieb bei Überspannung

Dieser Fall tritt in der Regel ein, wenn der Regler des Generators ausfällt und der maximale Ladestrom in die Batterie eingespeist wird.

Testparameter

T_{max} ist die maximal zulässige Betriebstemperatur des Systems.

Tabelle 3.4 Testparameter (Überspannung)

	12-V-Bordnetz	24-V-Bordnetz
Temperatur T	$T = T_{max} - 20\ °C$	$T = T_{max} - 20\ °C$
Testzeit t	$t = 60\ min \pm 10\ s$	$t = 60\ min \pm 10\ s$
Betriebsspannung UB	$U_B = 18\ V \pm 0,2\ V$	$U_B = 34\ V \pm 0,2\ V$

Tabelle 3.5 Testergebnis (Überspannung)

Funktionszustand:		
normale Anforderung	mind. CLASS C	mind. CLASS C
verschärfte Anforderung	CLASS A	CLASS A

3.3.4   Start mit erhöhter Spannung (Jump Start, nur 12-V-Systeme)

Dieser Test simuliert den Fall, dass ein 12-V-System mit einer 24-V-Batterie gestartet wird.

Testparameter

- Temperatur: $23 \pm 5\ °C$ (Raumtemperatur)

- Betriebsspannung: $24\ V \pm 0,2\ V$

- Testzeit: $t = 60\ s \pm 10\,\%$

Testergebnis

- Funktionszustand CLASS D, normale Anforderungen

- Funktionszustand CLASS C, erhöhte Anforderungen

3.3.5   Überlagerte Schwingung (Voltage Ripple Test, Bordnetzwelligkeits-Test)

Bei einem Generator im Kraftfahrzeug handelt es sich in erster Linie um eine 3-phasige Klauenpol-Maschine mit einem Drehstrom-Vollwellen-Gleichrichter. Dieser Generator ist über ein Kabel mit einer Batterie verbunden. Obwohl diese Batterie den größten Teil des Wechselanteils der Generatorspannung glättet, ist davon auszugehen, dass ein Restbetrag dieser überlagerten Wechselspannung (Schwingung) immer im Bordnetz vorhanden ist. Die Größe dieser Restwechselspannung richtet sich nach der Qualität der Batterie, nach dem Innenwiderstand des Verbindungskabels zwischen Generator und Batterie und der Lastsituation im Fahrzeug.

Bei einem Fahrzeug mit vorn liegender Batterie (im Motorraum) werden in der Regel die weiteren Großverbraucher (elektronische Systeme) direkt an der Batterieklemme abgenommen. Die verbleibenden Wechselanteile richten sich in diesem Fall also nur nach der Qualität der Batterie und sind im Allgemeinen recht klein (s. Bild 3.2).

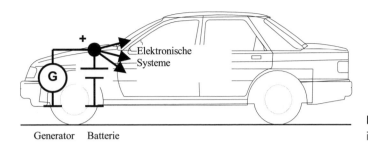

Bild 3.2 Batterieverbau im Motorraum

Generator   Batterie

Bei vielen neueren Fahrzeugen allerdings wird die Batterie aus Gründen der gleichmäßigeren Gewichtsverteilung, der geringeren Umgebungstemperatur und bei Platzproblemen im Vorderwagen im Heck des Fahrzeuges verbaut und über ein langes Verbindungskabel mit dem Generator verbunden. Dieses Kabel hat auf Grund seiner Länge natürlich einen wesentlich größeren Innenwiderstand, an dem bei höheren Lade-/Entlade-Strömen auch ein höherer Spannungsabfall auftreten kann (s. Bild 3.3).

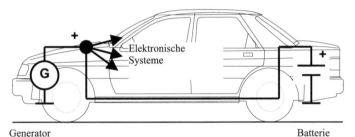

Bild 3.3 Batterieverbau im Heck

Generator   Batterie

Die Glättungsfunktion der Batterie ist kleiner. Das bedeutet, dass die verbleibende Wechselspannung an der Elektronik wesentlich höher sein kann, sofern diese elektronischen Systeme wie bisher über einen Lastverteiler im Motorraum versorgt werden.

Dieser Test verifiziert nun diesen Fall und überprüft, ob die Elektronik mit der verbleibenden Restwechselspannung umgehen können und keine Funktionsstörungen verursachen.

Testaufbau

Mittels eines steuerbaren Hochleistungs-Netzteils wird von einem Sweep-Signalgenerator die Wechselspannung dem Gleichspannungssignal überlagert.

Testparameter

- Betriebsspannung: 16 V   (12-V-Bordnetzsystem)
                                            32 V   (24-V-Bordnetzsystem)

- Innenwiderstand der Signalquelle: ≤ 100 mΩ

- Frequenzbereich: 50 Hz bis 20 kHz, linearer Sweep

- Sweep-Dauer: 120 s

- Zahl der Durchläufe: 5

- Wechselanteil (Spitze-Spitze):   1 V ... 4 V (je nach Anforderung)

Testergebnis

- Funktionszustand CLASS A

Zusatzbemerkung: Diese Situation stellt ein Problem für die Elektronik dar, die direkt an der Versorgungsleitung einen Elektrolyt-Kondensator höherer Kapazität (> 50 µF) erfordert. Auf Grund der schnellen Lade- und Entladevorgänge im Kondensator ist unbedingt eine schaltfeste Ausführung dieses Kondensators zu verwenden, die u. U. nicht beliebig bei den Bauteileherstellern verfügbar ist.

3.3.6   Langsamer Spannungseinbruch bzw. Spannungsanstieg

Wenn der Generator eines Fahrzeuges nicht in Betrieb ist (Motor steht) und der Zündschlüssel in der Betriebsposition (Klemme 15) verbleibt, dann wird die komplette Elektrik des Fahrzeuges aus der Batterie versorgt. Das kann dazu führen, dass die Bordnetzspannung langsam abfällt und in Bereiche kommt, die im Normalbetrieb selten auftreten (bis hin zur Tiefentladung, d. h. Bordnetzspannung = 0).

Es wird mit diesem Test festgestellt, ob die Ausgangstreiberstufen unkontrolliert schalten, was im Fahrzeug zu Fehlersituationen führen kann.

Testablauf

Ausgehend von der maximalen Betriebsspannung wird die Versorgung langsam bis auf 0 V reduziert, anschließend wieder langsam angehoben bis zum Ausgangswert.

Testparameter

- Abfallrate: 0,5 ± 0,1 V pro Minute

- Anstiegsrate: 0,5 ± 0,1 V pro Minute

Testergebnis

- Funktionszustand CLASS D (normale Anforderung)

- Funktionszustand CLASS C (erhöhte Anforderung)

3.3.7   Schneller Spannungseinbruch

Die Energieverteilung innerhalb eines Kraftfahrzeugbordnetzes geht meist von einem Punkt aus, dem Pluspol der Batterie. Von hier aus sind die verschiedenen Systeme in der Regel über eine Sicherung angeschlossen. Diese Sicherung schützt die Kabelverbindung zum elektronischen System im Falle eines Kurzschlusses.

Sollte dennoch einmal ein derartiger Fehler auftreten, so dauert es eine gewisse Zeit, bis die Sicherung ausgelöst hat und der hohe Kurzschlussstrom nicht mehr fließt.

Bis zu diesem Zeitpunkt führt jedoch der hohe Kurzschlussstrom zu einem Spannungsabfall im Bordnetz, der sich auf alle anderen Systeme überträgt. Das darf natürlich zu keinen Störungen bei diesen Systemen führen (s. Bild 3.4).

Bis zur Auslösung der Sicherung fließt ein sehr großer Laststrom, der nur durch die Innenwiderstände der verwendeten Leitungen begrenzt wird. Daher wird das Bordnetz auf einen kleineren Spannungswert zusammenbrechen.

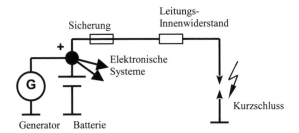

Bild 3.4 Leitungskurzschluss

Testablauf

Das Bild 3.5 zeigt den Spannungsverlauf für den Test:

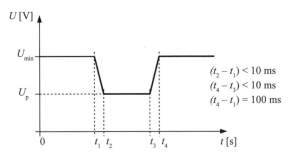

$(t_2 - t_1) < 10$ ms
$(t_4 - t_3) < 10$ ms
$(t_4 - t_1) = 100$ ms

Bild 3.5 Testablauf für den Spannungseinbruch

Der Impuls wird auf alle relevanten Anschlüsse der Elektronik gegeben.

Testparameter

- 12-V-Systeme: U_p = 4,5 V U_{min}: Codes B, C, D aus Tabelle 3.2, je nach Anforderung

- 24-V-Systeme: U_p = 9 V U_{min}: Codes F, G aus Tabelle 3.3, je nach Anforderung

Testergebnis

- Funktionszustand CLASS B, RESET des Systems nach Absprache ggf. erlaubt

Es wird in einigen Fällen noch ein Test durchgeführt, der so in der Praxis selten vorkommen wird. Es geht dabei nicht darum, eine spezielle Situation im Fahrzeug nachzubilden, sondern eine bestimmte Eigenschaft einer Elektronik mit einem Mikrocontroller zu prüfen.

Es handelt sich dabei um den RESET-Test. Bekanntlich erfordert das einwandfreie Funktionieren eines Mikrocontrollers die Bereitstellung eines eindeutigen RESET-Signals. In Abschnitt 8.1.3 wird darauf noch ausführlich eingegangen. Das RESET-Signal wird normalerweise vom Spannungsregler der Elektronik bereitgestellt und muss bestimmte, auf den verwendeten Mikrocontroller abgestimmte Zeitverhältnisse immer einhalten.

Im anderen Fall kann eine Störung des Softwareablaufes verursacht werden.

Dieser Test überprüft nun, ob der Spannungsregler einen eindeutigen RESET auslöst, ohne dass der Mikrocontroller undefinierte Zustände einnimmt und ggf. falsche Schaltvorgänge auslöst.

Dabei werden nacheinander Spannungseinbrüche, ähnlich wie im oben gezeigten Test, an das System angeschaltet, wobei jedoch die minimale Spannung U_{min} in Stufen abgesenkt wird. Der Test liefert eine gute Aussage, wie kritisch die RESET-Erzeugung im Spannungsregler ist.

3.3.8   Der RESET-Test

Das Bild 3.6 zeigt den Spannungsverlauf für den RESET-Test. Erzeugt werden kann ein derartiger Spannungsverlauf unter Verwendung eines programmierbaren Hochleistungsnetzteils.

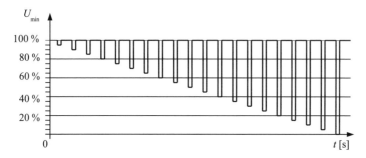

Bild 3.6 RESET-Test

Testparameter

- Reduktion der Spannungsminima: jeweils um 5 %

- Haltezeit bis zum Ende des Impulses: 5 s

- Nächster Impuls nach: 10 s

- 12-V-Systeme: U_p = 4,5 V U_{min}: Codes B, C, D aus Tabelle 3.2, je nach Anforderung

- 24-V-Systeme: U_p = 9 V U_{min}: Codes F, G aus Tabelle 3.3, je nach Anforderung

Nach jedem Impuls: ein Funktionstest.

Testergebnis

- Funktionszustand CLASS C

3.3.9 Verpolung

Betrachtet man moderne Fahrzeugbordnetze, so ist festzustellen, dass alle Verbindungen und Steckkontakte gekapselt und mit Einrichtungen versehen sind, die ein verpoltes Aufstecken verhindern. Sofern sich diese Steckverbindungen im Feuchte-Bereich befinden (Motorraum, Unterflurbereich), sind sie zusätzlich noch hermetisch abgedichtet.

Vor diesem Hintergrund ist es schon fraglich, ob eine Verpolung im Bordnetz überhaupt möglich ist. Dazu einige Bemerkungen.

Das Auftreten eines Verpolfalles in der Fertigungslinie beim Fahrzeughersteller ist bei den modernen Strukturen der Fertigungsabläufe so gut wie ausgeschlossen. Das Problem besteht noch in folgenden Fällen, die erst nach Auslieferung eines Fahrzeuges relevant sind:

Die Nachrüstung elektronischer Systeme in einer Werkstatt (z. B. Standheizung). Auch in diesem Fall sollte niemals eine Verpolung auftreten, da das Werkstattpersonal geschult ist und derartige Dinge sicher beherrschen sollte. Dennoch hat die Praxis gezeigt, dass überall dort, wo Menschen tätig sind, auch Fehler passieren. Dieses Risiko ist dadurch besonders gegeben, da im Nachrüstfall in der Regel eigene Versorgungsleitungen zur Batterie und anderen Fahrzeugsystemen gelegt und z. T. sogar vorhandene Leitungen aufgetrennt bzw. durch Crimp-Verbindungen adaptiert werden. Bei diesen Aktionen sind Fehler durch das Montagepersonal durchaus möglich.

Die Starthilfe bei vertauscht angeschlossenen Starthilfekabeln und völlig defekter Batterie (z. B. Zellen ausgelaufen) in dem Fahrzeug, das Starthilfe benötigt. In diesem Fall würde das zu startende Fahrzeug komplett verpolt werden.

In beiden Situationen kann eine Verpolung auftreten, die je nach System unterschiedlich ausfallen kann.

Die Auswirkungen dieser Verpolung auf die elektronischen Systeme im Kraftfahrzeug lassen sich in zwei Fälle unterscheiden:

Fall 1: Der Generator besitzt intern Gleichrichterdioden, die im Verpolfall leitend werden (2 Hochlastdioden in Reihe, 3 Parallelpfade). Das bedeutet, dass im Falle einer Verpolung die 3 Parallelpfade mit jeweils 2 Dioden leitend werden. Diese Kombination ist für hohe Ströme ausgelegt, da sie im Normalfall ja den kompletten Generatorstrom gleichrichten muss (> 100 A beim 12-V-Bordnetz).

Das Resultat ist eine Spannungsbegrenzung auf einen niedrigen Wert (2 bis 3 V) mit einem sehr hohen Strom. Alle am Bordnetz angeschlossenen Elektroniken brauchen also nur diesem geringeren Spannungswert im Verpolfall zu widerstehen.

Fall 2: Der Generator hat nicht die oben geschilderte Eigenschaft und begrenzt die Spannung nicht. Das heißt, es liegt im Verpolfall tatsächlich die volle Betriebsspannung an allen elektronischen Systemen.

Dieser Fall tritt auch auf, wenn eine nachträglich nachgerüstete Elektronik verpolt verkabelt worden ist und die Bordnetzspannung zugeschaltet wird.

In beiden Fällen wird der Endkunde jedoch nicht bereit sein, zu akzeptieren, dass ein derartiger Fehler zu einer Zerstörung großer Teile der Elektronik in seinem Fahrzeug mit enormen Kosten führt. Also müssen alle Elektronikbestandteile diesen Fehlerfall ohne Schädigung überstehen.

Die schaltungstechnischen Maßnahmen, die für diese Fälle erforderlich sind, können unter Umständen einen erheblichen Aufwand notwendig machen. Darauf wird in Abschnitt 10.1 noch ausführlich eingegangen.

Tabelle 3.6 Spannungen im Verpolfall

Nennspannung	Fall 2	Fall 1
12 V	–14 ± 0,2 V	–4 V
24 V	–28 ± 0,2 V	ist noch nicht in der Norm definiert

Testablauf

Die Elektronik wird mit allen relevanten Anschlüssen und vorgesehenen Sicherungen komplett verpolt angeschlossen.

Testparameter

- Testzeit: 60 ± 6 s

Testergebnis

- Nach Erneuerung aller Sicherungen, die ggf. durchgeschmolzen sind, besteht der Funktionszustand CLASS A.

3.3.10 Offene Last

Im normalen Betrieb kann es sein, dass trotz vorhandener mechanischer Verriegelungen der Steckerkörbe an einem elektronischen System eine Leitung unterbrochen wird, ein Stecker abfällt oder während des Betriebes manuell entfernt wird (Fehlbedienung in der Werkstatt oder bei einem Unfall). In jedem Fall ist es wichtig, zu erkennen, ob das entsprechende dann fehlerhaft reagiert.

Eine in vielen Fällen sinnvolle Reaktion wäre das sofortige Abschalten des Systems seitens der elektronischen Steuerung (meist mit Mikrocontroller) und Abspeicherung einer diesbezüglichen Fehlermeldung im Fehlerspeicher der Elektronik. Das erleichtert später die Fehlersuche mittels eines Diagnosetesters in der Werkstatt.

Testablauf

Das System wird wie vorgesehen betrieben. Während des Betriebes werden nacheinander alle Anschlüsse (jede Leitung einzeln) für 10 ± 1 s abgezogen und die Reaktion darauf beobachtet. Danach wird der Stecker wieder aufgesteckt.

Testergebnis

- Funktionszustand CLASS C

Ergänzung: Es gibt Systeme, die auf Grund der Detektion einer Leitungsunterbrechung einen sicherheitskritischen Zustand feststellen und einen erneuten Systemstart dauerhaft verhindern (Fehlereintrag im Fehlerspeicher mit zusätzlicher Startverriegelung). Diese Reaktion ist dann aber bewusst so von den Entwicklern eingebaut worden, so dass nicht von einem Fehlverhalten des Systems gesprochen werden kann.

Der gleiche Test mit den gleichen Parametern kann nun auch für einen kompletten Steckerkorb mit mehreren Steckstiften durchgeführt werden. Die Testergebnisse sind analog, wie oben dargestellt, zu bewerten.

3.3.11 Kurzschluss

Ein in der Praxis sehr bekannter Fehlerfall ist der Kurzschluss. Fast jeder, der schon einmal mit Elektriken oder Elektroniken in Fahrzeugen zu tun hatte, stand dem Phänomen Kurzschluss gegenüber. Auch hier erscheint es im ersten Augenblick sehr unwahrscheinlich, dass bei den heutigen Leitungssträngen überhaupt noch Kurzschlüsse auftreten können.

In der Praxis kommt das jedoch häufiger vor, als erwartet. Eine Hauptursache kann die mechanische Beschädigung eines Kabelstranges sein, der durchgescheuert ist, ein Unfall oder auch ein laienhafter Reparaturversuch. In allen Fällen gilt auch hier, dass ein derartiger Fehler in keinem Fall zu einer teuren Systembeschädigung führen darf.

Zu unterscheiden sind prinzipiell zwei Fälle:

- der Kurzschluss nach + U_B (Klemme +30, Batterie-Pluspol)
- der Kurzschluss nach Minus (Klemme –31, Fahrzeugmasse).

Dabei ist die Wahrscheinlichkeit für das Auftreten eines Kurzschlusses nach Klemme –31 wesentlich größer, da fast alle Kabelstränge auf Blechteilen (die mit Klemme –31 verbunden sind) verlegt sind.

Die Überprüfung der Kurzschlussfestigkeit geschieht folgendermaßen:

Alle Ausgänge und Eingänge eines elektronischen Systems werden für 60 s einmal mit einer Spannung U_{min} und zum anderen mit Klemme –31 verbunden (Kurzschluss).

Der Test wird durchgeführt mit:

- Kurzschluss nach Plus, also mit Klemme +30 verbunden
- Kurzschluss nach Minus, also mit Klemme –31 verbunden

insgesamt also zwei Versuchsdurchläufe.

Testergebnis: CLASS C.

3.3.12 Lastprüfung

Natürlich ist es wichtig zu prüfen, ob ein System überhaupt die geforderte elektrische Last (Ausgangsstrom) liefern kann. In der oben genannten Norm (ISO/DIS 16750 – 2) werden dazu nur einige wenige Angaben gemacht.

Diese Überprüfungen werden zum Teil von den verschiedenen Fahrzeugherstellern sehr unterschiedlich gesehen. Eine Methode ist:

Testparameter

▪ Last mit maximaler oberer Toleranzgrenze plus 10 % bei Nennbetrieb.

Testergebnis

▪ keinerlei Funktionsbeeinträchtigung, CLASS A

In einigen Fällen kann es für eine Elektronik sehr wichtig sein, auch in kritischen Situationen, in denen die Last ihren Innenwiderstand allmählich, das heißt über einen längeren Zeitraum verringert, korrekt zu funktionieren.

Beispiel

Ein Kollektormotor beginnt, schwer zu laufen, und erhöht somit seine Stromaufnahme bis zum Extremfall, der mechanischen Blockierung. In diesem Fall ist die Stromaufnahme eines Kollektormotors nur noch durch seinen ohmschen Innenwiderstand der Wicklung gegeben und in der Regel sehr hoch.

Die elektronische Ausgangsstufe eines Steuergerätes muss nun auch bei hohen Umgebungstemperaturen mit dieser Situation ohne Schaden umgehen können. Dabei entsteht ein nicht einfach zu lösender Konfliktfall:

Auf der einen Seite wird es gelegentlich vorkommen, dass ein Motor einen höheren Strom benötigt, weil z. B. im Winterbetrieb durch Eisbildung eine höhere mechanische Kraft erforderlich ist. Das wäre dann noch ein normaler Betriebsfall und sollte immer sicher beherrscht werden.

Auf der anderen Seite kann durch ein schwergängiges Getriebe oder Lager eine so hohe mechanische Last allmählich aufgebaut werden, dass der Motor ständig einen überhöhten Strom benötigt, bis hin zum Stillstand (s. o.).

Das Steuergerät hat also die Entscheidung zu treffen, ab welchem Stromwert ein fehlerhafter Zustand erkannt werden soll. Auf Grund der unterschiedlichen Temperaturverhältnisse, die im Fahrzeug möglich sind, ist es in einigen Fällen sehr kompliziert, einen schwer laufenden Motor bei großer Kälte (Normalbetrieb) von einem defekten Motor (z. B. Getriebe defekt) bei hohen Temperaturen zu unterscheiden.

Die Parametrierung dieser Entscheidung kann nur mittels intensiver Beachtung der späteren Einsatzbedingungen im Fahrzeug erfolgen.

Dennoch ist eines ganz sicher von der Elektronik zu fordern: Auch wenn ein Aktuator allmählich seinen Strombedarf bis zum Kurzschluss erhöht, so darf die Elektronik zwar im Betrieb abschalten, jedoch nicht geschädigt werden. Dieses Verhalten kann durch einen Test untersucht werden, der einen „schleichenden Kurzschluss" abprüft.

3.3.13 Schleichender Kurzschluss

Testparameter

■ Das elektronische System wird im Normalbetrieb mit allen Lasten betrieben.

Nacheinander werden alle Ausgänge mit einer programmierbaren Last versehen (im einfachsten Fall mit einem Hochlast-Schiebewiderstand), die langsam (im Minutenbereich) vom Nominalstrom bis zum Kurzschluss (0 Ohm) durchgefahren wird.

Testergebnis

■ Keinerlei Schädigung des elektronischen Systems, CLASS A

Dieser Test sollte zunächst einer internen Überprüfung während der Entwicklungsphase dienen, um festzustellen, wie groß die Stromreserven an den Ausgängen sind und ob die getroffenen Kühlmaßnahmen ausreichen oder ob ggf. eine kostenintensive Überdimensionierung vorliegt.

■ 3.4 Das 48-Volt-Bordnetz

In der letzten Zeit sind im PKW elektrische Großverbraucher hinzugekommen, die das 12-V-Bordnetz an den Rand der Leistungsfähigkeit gebracht haben. Beispiele sind unter anderem die:

■ elektrisch angetriebene Servolenkung

■ elektrische Bremse (zukünftig)

■ elektrischen Lüfterantriebe

■ elektrische Ventilsteuerung (zukünftig).

Die kurzzeitige maximale Strombelastung eines Bordnetzes eines klassischen Fahrzeuges mit einem 12-Volt-Bordnetz (d. h. kein Hybrid usw.) in diesem Bereich liegt heute bei über 300 A. Dieser hohe Wert ist kaum noch zu beherrschen.

Daher wird in modernen Fahrzeugen zunehmend eine höhere Spannungsebene von 48 V nur für diese Großverbraucher eingeführt. Ein filigranes Spannungsnetz mit dieser Spannung für alle Verbraucher im Fahrzeug ist nicht vorgesehen. Die Kleinverbraucher verbleiben auf der bisher vorhanden 12-V-Spannungsebene.

Zwischen diesen beiden Spannungsebenen ist also ein elektronischer Konverter (Wandler) erforderlich, der unter Umständen auch bidirektional arbeiten muss. Jede Spannungsebene benötigt eine eigene Batterie, wobei für die 48-V-Ebene eine Lithium-Ionen-Batterie verwendet wird, da hier höhere Leistungen gefordert werden. Man erhält damit ein 2-Spannungs-Bordnetz.

Auf diese Weise sind weitere Optimierungsmöglichkeiten beim Kraftstoffverbrauch auch bei konventionellen Fahrzeugen (mit Verbrennungsmotor) möglich.

Die entsprechenden Spannungsbereiche zum 48-V-Bordnetz sind in Tabelle 3.7 wiedergegeben:

Tabelle 3.7 Betriebsspannungsbereiche für das 48-V-Fahrzeug-Bordnetz

Berührschutzbereich	U > 60 V
Überspannungsbereich	$U_{\text{Übersp}}$ = 54 V bis 60 V
Maximale Betriebs-Dauerspannung mit Funktionseinschränkungen	U_{max} = 54 V
Maximale Betriebs-Dauerspannung	$U_{\text{max,d}}$ = 52 V
Nominalspannung	U_{N} = 48 V
Minimale Betriebs-Dauerspannung	$U_{\text{min,d}}$ = 36 V
Minimale Startspannung	$U_{\text{min,Start}}$ = 24 V
Absolute Minimalspannung im Bordnetz	$U_{\text{min,abs}}$ = 20 V

Die Einführung des 48-V-Bordnetzes erschließt einige neue Möglichkeiten, die mit dem 12-V-Bordnetz allein so nicht möglich wären. Es können z. B. Hybridfahrzeuge mit kleinerer Leistung (bis ca. 20 kW elektr.) aufgebaut werden, sog. Mild-Hybrid-Fahrzeuge.

Durch Verwendung eines Generators am Verbrennungsmotor, der auch als elektrischer Antrieb arbeiten kann (MG, Motor-Generator), sind folgende Funktionen möglich:

- Rekuperation (Rückgewinnung) der Bremsenergie mit Speicherung in einer 48-V-Batterie

- Boost-Funktion, um eine zusätzliche Beschleunigung zu erreichen

- voll elektrisches Fahren im niedrigen Lastbereich für kurze Entfernungen, z. B. beim Ein- und Ausparken oder Rangieren

- bis zu einer Leistungsklasse von ca. 22 kW auf 48-V-Basis wäre sogar ein rein elektrisch fahrendes, leichtes Fahrzeug für kleinere Strecken im urbanen Umfeld möglich.

In so einem Fahrzeug sind dann keine Sondermaßnahmen für den Berührschutz erforderlich. Es lässt sich also recht kostengünstig herstellen.

Bild 3.7 zeigt ein Beispiel einer Bordnetzstruktur unter Verwendung einer 12-V- und 48-V-Spannungsebene.

Wie bereits erwähnt, könnte der DC/DC-Wandler auch in beiden Richtungen arbeiten. Damit wäre dann eine Notversorgung der jeweils anderen Seite gewährleistet. Das könnte z. B. bei einer leeren Batterie auf einer Seite sein, um so die Startfähigkeit des Fahrzeuges zu erhalten.

Im Gegensatz zum reinen Elektrofahrzeug mit einer Hochvoltbatterie sind hier die Massesysteme auf der 48-V- und auf der 12-V-Seite miteinander verbunden. Um Probleme mit der elektromagnetischen Verträglichkeit und mit einem möglichen Masseversatz bei hohen Lastströmen zu vermeiden, sollten die beiden Massesysteme nur an einer Stelle im Fahrzeug verbunden sein. Diese Stelle ist zweckmäßigerweise der DC/DC-Wandler.

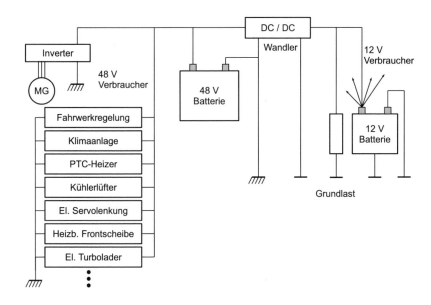

Bild 3.7 Beispiel eines 48-V-Bordnetzes

4 Elektromagnetische Verträglichkeit in der Kfz-Elektronik

Wie bereits im Kapitel 3 dargestellt, handelt es sich bei einem Bordnetz im Kraftfahrzeug um ein kleines Inselnetz, das im Wesentlichen aus einem zentralen Generator zur Energieerzeugung, aus einer Batterie zur Energiespeicherung, einem Kabelbaum zur Energieverteilung und aus einer Vielzahl von elektrischen und elektronischen Verbrauchern besteht.

Jeder Schaltvorgang auf diesem Bordnetz führt auf Grund der elektrischen Grundgesetze zur Ausbildung von elektrischen und magnetischen Feldern, die sich gegebenenfalls auf dem Bordnetz oder drahtlos ausbreiten können. Da im praktischen Betrieb ständig eine große Zahl von elektrischen und elektronischen Verbrauchern eingeschaltet ist, hat man es im Allgemeinen auf einem Bordnetz innerhalb eines Kraftfahrzeuges mit einer erheblichen Störbelastung zu tun.

Diese dynamischen Vorgänge können im Extremfall zu Störbeeinflussungen bei verschiedenen elektronischen Systemen führen.

Es ist also eine der zentralen Aufgaben während der Entwicklung eines neuen Fahrzeuges oder eines elektronischen Systems, dafür zu sorgen, dass diese elektronischen Systeme keine übermäßigen Störungen verursachen, aber auch nicht durch andere, von extern kommenden Störeinflüsse in ihrer Funktion beeinträchtigt werden.

Es ist heutzutage davon auszugehen, dass die Entwicklungsaufwendungen, die zur korrekten und fehlerfreien Beherrschung dieses Themas während einer Projektentwicklung vom Entwicklungsteam zu leisten sind, einen erheblichen Anteil der Gesamtentwicklungskosten ausmachen.

Im weiteren Verlauf dieses Kapitels werden nun die Einflüsse näher beschrieben, die in vielen Fällen bereits zu Problemen geführt haben.

■ 4.1 Allgemeines zur elektromagnetischen Verträglichkeit (EMC)

Für die elektromagnetische Verträglichkeit (EMV) oder englisch Electro-Magnetic Compatibility (EMC) existiert bereits seit längerem folgende Definition:

EMV ist die Fähigkeit einer elektrischen Einrichtung, in ihrer elektromagnetischen Umgebung zufriedenstellend zu funktionieren, ohne diese Umgebung, zu der auch andere Einrichtungen gehören, unzulässig zu beeinflussen (aus DIN VDE 0870 Teil 1, Ausgabe 12. 88).

Allgemein betrachtet kann man das Umfeld bezüglich der elektromagnetischen Verträglichkeit in drei Themenbereiche aufteilen (s. Bild 4.1).

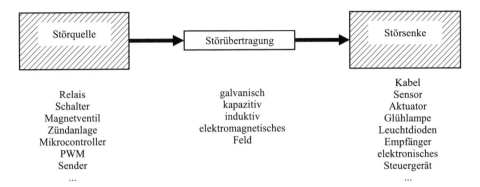

Bild 4.1 Das elektromagnetische Umfeld in einem Kraftfahrzeug

Eine Störquelle erzeugt eine unerwünschte elektromagnetische Energie, die über einen Übertragungsweg in Richtung einer Störsenke transportiert wird. Diese nimmt dann die Energie auf und reagiert gegebenenfalls fehlerhaft darauf.

In einem Kraftfahrzeug können als Störquellen betrachtet werden:

- Relais

- Schalter

- Magnetventile

- Zündanlage

- Kollektormotoren

- Mikrocontroller

- Sendeanlagen

- getaktete Regelungen, Puls-Weiten-Modulation, siehe Kapitel 7.5.5

- digitale Datenübertragungen, usw.

Als Übertragungswege sind möglich:

- **Galvanisch:** Die von der Störquelle erzeugte Störenergie wird direkt über einen elektrischen Leiter (Kabel) an die Störsenke geleitet.

- **Kapazitiv:** Die Energie der Störquelle wird durch die kapazitive Kopplung innerhalb eines Kabelstranges zwischen den einzelnen Kabeladern übertragen und auf diesem Wege zur Störsenke geleitet. Diese Kopplung wirkt umso stärker, je höher die spektralen Fequenzanteile des Signals aus der Störquelle sind.

- **Induktiv:** Jede Veränderung eines elektrischen Stromes ruft ein entsprechendes magnetisches Feld hervor, das dann seinerseits induktiv auf andere elektrische Leiter wirken kann und dort Störenergien einbringt. Dieser Effekt verstärkt sich im Allgemeinen bei relativ niedrigen Frequenzen und hohen Strömen auf der Aktuator-Seite.

- **Elektromagnetisches Feld:** Hier wird die Störenergie direkt durch ein gestrahltes elektromagnetisches Feld übertragen. Die Störquelle wirkt also wie eine Sendeeinrichtung, die Störsenke wie ein Empfänger. Bei entsprechend hohen Feldstärken innerhalb des elektromagnetischen Feldes können erhebliche Energien in die Störsenke geleitet werden.

Störsenken im Kraftfahrzeug:

- Kabel

- Sensoren

- Glühlampen

- Radio

- Funkgeräte

- Telefon

- elektronische Steuergeräte usw.

Zusammenfassend kann festgestellt werden, dass es im Kraftfahrzeug eine Vielzahl von Kombinationsmöglichkeiten gibt, die in der Lage sind, elektromagnetische Störbeeinflussungen hervorzurufen. Um dieses sehr umfangreiche Fachgebiet etwas übersichtlicher zu strukturieren, soll die folgende Aufteilung nach Bild 4.2 erfolgen.

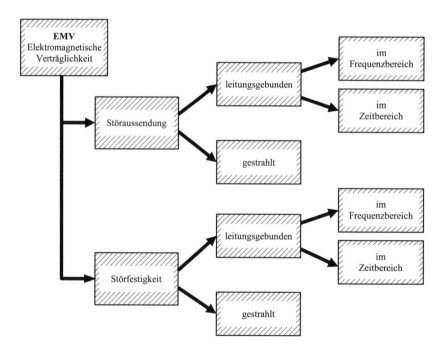

Bild 4.2 Die Themengebiete der EMC im Kraftfahrzeug

Erläuterung der dargestellten Begriffe:

- **Gestrahlte Störaussendung** (Radiated Emission, RE): Hierbei handelt es sich um die Erzeugung eines unerwünschten Störsignals durch eine elektrische oder elektronische Einrichtung, das drahtlos abgestrahlt wird (wie ein Sender) und somit gegebenenfalls bei entsprechenden Störsenken zu Fehlfunktionen führen kann.

- **Gestrahlte Störfestigkeit** (Radiated Susceptibility, RS): Eine elektronische Steuerung muss einem elektromagnetischen Feld, das drahtlos (gestrahlt) einwirkt, ohne Funktionsstörung widerstehen können. Je höher die Feldstärke dieses Feldes ist, ab der eine entsprechende Fehlfunktion diagnostiziert werden kann, je höher ist auch die gestrahlte Störfestigkeit des entsprechenden elektronischen Gerätes.

Zusatzbemerkung: Die gestrahlte Energie, die in diesem Fall auf das System einwirkt, muss nicht zwangsläufig aus einer fahrzeuginternen Störquelle herrühren. In den meisten Fällen wird als Quelle eine starke Sendeeinrichtung (Telefon oder Rundfunksender) angenommen, die in der Lage ist, auch in einem Kraftfahrzeug eine erhebliche elektromagnetische Strahlungsleistung hervorzurufen.

- **Leitungsgebundene Störaussendung** (Conducted Emission, CE): In diesem Fall wird die Störenergie seitens der Störquelle nicht durch die Luft, sondern über die Verbindungsleitungen (Bordnetz) des Kraftfahrzeuges weitergeleitet.

Besteht diese Störaussendung aus relativ langsamen Einzelimpulsen bzw. Impulsgruppen, die gegebenenfalls sogar noch durch eine oszillographische Untersuchung erkannt werden können, so spricht man in diesem Zusammenhang von der **leitungsgebundenen Störaussendung im Zeitbereich**. Im anderen Fall (hochfrequentes Spektrum) ergibt sich die **leitungsgebundene Störaussendung im Frequenzbereich**.

- **Leitungsgebundene Störfestigkeit** (Conducted Susceptibility (CS)): Hier findet prinzipiell ein ähnlicher Vorgang statt wie oben beschrieben. Die Störenergie wird über Leitungen in die Elektronik eingebracht und kann dort unter Umständen zu Fehlfunktionen führen.

Auch hier wird unterschieden zwischen der leitungsgebundenen Störfestigkeit im Zeitbereich (sofern es sich um transiente Einzelvorgänge handelt) oder der leitungsgebundenen Störfestigkeit im Frequenzbereich (hochfrequente harmonische Vorgänge mit breitem elektromagnetischen Spektrum). Man erhält also sechs verschiedene Themenbereiche zur Betrachtung der elektromagnetischen Verträglichkeit im Kraftfahrzeug, die in den folgenden Abschnitten näher erläutert werden.

■ 4.2 EMC-Anforderungen an die Kraftfahrzeugelektronik

Auf Grund der Vielzahl der in einem Kraftfahrzeug verbauten Steuerungen, Sensoren und Aktuatoren ist es völlig ausgeschlossen, für alle möglichen Kombinationen eine detaillierte Beschreibung möglicher elektromagnetischer Unverträglichkeiten durchzuführen.

Als Ergebnis von umfangreichen Untersuchungen in der Vergangenheit und auch heute ist es jedoch möglich, gewisse Rahmenbedingungen abzustecken, bei deren Einhaltung mit großer Sicherheit eine störungsfreie Funktionalität erreicht werden kann.

Diese Rahmenbedingungen sind in Form von entsprechenden Normenentwürfen veröffentlicht worden und bilden die Basis zugehöriger Untersuchungen und Prüfungen während der Entwicklung einer Kraftfahrzeugelektronik. In diesen Normen werden typische Beispielszenarien zu Grunde gelegt, die in Kraftfahrzeugen vorkommen können. Daraus resultieren dann gewisse Anforderungen, die von einer Elektronik einzuhalten sind bzw. innerhalb der Elektronik nicht zu Störungen führen dürfen.

Auf Grund der Tatsache, dass heutzutage ständig neue Systeme entwickelt werden, die in einem Kraftfahrzeugbordnetz auch unter Umständen neue elektromagnetische Situationen hervorrufen können, werden die entsprechenden Normen seitens der Kraftfahrzeugindustrie ständig hinterfragt, diskutiert und ggf. ergänzt.

Auch hier ist festzustellen, dass die Anforderungen der verschiedenen Fahrzeughersteller durchaus unterschiedlich sind. Speziell auf dem Gebiet der gestrahlten Störfestigkeit (d. h. der Fähigkeit, elektromagnetischen Strahlungen von außen zu widerstehen) sind auf der einen Seite in den letzten Jahren die Anforderungen stark gestiegen. Bei der Prüfung von Einzelkomponenten für Fahrzeuge (Steuergeräte) werden Feldstärken oberhalb von 200 V/m im Frequenzbereich bis über 5 GHz gefordert.

Auf der anderen Seite werden die Störpegel, die ein Steuergerät aussenden darf (gestrahlte oder leitungsgebundene Störaussendungen), immer weiter reduziert, um Störungen mit anderen hochfrequenzempfindlichen Systemen in Fahrzeugen (Radio, Telefon, GPS) zu vermeiden.

Die komplette Behandlung dieses Themas ist in der Regel sehr aufwändig und erfordert auch entsprechende praktische Erfahrung.

In den folgenden Abschnitten werden die wichtigsten Situationen und die daraus resultierenden Anforderungen bezüglich der EMC an die elektronischen Systeme beschrieben. Außerdem erfolgt im Anschluss daran ebenfalls die Darstellung der entsprechenden Prüfmethoden, um die genannten Anforderungen zu verifizieren.

Viele Fahrzeughersteller verwenden zur Definition der Anforderungen und der Prüfmethoden eigene Hausnormen (siehe Abschnitt 3.2). In vielen Fällen basieren diese Hausnormen auf den internationalen Normen. Daher werden in den folgenden Abschnitten die internationalen Normen zu Grunde gelegt.

4.2.1 Leitungsgebundene Störaussendung im Zeitbereich

Die leitungsgebundene Störaussendung im Zeitbereich beschreibt aperiodische Vorgänge, die vergleichsweise langsam ablaufen und somit kein weitreichendes Frequenzspektrum hervorrufen. Allerdings können hier ggf. erhebliche elektrische Energien übertragen werden.

Derartige Vorgänge lassen sich noch mittels einer oszillographischen Darstellung näher untersuchen. Man spricht hierbei von sog. langsamen Störimpulsen auf Leitungen. Diese

Störimpulse können die unterschiedlichsten Ursachen haben. Die sich daraus ergebenden Störimpulse bzw. Störimpulsgruppen sind durchnummeriert und werden in der Norm ISO 7637-1, -2 und -3 näher beschrieben.

Wie bereits oben erwähnt, sind diese Normen Gegenstand ständiger Diskussionen und möglicher Veränderungen. Daher sollen hier im weiteren Verlauf nur die wichtigsten Störimpulse näher betrachtet werden, die Impulse 1 bis 5. Bei einer aktuellen Entwicklungstätigkeit sind somit natürlich immer die aktuellen Versionsstände der geforderten Normen heranzuziehen.

4.2.1.1 Impuls 1: Abschalten einer Induktivität

Durch das Öffnen eines Schalters wird der Stromfluss IL zu einer Induktivität schlagartig unterbrochen. Auf Grund des Induktionsgesetzes hat der Strom durch diese Induktivität das Bestreben, noch weiter fließen zu wollen, was natürlich in der ursprünglichen Form nicht möglich ist. Für eine kurze Zeit baut sich also ein Stromfluss über die parasitären Kapazitäten in der Verkabelung auf, der wiederum zu einem hohen negativen Spannungsimpuls an dieser Induktivität führt.

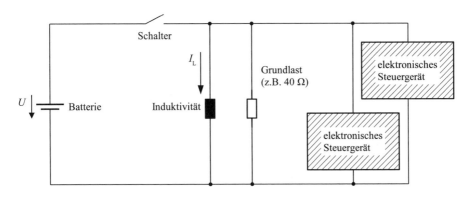

Bild 4.3 Impuls 1: Abschalten einer Induktivität

Im Allgemeinen sind nun hinter dem Schalter mehrere Steuergeräte angeschlossen, so dass diese Steuergeräte auf ihren Versorgungsleitungen einem hohen negativen Impuls widerstehen müssen.

Betroffene Anschlussleitungen der Elektronik: nur die Versorgungsanschlüsse, keine Sensorik oder Aktuatorik, sofern sie direkt aus dem Steuergerät mit Energie versorgt werden.

Das folgende Bild 4.4 zeigt ein Beispiel für diesen Störimpuls.

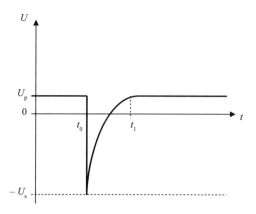

Bild 4.4 Störimpuls 1, Prinzip

Tabelle 4.1 Störimpuls 1, die wichtigsten Parameter

Impuls 1	12-V-Bordnetz	24-V-Bordnetz	24-V-Bordnetz
		Impuls 1a	Impuls 1b
U_p	13,5 V	27 V	27 V
$U_p - U_s$	0 V bis − 100 V	0 V bis − 200 V	0 V bis − 1100 V
$t_1 - t_0$	2 ms	2 ms	1 ms
Innenwiderstand	10 Ω	10 Ω bis 50 Ω	50 Ω bis 200 Ω
Wiederholrate	0,2 Hz bis 2 Hz	0,2 Hz bis 2 Hz	0,2 Hz bis 2 Hz

Die vollständige Parametrierung ist in der ISO 7637-1 (12 V), ISO 7637-2 (24 V) zu finden.

4.2.1.2 Impuls 2: Abschalten eines Kollektormotors

Wird ein Kollektormotor ausgeschaltet, so wirkt er auf Grund seines mechanischen Nachlaufes für eine kurze Zeit wie ein Generator. Die Folge ist ein hoher positiver Störimpuls auf der Verbindungsleitung zum Motor (s. Bild 4.5).

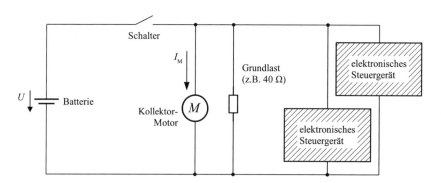

Bild 4.5 Abschalten eines Kollektormotors

Auch hier sind evtl. weitere Steuergeräte von diesem positiven Impuls betroffen, sofern sie an der gleichen Leitung angeschlossen sind.

Betroffene Anschlussleitungen der Elektronik: nur die Versorgungsanschlüsse, keine Sensorik oder Aktuatorik, sofern sie direkt aus dem Steuergerät mit Energie versorgt werden. Ein Beispiel für einen derartigen Impuls zeigt Bild 4.6.

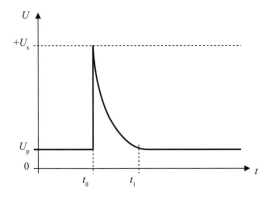

Bild 4.6 Störimpuls 2, Prinzip

Tabelle 4.2 Störimpuls 2, die wichtigsten Parameter

Impuls 2	12-V-Bordnetz	24-V-Bordnetz
U_p	13,5 V	27,0 V
$U_s - U_p$	0 V bis +100 V	0 V bis +100 V
$t_1 - t_0$	0,05 ms	0,05 ms
Innenwiderstand	10 Ω	10 Ω bis 50 Ω
Wiederholrate	0,2 Hz bis 2 Hz	0,2 Hz bis 2 Hz

Die vollständige Parametrierung ist in der ISO 7637-1 (12 V), ISO 7637-2 (24 V) zu finden.

4.2.1.3 Impuls 3: Allgemeine Schaltvorgänge

Beim Ein- bzw. Ausschalten von Lasten auf dem Kraftfahrzeugbordnetz finden in der Regel sehr schnelle transiente Vorgänge statt, die in Verbindung mit den immer vorhandenen Leitungskapazitäten und Induktivitäten Störimpulse oder Störimpulsgruppen in positive und negative Richtung hervorrufen (s. Bild 4.7).

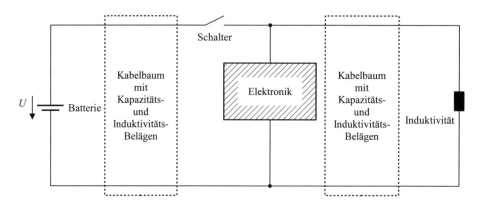

Bild 4.7 Schaltvorgänge auf dem Kraftfahrzeugbordnetz

Diese Schaltvorgänge werden in vielen Fällen von mechanischen Schaltern durchgeführt. Auf Grund der federnden Wirkung einzelner mechanischer Elemente innerhalb eines derartigen Schalters findet der Schließvorgang nicht nur einmal statt, sondern der Schalter schließt und öffnet innerhalb kurzer Zeit. Das wird mit „Prellen des Schalters" bezeichnet und kann durchaus mehr als 20-mal stattfinden. Das Ergebnis ist eine Folge schneller Störimpulse auf der Versorgungsleitung (s. Bild 4.8).

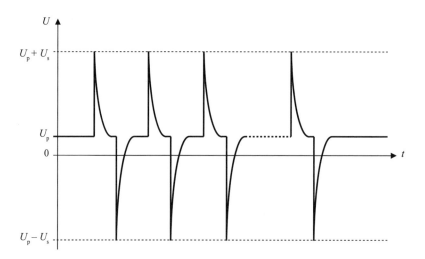

Bild 4.8 Impuls 3: Schaltvorgänge

Zur besseren Nachbildung dieser Impulse durch einen Störimpulsgenerator werden die positiven Amplituden und die negativen Amplituden getrennt betrachtet. Daher ist der Impuls Nr. 3 unterteilt.

Impuls 3a: Negative Impulsgruppen (s. Bild 4.9)

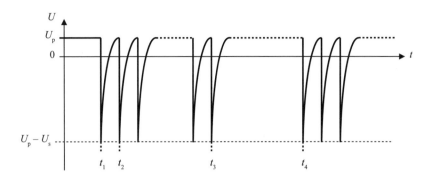

Bild 4.9 Impuls 3a, negative Störimpulse durch einen prellenden Schaltvorgang

Impuls 3b: Positive Impulsgruppen (s. Bild 4.10)

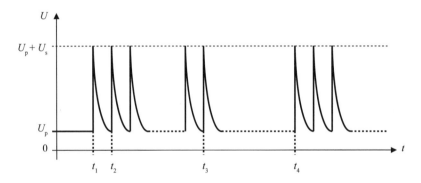

Bild 4.10 Impuls 3b, positive Störimpulse durch einen prellenden Schaltvorgang

Wie aus den Bildern und den Parametern ersichtlich, handelt es sich hierbei um relativ schnelle Impulse, die jedoch nur eine geringe elektrische Energie besitzen. Daher können sie sich über relativ kleine Kapazitäten innerhalb des Bordnetzes ausbreiten. Es ist also nicht nur die Leitung betroffen, auf der der Schaltvorgang ausgelöst worden ist, sondern vom Prinzip her gesehen der komplette Kabelstrang, durch den diese Schaltleitung geführt wird. Damit können diese schnellen transienten Störimpulse durchaus auch auf Leitungen zu Aktuatoren bzw. zu Sensoren gekoppelt werden und somit auf verschiedensten Wegen in elektronische Steuergeräte hineinwirken. Diese Situation wird noch ausführlicher in Abschnitt 4.4.1.3 erläutert.

Betroffene Anschlussleitungen der Elektronik: alle Leitungen zur Elektronik, inkl. Sensor- und Aktuatorleitungen.

Tabelle 4.3 Störimpuls 3a, die wichtigsten Parameter

Impuls 3a	12-V-Bordnetz	24-V-Bordnetz
U_p	13,5 V	27 V
U_s	0 V bis – 150 V	0 V bis – 200 V
$t_2 - t_1$	100 µs	100 µs
$t_3 - t_1$	10 ms	10 ms
Burst-Abstand	90 ms	90 ms
Innenwiderstand	50 Ω	50 Ω

Tabelle 4.4 Störimpuls 3b, die wichtigsten Parameter

Impuls 3b	12-V-Bordnetz	24-V-Bordnetz
U_p	13,5 V	27 V
U_s	0 V bis +150 V	0 V bis +200 V
$t_2 - t_1$	100 µs	100 µs
$t_3 - t_1$	10 ms	10 ms
Burst-Abstand	90 ms	90 ms
Innenwiderstand	50 Ω	50 Ω

Die vollständige Parametrierung ist in der ISO 7637-1 (12 V), ISO 7637-2 (24 V) zu finden.

4.2.1.4 Impuls 4: Der Anlassvorgang

Beim Starten eines Fahrzeuges wird durch den hohen Strom eines Starters die Fahrzeugbatterie erheblich belastet. Ist diese Batterie nicht voll aufgeladen, so kann in Verbindung mit einer niedrigen Außentemperatur ein erheblicher Spannungseinbruch auf dem Bordnetz während des Startvorganges erfolgen. Dieser Spannungseinbruch muss von den elektronischen Systemen sicher beherrscht werden, die während des Startvorganges in Funktion sind (besonders die Motorelektronik), siehe Bild 4.11.

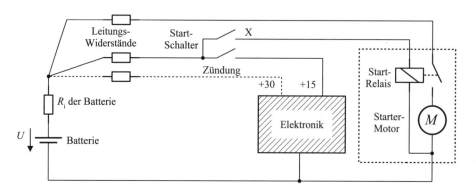

Bild 4.11 Anlassvorgang

Der sich ergebende Prüfimpuls ist im Bild 4.12 dargestellt.

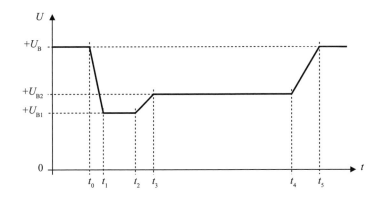

Bild 4.12 Impuls 4: Spannungseinbruch während des Anlassvorganges

Betroffene Anschlussleitungen der Elektronik: nur die Versorgungsanschlüsse, keine Sensorik oder Aktuatorik, sofern sie direkt aus dem Steuergerät mit Energie versorgt werden.

Tabelle 4.5 Störimpuls 4, die wichtigsten Parameter

Impuls 4	12-V-Bordnetz	24-V-Bordnetz
U_B	12 V	24 V
$U_B - U_{B1}$	4 V bis 7 V	5 V bis 16 V
$U_B - U_{B2}$	2,5 V bis 6 V	5 V bis 12 V
$t_1 - t_0$	< 5 ms	< 10 ms
$t_2 - t_1$	15 ms bis 40 ms	50 ms bis 100 ms
$t_3 - t_2$	< 50 ms	< 50 ms
$t_4 - t_3$	0,5 s bis 20 s	0,5 s bis 20 s
$t_5 - t_4$	5 ms bis 100 ms	10 ms bis 100 ms

Die vollständige Parametrierung ist in der ISO 7637-1 (12 V), ISO 7637-2 (24 V) zu finden.

Zusatzbemerkung: Wie in Kapitel 10 noch ausführlicher beschrieben wird, ist besonders beim 12-V-Bordnetz der Spannungseinbruch bis auf 5 V besonders kritisch, da in diesem Fall die Spannung unterschritten wird, die zum sicheren Betrieb eines Mikrocontrollers auf Dauer benötigt wird. Hier ist also eine temporäre Zwischenspeicherung der Betriebsenergie für einen Mikrocontroller erforderlich (Verwendung von großen Elektrolyt-Kondensatoren).

4.2.1.5 Impuls 5: Lastabwurf (Load-Dump)

Einen sehr kritischen Fall auf einem Kraftfahrzeugbordnetz stellt der sog. Load-Dump (Lastabwurf) dar. Er entsteht, wenn beim Betrieb eines Fahrzeuges ein plötzlicher großer Lastabwurf auf dem Bordnetz stattfindet und der Spannungsregler im Generator es erst nach einer bestimmten Zeit schafft, die Energieerzeugung zu reduzieren. Das kann durch einen schadhaften Kontakt an der Batterie geschehen. Der zuvor fließende Ladestrom in die Batterie hinein wird plötzlich nicht mehr benötigt. Dieser Strom fließt dann zusätzlich in das Bordnetz, was zu einer Spannungsüberhöhung führt. Eine Batterie, die normalerweise derartige Überhöhungen ableiten würde, ist hier durch den Verbindungsfehler nicht mehr angeschlossen (s. Bild 4.13).

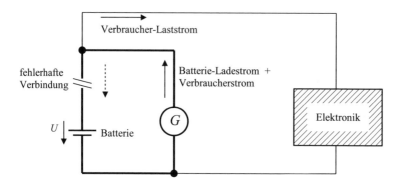

Bild 4.13 Fehlerhafte Verbindung zur Batterie

Die Folge der dadurch entstehenden erhöhten Energieproduktion ist ein sehr energiereicher Spannungsimpuls, der über eine längere Zeit anhalten kann (s. Bild 4.14).

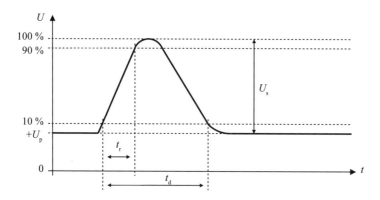

Bild 4.14 Impuls 5: Der Load-Dump (Lastabwurf)

Betroffene Anschlussleitungen der Elektronik: nur die Versorgungsanschlüsse, keine Sensorik oder Aktuatorik, sofern sie direkt aus dem Steuergerät mit Energie versorgt werden.

Tabelle 4.6 Störimpuls 5, die wichtigsten Parameter

Impuls 5	12-V-Bordnetz	24-V-Bordnetz
U_p	13,5 V	27 V
U_s	26,5 V bis 86,5 V	70 V bis 200 V
t_r	5 ms bis 10 ms	10 ms
t_d	40 ms bis 400 ms	100 ms bis 350 ms
Innenwiderstand	0,5 Ω bis 4 Ω	1 Ω bis 8 Ω
Impulszahl	1	1

Die vollständige Parametrierung ist in der ISO 7637-1 (12 V), ISO 7637-2 (24 V) zu finden.

Auf Grund der hohen Energien, die während des Load-Dump-Impulses in das Bordnetz eingeleitet werden, können empfindliche elektronische Schaltungen zerstört werden.

Durch Verwendung entsprechender Ableitdioden, die in der Lage sind, diesen Impuls sicher zu begrenzen, können elektronische Schaltungen geschützt werden.

Wie bereits dargestellt, kann der hier beschriebene Lastabwurf immer dann auftreten, wenn z. B. ein erheblicher Ladestrom in die Fahrzeugbatterie hineinfließt und plötzlich ein Batteriekontakt abfällt. Dieser Fall wird im alltäglichen Betrieb eines Fahrzeuges relativ selten auftreten. Dennoch ist es nicht zu akzeptieren, dass ein Großteil der elektronischen Steuergeräte eines Fahrzeuges Schaden nimmt, sollte dieser seltene Fall doch einmal vorkommen.

Zusammenfassung: Die hier aufgeführten Impulse stellen einen Querschnitt der Effekte dar, die leitungsgebunden im Zeitbereich auf einem Kraftfahrzeugbordnetz auftreten können. Die Impulshöhen bzw. die Impulslängen werden dabei ggf. an spezielle Situationen angepasst. Man spricht in diesem Zusammenhang von verschiedenen Schärfegraden (von 1 bis 4).

Eine Tabelle der in der Norm ISO 7637 vorgesehenen Schärfegrade mit der dazugehörigen Parametrierung ist im Anhang zu finden.

4.2.2 Leitungsgebundene Störfestigkeit im Zeitbereich

Alle im vorherigen Abschnitt beschriebenen Störimpulse werden über Leitungen weitergeleitet an Störsenken (Steuergeräte), wobei nicht nur die Versorgungsleitungen betroffen sind, sondern zum Teil auch die Sensor- und Aktuatorleitungen (z. B. bei den Impulsen 3a und 3b).

Als Forderung für die Steuergeräte ergibt sich, dass die Störimpulse zu keinen Schädigungen bzw. Funktionsstörungen führen dürfen. Die Beschreibungen, welche Reaktionen unter welchen Bedingungen zulässig sind, sind in der Norm ISO 7637 zu finden. Damit sind die wichtigsten Anforderungen an die Steuergeräte bezüglich der leitungsgebundenen Störfestigkeit im Zeitbereich dargestellt.

4.2.3   Allgemeine Betrachtung für die Anforderungen im Frequenzbereich

Bei den Signalen, die im Zeitbereich betrachtet werden, handelt es sich um relativ langsame elektrische bzw. elektromagnetische Vorgänge (s. Abschnitt 4.2.1).

Eine wesentliche Eigenschaft dabei ist, dass bei diesen Vorgängen Energien transportiert werden können, die innerhalb der betrachteten Zielelektronik nicht nur Funktionsstörungen auslösen können, sondern auch unter Umständen eine Schaltung schädigen (Überlastung elektronischer Bauteile).

Im weiteren Verlauf dieses Kapitels nun werden die Signale betrachtet, die auf Grund ihrer Frequenz nur noch durch Betrachtungen im Frequenzbereich definiert bzw. untersucht werden können. Die Abgabe (Störaussendung) bzw. die Aufnahme (Störfestigkeit) derartiger Signale kann auf zwei verschiedene Weisen geschehen:

- einmal durch Übertragung über einen Leiter (leitungsgebundene Einflüsse)

- zum anderen durch ein elektromagnetisches Feld (gestrahlt).

Hinzu kommt, dass sich in einem Kraftfahrzeug elektronische Geräte befinden, deren Störaussendung höchst unterschiedlich sein kann.

4.2.4   Störaussendungen im Frequenzbereich

Bei der Betrachtung von Störaussendungen im Frequenzbereich muss auf Grund der unterschiedlichen Störauswirkungen zwischen einer breitbandigen und einer schmalbandigen Störaussendung unterschieden werden. Theoretisch betrachtet verursacht bekanntlich ein aperiodischer elektromagnetischer Vorgang ein kontinuierliches Spektrum, während ein periodischer elektromagnetischer Vorgang ein diskretes Spektrum (Linienspektrum) erzeugt.

Bei den im Kraftfahrzeug vorkommenden Störquellen handelt es sich nun in der Regel um eine Kombination dieser Möglichkeiten. Als Folge erhält man im Frequenzbereich in der Regel einen sehr unregelmäßigen spektralen Verlauf.

Beispiele für breitbandige Störquellen im Kraftfahrzeug:

- Zündanlagen

- Kollektormotoren

- Schalter

- Schaltnetzteile.

Beispiele für schmalbandige Störquellen im Kraftfahrzeug:

- Hochfrequenzoszillatoren (Mikrocontroller)

- andere Taktgeneratoren.

Bild 4.15 zeigt eine Gegenüberstellung der beiden Frequenzspektren. Während beim diskreten Spektrum nur einzelne Frequenzen auftreten, sind beim kontinuierlichen in einem gewissen Bereich sämtliche Frequenzen vorhanden.

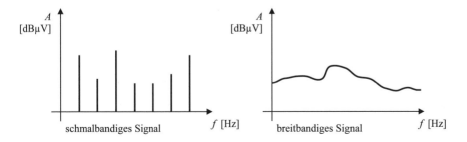

Bild 4.15 Spektren eines Schmalband- und eines Breitband-Störers

Oder anders ausgedrückt: Würde sich ein Empfänger mit seiner Empfangsfrequenz im diskreten Spektrum zwischen den Spektrallinien befinden, so wäre keine Störung festzustellen. Im Gegensatz dazu ist es für einen Empfänger (Störsenke) bei einem kontinuierlichen Spektrum nicht möglich, eine Stelle zu finden, an der kein Störsignal vorhanden ist.

Für die Praxis gilt im Allgemeinen, dass die Maximalwerte (Spitzenamplituden) der einzelnen Frequenzen im Frequenzbereich bei einem kontinuierlichen Spektrum deutlich geringer ausfallen als im diskreten Spektrum.

Bei der messtechnischen Untersuchung bzw. Überprüfung dieser Situationen ist es nun von entscheidender Bedeutung, wie groß die messtechnische Bandbreite des verwendeten Spektrumanalysators gewählt wird. Um z. B. einen Schmalbandstörer mit genügend hoher Genauigkeit detektieren zu können, ist es erforderlich, die Bandbreite des Spektrumanalysators relativ klein zu wählen. Will man nun einen großen Frequenzbereich überprüfen, ohne dass evtl. vorhandene Störspitzen nicht erkannt werden, ist außerdem eine relativ kleine Schrittweite, in der die Messfrequenz inkrementiert wird, zu wählen.

Als Resultat können im Extremfall erhebliche Messzeiten notwendig werden. Auf der anderen Seite kann eine zu grobe Einstellung der Messbandbreite dazu führen, dass mehrere Spektrallinien einer Störquelle gleichzeitig erfasst werden, obwohl sie eigentlich getrennt zu betrachten wären. Dieses Problem soll nun im Folgenden näher erläutert werden.

Als Beispiel dient hier für das Ausgangssignal ein rechteckförmiger periodischer Impuls (s. Bild 4.16).

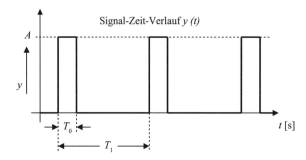

Bild 4.16 Rechteckförmiger periodischer Impuls (ideal)

Es handelt sich dabei um ein rechteckförmiges Signal mit der Amplitude A, der Periodendauer T_1 und der Impulsbreite T_0. Das sich daraus ergebende elektromagnetische Spektrum ist im Bild 4.17 wiedergegeben.

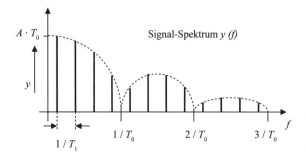

Bild 4.17 Spektrum eines rechteckförmigen periodischen Signals (qualitativer Verlauf)

Die hier dargestellten einzelnen Spektrallinien sollen nun mit einem Spektrumanalysator, dessen Empfangsbandbreite B (idealisiert) beträgt, analysiert werden (s. Bild 4.18).

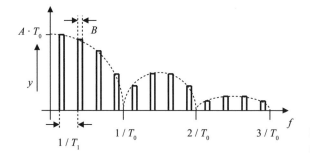

Bild 4.18 Spektrale Messung mit der Bandbreite B (qualitativer Verlauf)

Wird nun für das Messgerät eine Bandbreite gewählt, die kleiner ist als $1/T_1$, so ist die isolierte Detektion einzelner Spektrallinien möglich. Somit würde das Signal als Schmalbandstörer erkannt werden.

Wird die Bandbreite B jedoch größer als $1/T_1$ gewählt, so ist eine Unterscheidung der einzelnen Spektrallinien nicht mehr möglich. Man erhält somit messtechnisch einen kontinuierlichen Verlauf, was dem Verhalten eines Breitbandstörers entspricht.

Für die Untersuchung einer Kraftfahrzeugelektronik bedeutet dies, dass je nach den elektrotechnischen Eigenschaften der vorliegenden Elektronik ein Spektrum gemessen wird, das überwiegend Schmalbandstörungen beinhaltet, Breitbandstörungen oder Kombinationen aus beiden.

Das folgende Bild 4.19 zeigt einen typischen Verlauf einer Breitbandmessung. In dieses Bild sind neben der eigentlichen Messkurve noch zusätzlich die Grenzwertkurven eingezeichnet, die seitens der Norm gefordert werden. Je nachdem, welcher Schärfegrad für eine entsprechende Elektronik vorzusehen ist, kann es in der Praxis besonders bei dem Vorliegen einer sog. Pulsweitenmodulation (PWM, siehe Abschnitt 7.5.5) schwierig werden, mit den Spektralanteilen der verursachten Störaussendung unterhalb der entsprechenden Grenzkurve zu bleiben.

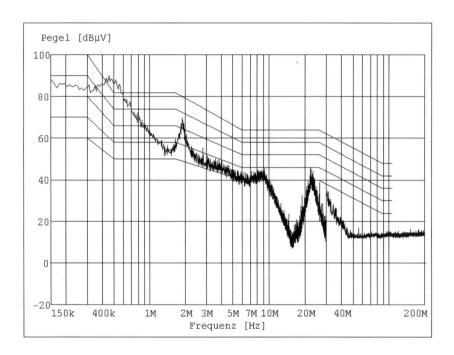

Bild 4.19 Beispiel für das elektromagnetische Spektrum eines Breitbandstörers

Eine ähnliche Anforderung resultiert aus der Betrachtung einer schmalbandigen Störung (s. Bild 4.20).

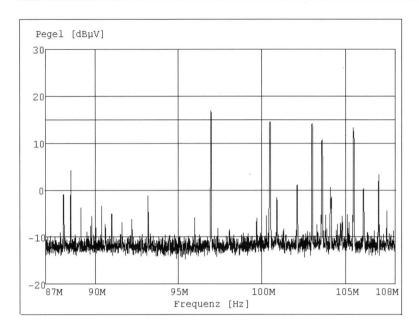

Bild 4.20 Beispiel für das elektromagnetische Spektrum eines Schmalbandstörers

Die einzelnen Maxima an bestimmten Frequenzstellen rühren in diesem Fall von verschiedenen periodisch arbeitenden Störquellen her, wie z. B. dem Oszillator eines Mikrocontrollers.

Dieses Verhalten ist bei der Verwendung von Mikrocontrollergesteuerter Elektronik im Kraftfahrzeug relativ häufig festzustellen. In Abschnitt 8.4 wird noch ausführlicher dargestellt, welche entwicklungstechnischen Maßnahmen geeignet sind, derartige Störungen zu verringern oder sogar ganz zu vermeiden.

Messverfahren

Um ein elektronisches Kraftfahrzeugsystem bezüglich seiner schmalbandigen oder breitbandigen Störaussendung zu beurteilen, sind in den entsprechenden Normen spezielle Messverfahren definiert worden, die in Abschnitt 1.4 noch näher erläutert werden:

- Messung von gestrahlten Störaussendungen im Frequenzbereich: Verwendung einer Messantenne mit einem Messempfänger innerhalb einer Absorberhalle.

- Messung von leitungsgebundenen Störaussendungen im Frequenzbereich: Verwendung einer BCI-(Bulk-Current-Injektion)Koppelzange mit entsprechendem Messempfänger.

4.2.5   Störfestigkeit im Frequenzbereich

Bei der Überprüfung der Störfestigkeit eines elektronischen Systems für Kraftfahrzeuge wird festgestellt, ob ein elektronisches System bei einer bestimmten elektromagnetischen Feldstärke bzw. HF-Spannung Funktionsstörungen verursacht.

Dazu wird der Prüfling innerhalb einer Absorberhalle oder auch einer TEM-Zelle (siehe Abschnitt 1.4) einem homogenen elektromagnetischen Feld bestimmter Feldstärke ausgesetzt. Die Frequenz dieses Feldes kann eingestellt werden. Die zu überprüfende Elektronik wird dann komplett mit der Sensorik/Aktuatorik über eine geeignete Verkabelung verbunden und während der Bestrahlung in Betrieb genommen bzw. in Betrieb gehalten.

Durch Analyse der Reaktionen an der Aktuatorik kann dann überprüft werden, ob die entsprechende Elektronik bei der gewählten Feldstärke und Frequenz korrekt funktioniert oder auch nicht. Da bei jeder zu überprüfenden Frequenz die Reaktion des elektronischen Systems abgewartet werden muss, kann eine derartige Überprüfung zeitlich sehr lange dauern.

Um die geforderten Feldstärken auch sicher zu erreichen, sind im Allgemeinen sehr leistungsfähige Linearverstärker (Sende-Endstufen) für den gesamten zu untersuchenden Frequenzbereich erforderlich.

Auch hier ergibt sich messtechnisch ein sehr großer Aufwand. In Abschnitt 1.4 werden die Messaufbauten noch näher erläutert.

Messung der gestrahlten Störfestigkeit im Frequenzbereich:

- Direkte Bestrahlung des elektronischen Systems unter Verwendung einer Sendeantenne innerhalb einer Absorberhalle oder eines Absorberraums.

- Verwendung einer TEM-Zelle.

- Verwendung einer Strip-Line.

Messung der leitungsgebundenen Störfestigkeit im Frequenzbereich:

- Verwendung einer BCI-(Bulk-Current-Injection)Koppelzange innerhalb einer Absorberhalle.

■ 4.3 Elektrostatische Entladung (ESD)

Das Phänomen der elektrostatischen Aufladung bzw. Entladung ist im alltäglichen Leben ständig vorhanden und bemerkbar. Selbst kleine Bewegungen innerhalb eines Raums z. B. durch Umhergehen können zu erheblichen elektrostatischen Aufladungen der entsprechenden Person führen, die sich bei Berührung an geerdeten Gegenständen schlagartig, im Extremfall sogar über eine Funkenentladung, abbaut.

Für eine Kraftfahrzeugelektronik existieren nun verschiedene Problemfelder, bei denen eine elektrostatische Aufladung wirksam werden kann.

ESD innerhalb einer Elektronikfertigungslinie

Bei der Erstellung einer modernen Elektronik ist innerhalb der Fertigungseinrichtung sehr genau darauf zu achten, dass sämtliche technische Einrichtungen zur Erstellung der entsprechenden Elektronik derart geerdet sind, dass keinerlei elektrostatische Aufladung erfolgen kann. Das betrifft:

- Inspektion der elektronischen Bauteile bei der Anlieferung

- Lagerhaltung der Bauteile

- Transport innerhalb der Fertigung

- Bestückeinrichtung

- Transportbänder

- Zwischen-/Endprüfeinrichtungen

- endgültige Verpackung.

Für das gesamte Fertigungspersonal gilt: Die Berührung bzw. das Aufnehmen von elektronischen Bauteilen bzw. einer gefertigten Elektronik darf nur erfolgen, wenn die entsprechende Person durch Verwendung geeigneter Leitungen geerdet ist.

Transport zur Fahrzeugfabrik

Dieser Schritt ist im Allgemeinen unkritisch, da heutzutage die Elektronik in entsprechenden leitfähigen Behältern transportiert wird, so dass anzunehmen ist, dass unterwegs keine ESD-Schädigung auftreten kann.

Entnahme und Verbau innerhalb der Fahrzeugfertigung

Dieser Punkt hat sich in der Vergangenheit in einigen Fällen bereits als kritisch erwiesen. Immer dann, wenn das Fertigungspersonal eine Elektronik aus der Verpackung entnimmt, kann diese Elektronik mit einer elektrostatischen Entladung konfrontiert werden.

Diese Situation stellt dennoch im Allgemeinen keine Gefahr dar, da die Elektroniken bezüglich der Berührung durch einen Menschen geschützt sind (ESD-Prüfung, siehe Abschnitt 4.4.2).

Eine andere Situation kann sich ergeben, wenn eine Elektronik, bevor sie mechanisch mit dem leitfähigen Fahrzeuggehäuse verbunden wird, zuerst unter Verwendung der entsprechenden Stecker mit der Bordnetzverkabelung verbunden wird. Besonders gefährdet wären in diesem Fall ungeschützte Anschlussleitungen, die direkt innerhalb der Elektronik mit integrierten Bausteinen verbunden sind (z. B. Kommunikationsleitungen, Bus-Anbindungen).

In diesem Fall würde die gesamte elektrostatische Energie ohne einen strombegrenzenden Widerstand direkt über die Elektronik in den entsprechenden Steckerpin abgeleitet. Sollte zu diesem Zeitpunkt noch kein Massesignal angesteckt sein (z. B. anderer Steckerkorb), so können die auf der Elektronik verbauten Schutzstrukturen nicht aktiv werden und der Ausgangstreiberbaustein für die hier genannte Leitung ist in höchstem Maße gefährdet.

Daher sollte es in einer Fahrzeugfertigung oberstes Gebot sein, jegliche Art von Elektronik zunächst an die entsprechenden elektrisch leitfähigen Flächen anzuschrauben (sofern vorgesehen) und die Masseleitung (minus 31) anzuschließen. Damit ist dann die Gefahr einer Schädigung durch eine elektrostatische Entladung gebannt.

Betrieb des Fahrzeuges

Elektronik, die in einem Fahrzeug versteckt verbaut worden ist (z. B. im Motorraum oder hinter dem Armaturenbrett), kommt während des normalen Betriebes nicht mehr mit einer elektrostatischen Entladung in Berührung. Das gilt jedoch nicht für einen möglichen

Reparaturfall (Austausch innerhalb einer Werkstatt). Dort sollten ähnliche Überlegungen angestellt werden wie bei der Fahrzeugfertigung.

Ist die Elektronik allerdings innerhalb des Fahrzeuges offen zugänglich, kann sie auch während des normalen Fahrzeuggebrauches mit einer elektrostatischen Entladung in Berührung kommen:

- elektronische Bedienelemente am Armaturenbrett und in den Türen

- elektronische Displays usw.

Durch Bewegung einer Person innerhalb des Fahrzeuges während des Fahrbetriebes kann sich eine elektrostatische Ladung aufbauen, die bei Betätigung einer elektronischen Einrichtung bzw. der Berührung eines Displays wiederum entladen kann.

Dieser Fall muss dann von der entsprechenden Elektronik sicher beherrscht werden und darf zu keinerlei Schädigung führen.

Ein weiterer Fall wäre das Einsteigen einer Person in ein Fahrzeug, wobei diese Person elektrostatisch aufgeladen ist. Auch dann darf es zu keinerlei Schädigung am Fahrzeug kommen.

Für beide Situationen sind die Ersatzschaltbilder 4.21a) und b) definiert worden.

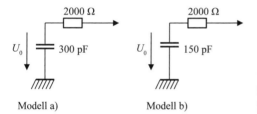

Modell a)   Modell b)

Bild 4.21 Ersatzschaltbilder für eine ESD-Prüfung

Die Kondensatoren werden auf entsprechende Prüfspannungen aufgeladen und dann über den Widerstand schlagartig entladen.

Parameter

- Spannungsbereich: $-25\ \text{kV} < U_0 < +25\ \text{kV}$

Referenz: ISO 10605

Man unterscheidet in diesem Zusammenhang zwei verschiedene Prüfungen:

- **Luftentladung:** Hierbei wird der Prüfkopf eines geeigneten Prüfgenerators auf die gewünschte Spannung aufgeladen und dann langsam an die Elektronik herangeführt, bis eine Luftentladung stattfindet. Die zu prüfende Elektronik ist in diesem Fall auf eine geerdete Metallplatte montiert.

- **Kontaktentladung:** Der Prüfkopf des Prüfgenerators wird direkt mit der zu prüfenden Elektronik bzw. den Anschlüssen an der Elektronik verbunden und der Entladevorgang ausgelöst.

Auch hier ist die zu prüfende Elektronik auf eine metallisch geerdete Fläche montiert. In allen Fällen darf keine Schädigung der Elektronik erfolgen (CLASS A).

In Abschnitt 4.4 wird der prinzipielle Aufbau noch näher erläutert. Die genaue Beschreibung der Prüfaufbauten und der Durchführung ist in der internationalen Norm ISO 10 605 zu finden.

■ 4.4 EMC-Prüfeinrichtungen in der Kraftfahrzeugtechnik

Im vorliegenden Abschnitt werden die Prüfaufbauten und die Prüfeinrichtungen vom Prinzip her beschrieben, mit denen die Angaben zur elektromagnetischen Verträglichkeit von Kraftfahrzeugelektroniken überprüft werden können.

4.4.1 Überprüfung leitungsgebundener Störimpulse im Zeitbereich

Es erfolgt die Unterscheidung zwischen der leitungsgebundenen Störaussendung und der leitungsgebundenen Störfestigkeit jeweils mit den dafür vorgesehenen Messaufbauten.

4.4.1.1 Leitungsgebundene Störaussendung
Das folgende Bild 4.22 zeigt den Messaufbau für diese Überprüfung.

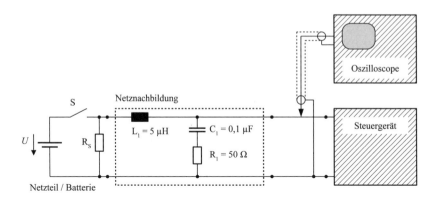

Bild 4.22 Messaufbau für die Überprüfung der leitungsgebundenen Störaussendung

Die möglicherweise erzeugten Spannungsimpulse auf Seiten des elektronischen Systems (Steuergerät) werden unter Verwendung eines Oszilloskopes spannungsmäßig analysiert. Die Netzwerknachbildung simuliert die Verkabelung innerhalb eines Fahrzeuges. Der Widerstand RS stellt die elektrische Belastung dar, die von anderen elektronischen Systemen herrührt.

Mittels des Schalters S kann nun ein transienter Schaltvorgang hervorgerufen werden. Auf diese Weise ist es möglich zu kontrollieren, ob die untersuchte Elektronik Störimpulse generiert, die nicht mehr zulässig wären.

Referenz: Internationale Norm ISO 7637-1, -2

4.4.1.2 Störfestigkeit bei den Impulsen 1, 2, 4, 5 (Impulsgenerator)

Für die Überprüfung der Störfestigkeit bei den Störimpulsen 1, 2, 4 und 5 ist ein entsprechender Impulsgenerator erforderlich, der in der Lage ist, die jeweiligen Impulse zu generieren. Diese werden dann auf die Versorgungsleitung zu einer zu prüfenden Elektronik eingekoppelt (s. Bild 4.23).

Entsprechend den angenommenen Parametern ist dann zu überprüfen, ob die Elektronik unter Einwirkung der genannten Impulse fehlerfrei funktioniert oder nicht.

Innerhalb des Generators werden die von einer geeigneten Schaltung erzeugten Impulse auf die Ausgangsleitung gekoppelt. Eine interne Induktivität L verhindert, dass die erzeugten Impulse in das Netzteil zurückgespeist werden und dort zu Schädigungen führen.

Referenz: Internationale Norm ISO 7637-1, -2

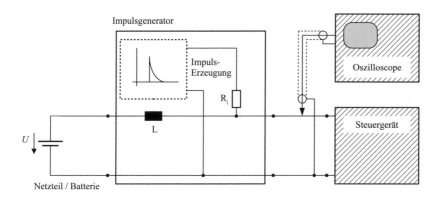

Bild 4.23 Einkopplung der Prüfimpulse mittels eines Impulsgenerators

4.4.1.3 Störfestigkeit bei den Impulsen 3a und 3b (Koppelzange)

Wie bereits dargelegt, handelt es sich bei den Impulsen 3a und 3b jeweils um sehr schnelle transiente Vorgänge, die auf Grund der vorhandenen Leitungskapazitäten innerhalb eines Kabelbaumes sehr leicht übergekoppelt werden können.

Als Ergebnis sind diese Impulse auch auf den Leitungen vorzufinden, die keine direkte galvanische Verbindung mit der eigenen Störquelle haben. Das betrifft nicht nur die Versorgungsleitungen, sondern auch sämtliche Leitungen der Sensorik und der Aktuatorik.

Zur Überprüfung dieser Situation ist für die Kraftfahrzeuganwendung die sog. Koppelzange entwickelt worden, die in der Lage ist, definiert und reproduzierbar einen derartigen Einkopplungsvorgang durchzuführen. Das Bild 4.24 zeigt eine derartige Koppelzange.

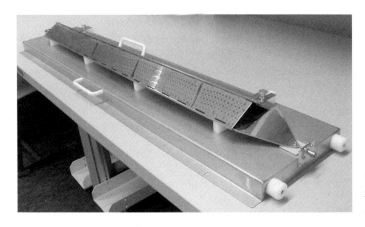

Bild 4.24 Die Koppelzange für die Impulse 3a und 3b, etwas geöffnet

Es handelt sich dabei vom Prinzip her gesehen um eine Strip-Line (s. Abschnitt 4.4.3.2), deren leitende Ebene zusätzlich mit einem mechanischen Klappmechanismus ausgestattet ist, so dass dort ein Stück Kabelbaum eingelegt werden kann. Auf Grund der kapazitiven Kopplung zwischen dieser Leiterplatte und dem Kabelbaum werden die schnellen Störimpulse, die von einem Generator erzeugt werden, auf den Kabelbaum eingekoppelt und zum Prüfling weitergeleitet. Das Bild 4.25 zeigt noch einmal den prinzipiellen messtechnischen Gesamtaufbau.

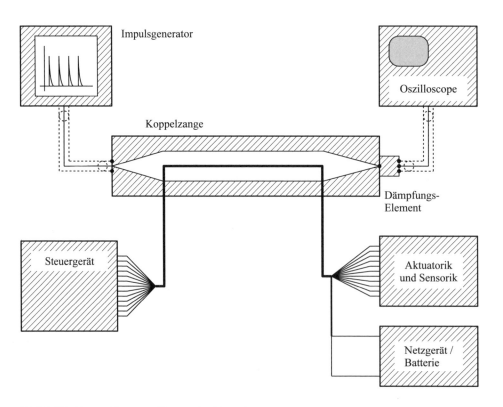

Bild 4.25 Messaufbau zum Einsatz der Koppelzange

An die zu prüfende Elektronik wird die komplette Aktuatorik und Sensorik in der Art und Weise angeschlossen, wie sie auch für den späteren Verbau im Fahrzeug vorgesehen ist. Die Einkopplung der schnellen Störimpulse 3a und 3b erfolgt unter Verwendung der o. g. Koppelzange auf den gesamten Kabelbaum unmittelbar vor dem Prüfling.

Referenz: Internationale Norm ISO 7637-3

4.4.2 ESD-Prüfeinrichtung

Für die Überprüfung der Festigkeit einer Fahrzeugelektronik gegenüber der elektrostatischen Entladung wird oftmals ein Prüfgenerator verwendet, der mobil wie eine Pistole in der Hand gehalten werden kann.

Je nach Art der Prüfung (Luftentladung oder Kontaktentladung) wird dieser Generator dann mit der entsprechenden Prüfspitze bestückt. Ein Beispiel des gesamten Prüfaufbaues ist in Bild 4.26 wiedergegeben.

Die von dem Prüfgenerator erzeugte elektrostatische Entladung kann über den Prüfling und die vorhandene metallene Grundplatte nach Masse abgeleitet werden. Der Prüfling ist bei dieser Überprüfung nicht angeschlossen und befindet sich somit natürlich auch nicht in Betrieb. Die genaue Spezifikation einer ESD-Überprüfung inklusive der Parametrierung (Prüf-Spannungen usw.) sind in der internationalen Norm ISO 10 605 zu finden.

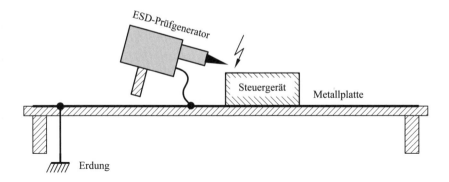

Bild 4.26 Der Einsatz der ESD-Prüfpistole

4.4.3 Überprüfung gestrahlter Störaussendungen/Störfestigkeit

Elektronische Systeme für Kraftfahrzeuganwendungen müssen bezüglich ihrer gestrahlten Störaussendungen bzw. gestrahlter Störfestigkeit überprüft werden. Das erfordert auf der einen Seite den Einsatz hoch empfindlicher Messempfänger, auf der anderen Seite linear arbeitende Hochleistungsgeneratoren, die einen sehr großen Frequenzbereich überstreichen können.

Aus diesen Vorbemerkungen geht hervor, dass es bei den Überprüfungen in der Regel zu einem großen messtechnischen Aufwand kommt. Das gilt besonders dann, wenn komplette Fahrzeuge untersucht werden sollen. In diesen Fällen sind z. B. Absorberhallen erforderlich, in denen die Fahrzeuge mit entsprechendem Abstand zu den Messantennen analysiert werden können.

In diesem Abschnitt werden nun die Messeinrichtungen vorgestellt, die in der Kraftfahrzeugtechnik am häufigsten eingesetzt werden.

4.4.3.1 TEM-Zelle (transversal-elektromagnetische Welle)

Bei der TEM-Zelle handelt es sich vom Prinzip her gesehen um ein extrem vergrößertes Koaxialkabel (s. Bild 4.27, vereinfachte Darstellung).

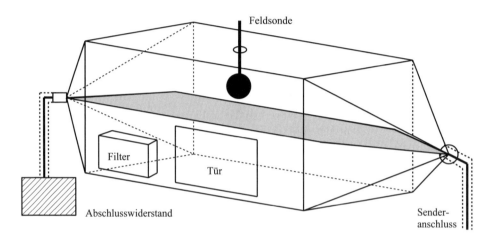

Bild 4.27 Prinzipieller Aufbau einer TEM-Zelle

Wie aus Bild 4.27 ersichtlich ist, besteht eine TEM-Zelle aus einem rechteckförmigen Gehäuse, das an beiden Enden konisch zuläuft. Im Innenbereich befindet sich genau in der Mitte in entsprechendem Abstand zu den Wänden ein Innenleiter (Septum), dessen mechanische Ausführung und die Abstände zu den Wänden so berechnet worden sind, dass sich in Summe über das gesamte Gebilde gesehen eine Wellen-Impedanz von 50 Ω ergibt.

Wird nun an die eine Seite dieser TEM-Zelle ein starker Signalgenerator (Sender) angeschaltet und auf der anderen Seite ein 50 Ω Abschlusswiderstand, so bildet sich zwischen dem Innenleiter und dem Gehäuseboden bzw. der Gehäusedecke ein homogenes elektromagnetisches Feld. In dieses Feld kann ein elektronisches System als Prüfling gelegt werden, das über einen weiten Frequenzbereich mit einem homogenen elektrischen Feld bestrahlt werden kann.

Ein weiteres wichtiges Element dieser TEM-Zelle ist eine Filteranordnung für Verbindungsleitungen von drinnen nach draußen, über die der Prüfling komplett an seine Peripherie angeschlossen werden kann. Dieses Filtersystem verhindert, dass elektromagnetische Energie aus dem inneren der Zelle heraus über den Verbindungskabelbaum abstrahlt.

Der gesamte Messaufbau unter Verwendung einer TEM-Zelle setzt eine Feldstärkemesseinrichtung voraus, so dass bei jeder Frequenz die Amplitude des Leistungs-Breitbandverstärkers (Sender) so nachgeregelt werden kann, dass innerhalb der Zelle die gewünschten elektromagnetischen Felder entstehen. Damit ergibt sich der Messaufbau nach Bild 4.28.

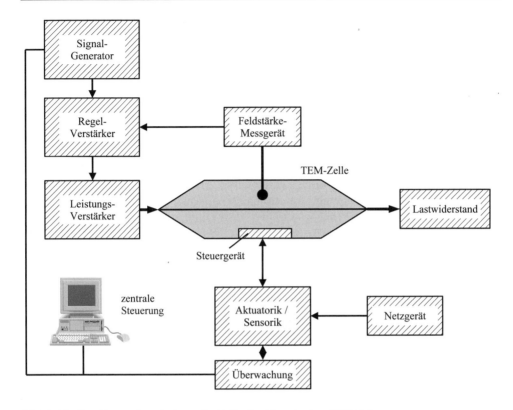

Bild 4.28 Der Messaufbau (schematisch) für den Einsatz einer TEM-Zelle

Insgesamt gesehen handelt es sich bei dieser Anordnung bereits um ein recht umfangreiches System, das jedoch in der Lage ist, eine automatische Messung der gestrahlten Störfestigkeit einer Kraftfahrzeugelektronik durchzuführen.

Außerdem hat die TEM-Zelle einen sehr wichtigen Vorteil gegenüber vielen anderen Messverfahren. Auf Grund der Tatsache, dass die TEM-Zelle nach allen Seiten hochfrequenzmäßig abgeschirmt ist und somit keine HF-Energie in die Umwelt abgegeben wird, ist der Einsatz innerhalb eines normalen Laborbereiches möglich. Eine Absorberhalle oder ein Absorberraum sind nicht erforderlich.

Trotz dieses systembedingten Vorteiles gibt es bei der TEM-Zelle den Nachteil, dass sich auf Grund der mechanischen Größe nur eine relativ geringe obere Betriebsfrequenz ergibt. Bei handelsüblichen TEM-Zellen beträgt diese zwischen 200 und 600 MHz. Sollen höhere Frequenzen überprüft werden, so sind andere Messmethoden anzuwenden.

Außerdem ist der verfügbare Raum im Inneren einer TEM-Zelle (Abstand zwischen Septum und Bodenplatte) in einigen Fällen für größere elektronische Systeme nicht ausreichend.

TEM-Zelle zur Überprüfung der gestrahlten Störabstrahlung

Verzichtet man bei dem o. g. Messaufbau auf den Signalgenerator, den Regelverstärker, die Feldstärkemesseinrichtung und ersetzt den Leistungs-Breitbandverstärker durch einen

Messempfänger, so kann diese TEM-Zelle ebenfalls dazu genutzt werden, gestrahlte Störaussendungen der zu überprüfenden Elektronik messtechnisch zu erfassen.

Auf Grund des begrenzten Platzangebotes zwischen dem Innenleiter und dem Gehäuse können mittels einer TEM-Zelle natürlich nur relativ kleine elektronische Systeme untersucht werden.

Detaillierte Beschreibung: siehe Internationale Norm ISO 11452, Teil 3

4.4.3.2 Strip-Line

Bei der Strip-Line (Streifenleitung) handelt es sich um eine Wirkungsweise, die der TEM-Zelle weitgehend entspricht. Allerdings wird hier auf den äußeren abschirmenden Mantel verzichtet. Damit erhält man einen wesentlich vereinfachten mechanischen Aufbau, der jedoch auf Grund seiner elektromagnetischen Abstrahlung unbedingt in einer Absorberhalle, bzw. einem Absorberraum zu betreiben ist. Das Bild 4.29 zeigt den prinzipiellen Aufbau einer Strip-Line.

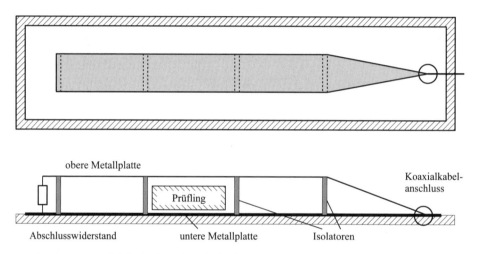

Bild 4.29 Der prinzipielle Aufbau einer Strip-Line-Messanordnung

Auch hier bildet sich zwischen der Leiterplatte und der Massefläche ein homogenes elektromagnetisches Feld aus, in das zu Prüfzwecken eine Elektronik eingebracht werden kann.

An der einen Seite dieser Strip-Line wird genau wie bei der TEM-Zelle ein Hochfrequenzgenerator angeschlossen, auf der anderen Seite ein Abschlusswiderstand, der der Wellen-Impedanz von 50 Ω entspricht. In der Regel ist es möglich, mit einer derartigen Strip-Line erheblich höhere Frequenzen zu verarbeiten, als es mit einer vergleichbaren TEM-Zelle realisierbar wäre. Der messtechnische Aufwand ist vergleichbar zu dem einer TEM-Zelle. Das Foto 4.30 zeigt einen realen Messaufbau mit einer Strip-Line.

Referenz: Internationale Norm ISO 11452, Teil 5

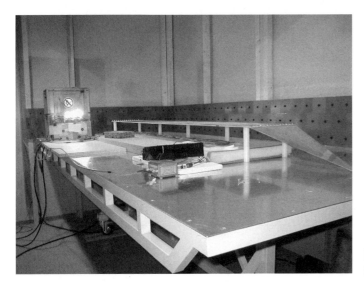

Bild 4.30 Beispielaufbau mit einer Strip-Line

4.4.3.3 Absorberhalle/Absorberraum

In vielen Fällen ist es erforderlich, auf Grund der zu verarbeitenden hohen Frequenzen oder der mechanischen Abmessungen der zu untersuchenden Systeme (komplette Fahrzeuge) die Messungen in einer Absorberhalle bzw. in einem Absorberraum durchzuführen. Dabei handelt es sich um eine Halle, die auf der einen Seite durch eine geeignete mechanische Konstruktion vollständig elektromagnetisch von der Umwelt abgeschirmt ist, und auf der anderen Seite im Innenraum durch geeignete Materialien ausgekleidet wurde, die die Reflexion elektromagnetischer Wellen verhindern.

Das Resultat ist ein Raum, in dem die von einer Sendeantenne abgestrahlte elektromagnetische Energie reflexionsfrei zum Prüfling geleitet wird. Das Bild 4.31 zeigt ein Beispiel.

Ein Absorberraum ist vom Prinzip her gesehen eine Absorberhalle, jedoch mit kleineren mechanischen Abmessungen. In der Regel ist dort die Vermessung eines kompletten Fahrzeuges nicht mehr möglich, jedoch können größere elektromagnetische Systeme untersucht werden.

Um die Verhältnisse in der Realität optimal abbilden zu können, sind moderne Absorberhallen neben der erforderlichen Mess- und Sendetechnik für die Kraftfahrzeuganwendung noch mit zusätzlichen Einrichtungen ausgestattet:

- verschiedene Sendeantennen mit unterschiedlichen Polaritäten für verschiedene Frequenzbereiche

- ein Drehteller, auf den ein komplettes Fahrzeug verbracht werden kann. Mittels dieses Drehtellers ist man in der Lage, das Fahrzeug während der Überprüfung horizontal um 360° zu drehen, um so unterschiedliche Bestrahlungsrichtungen herzustellen

- Gebläse zur Simulation des Fahrtwindes

- Klimatisierung zur Abfuhr der vom Fahrzeug produzierten Abwärme

- Kameraüberwachung mit Fernsteuermöglichkeiten.

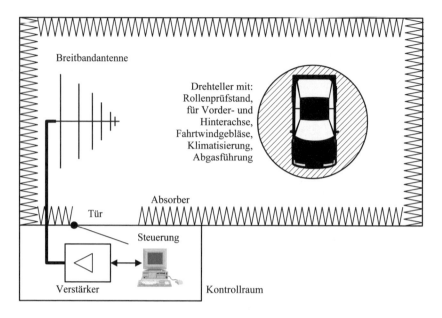

Bild 4.31 Prinzipieller Aufbau einer Absorberhalle

Die komplette EMC-mäßige Überprüfung eines Fahrzeuges hat nur Sinn, wenn sich das Fahrzeug in Betrieb befindet. Daher ist es erforderlich, in den bereits genannten Drehteller einen Leistungs-Rollenprüfstand einzubauen. Dieser Rollenprüfstand muss in der Lage sein, front- und/oder heckgetriebene Fahrzeuge so zu belasten, als wären sie real auf einer Straße unterwegs.

Da moderne Fahrzeuge eine erhebliche thermische Verlustleistung produzieren, ist für einen längeren Betrieb innerhalb einer Absorberhalle natürlich eine entsprechende Klimatisierung mit einer Abgasentsorgung zwingend notwendig. Insgesamt kann festgestellt werden, dass eine derartige Prüfeinrichtung sowohl in der Investition als auch im Betrieb sehr kostenintensiv ist. Zum besseren Verständnis zeigt Bild 4.32 einen Blick in einen Absorberraum.

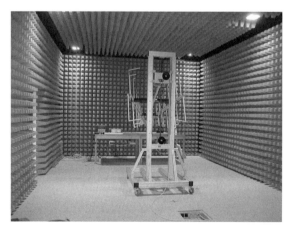

Bild 4.32 Blick in einen Absorberraum

Eine Bestrahlungsantenne im Detail ist in Bild 4.33 zu sehen, eine für höhere Frequenzen in Bild 4.34.

Bild 4.33 Große Bestrahlungsantenne

Bestrahlungsantenne für höhere Frequenzen:

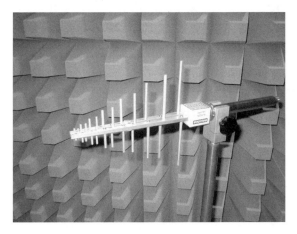

Bild 4.34 Kleinere Bestrahlungsantenne für höhere Frequenzen

Wird an Stelle eines Generators an die Antenne ein Messempfänger angeschaltet, so ist die Vermessung der gestrahlten Störaussendungen eines kompletten Fahrzeuges möglich.

Referenz: Internationale Norm ISO 11452 Teil 2

4.4.4 Überprüfung leitungsgebundener Störabstrahlung/ Störfestigkeit (Strom-Einkopplungszange)

Hier handelt es sich um die Überprüfung der leitungsgebundenen Störfestigkeit bzw. Störaussendung im Frequenzbereich. Diese Methode wird auch mit Bulk-Current-Injection, BCI bezeichnet und unterscheidet sich deutlich von den bisher genannten Messmethoden. Die Störbeeinflussung erfolgt nicht über das hochfrequente Feld, sondern über einen hochfrequenten Strom, der in die Leitungen zum Steuergerät eingekoppelt wird.

Das Prinzip dabei ist ein „Transformator", der aus einer Stromzange besteht. Diese ist in der Lage, eine entsprechende hochfrequente Energie auf die Zuleitungen zum Prüfling einzuprägen. Mittels einer zweiten, gleichartigen Koppelzange wird nun überprüft, welcher Strom tatsächlich in die Leitungen zum Prüfling eingeprägt worden ist. Damit kann über einen Kontrollempfänger und einen entsprechenden Regelkreis ein Leistungs-Breitbandverstärker nachgeregelt werden, so dass bei den verschiedenen Frequenzen immer gleiche Stromverhältnisse auf den Prüfling wirken. Der komplette Messaufbau ist in Bild 4.35 wiedergegeben.

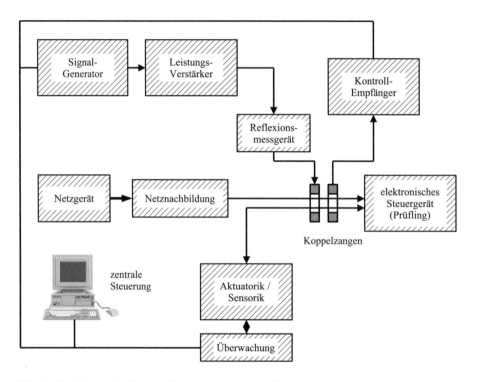

Bild 4.35 Prinzipieller Messaufbau mit einer Strom-Koppelzange

Auch hierbei wird eine erhebliche elektromagnetische Energie in die Umwelt abgegeben, so dass der Einsatz der Koppelzange unbedingt in einer Absorberhalle/-raum erfolgen muss. Das Bild 4.36 zeigt ein Beispiel einer derartigen Koppelzange.

Entfernt man den Signalgenerator, den Leistungs-Breitbandverstärker und das Reflexionsmessgerät mit der dazugehörigen Koppelzange, so ist man mit diesem System auch in der Lage, über die Kontrollzange und den Kontrollempfänger die vom Prüfling ausgesandte leitungsgebundene Störenergie im Frequenzbereich zu messen.

Referenz: ISO 11452, Teil 7

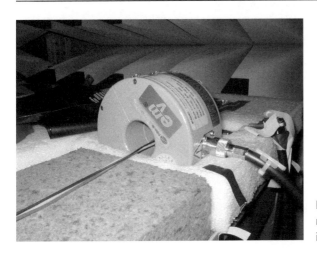

Bild 4.36 Beispiel einer Ausführungsform einer Strom-Koppelzange im Messeinsatz

4.5 Verhalten von Bauelementen unter EMC-Einfluss

Die in den letzten Abschnitten beschriebenen EMC-Einflüsse haben in der Regel spezielle Auswirkungen auf die verwendeten elektronischen Bauteile innerhalb einer Kraftfahrzeug-elektronik. Dabei sind grundsätzlich zwei verschiedene Themengebiete zu unterscheiden:

Zum einen das Verhalten beim Auftreten energiereicher Störimpulse auf Leitungen, und zum anderen das Verhalten beim Vorhandensein erheblicher elektromagnetischer Störstrahlung.

4.5.1 Energiereiche Störimpulse auf Leitungen

Energiereiche Störimpulse können in einigen Fällen dazu führen, dass elektronische Bauelemente entweder thermisch oder auch spannungsmäßig überlastet werden. Das betrifft in erster Linie die leitungsgebundenen Störimpulse im Zeitbereich, Impulse 1, 2 und 5 (siehe Abschnitt 4.2.1).

Ein Widerstand, eine Diode oder auch die Basis-Emitter-Strecke eines Bipolar-Transistors können beim Auftreten derartiger Impulse für eine kurze Zeit eine hohe Temperatur innerhalb des Bauteils aufbauen, so dass die Funktion der Bauteile beeinträchtigt und unter Umständen sogar eine Zerstörung hervorgerufen wird (s. Bild 4.37).

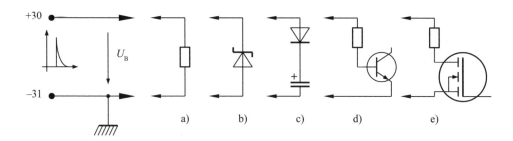

Bild 4.37 Leitungsgebundene Störimpulse an verschiedenen Bauteilen

Wenn es also notwendig ist, diese Bauteile direkt mit dem Kraftfahrzeugbordnetz zu verbinden, so ist in jedem Fall darauf zu achten, dass die maximalen Betriebsparameter nicht überschritten werden.

Dioden (Beispiel c): Einfache Halbleiterdioden werden oftmals als Verpolschutzdioden vor einem Spannungsregler verwendet. An dieser Stelle ist in der Regel ein relativ großer Elektrolyt-Kondensator zur Spannungsglättung erforderlich. Dieser Kondensator stellt für impulsförmige elektrische Vorgänge zunächst einen Kurzschluss dar. Das heißt, der Störimpuls wird im ersten Moment vollständig über die vorgeschaltete Diode abgeleitet. Das kann einen sehr großen impulsförmigen Diodenstrom hervorrufen, der unter Umständen das Bauteil gefährdet. Die Diode muss also impulsfest ausgelegt sein.

Zener-Dioden (Beispiel b): Es handelt sich dabei in den meisten Fällen um Zener-Dioden, die auf Grund ihrer internen Bauart in der Lage sind, sehr hohe impulsförmige Energien aufzunehmen und ohne Zerstörung abzuleiten. Die maximal erlaubte Verlustleistung im Dauerbetrieb ist dabei in vielen Fällen relativ gering. Hier sind also in jedem Fall impulsfeste Ausführungsformen mit hohen maximalen Impuls-Verlustleistungen erforderlich.

Basis-Emitter-Strecken von Transistoren (Beispiel d): Durch den möglichen hohen Störimpuls kann der maximal zulässige Basisstrom überschritten werden. Das Resultat wäre eine Schädigung des Transistors. Der Basis-Vorwiderstand ist also hinreichend groß zu wählen, so dass der in den Datenblättern angegebene maximale Basisstrom niemals erreicht werden kann.

Drain-Source-Strecken (bzw. Collector-Emitter-Strecken) von Transistoren (Beispiel e): Ein hoher Störimpuls kann bei abgeschalteten Transistoren die Drain-Source- bzw. die Emitter-Collector-Strecke eines Transistors spannungsmäßig überlasten, das heißt, es findet ein Spannungsüberschlag innerhalb des Bauteils statt.

In diesen Fällen ist davon auszugehen, dass eine Zerstörung der Bauteile stattfindet. Die maximal erlaubte Spannung an diesen Stellen muss also mit geeigneten spannungsbegrenzenden Bauteilen (Zener-Dioden) abgefangen werden.

Widerstände (Beispiel a): Die maximale elektrische Belastung von Widerständen bei verschiedenen Umgebungstemperaturen ist in den meisten Fällen in den technischen Datenblättern ausführlich beschrieben. Dennoch soll hier auf eine besondere Situation hingewiesen werden, die in einzelnen Fällen zu Problemen führen kann:

Das Auftreten einer ESD-Entladung an Eingängen, die mit kleinen SMD-Widerständen aufgebaut worden sind. Es hat sich gezeigt, dass es in einigen Fällen durchaus möglich ist, dass ein ESD-Entladungsimpuls innerhalb der mechanisch recht kleinen SMD-Widerstände zu einem Spannungsüberschlag führen kann, der den ursprünglich vorgesehenen Widerstandswert dauerhaft verändert. Dieses Verhalten kann besonders bei Eingängen, die als Messeingänge für eine Sensorik vorgesehen sind, zu Messungenauigkeiten führen.

Daher sollten ESD-Störimpulse nach Möglichkeit direkt am Eingang einer elektronischen Schaltung unter Verwendung eines geeigneten Kondensators nach Masse abgeleitet werden.

4.5.2 Gestrahlte Störeinflüsse

Jede Leiterbahn auf einer Leiterkarte stellt vom Prinzip her gesehen eine Antenne dar. Diese Antenne ist in der Lage, eine geringe Menge elektrischer Energie aus dem strahlenden Störfeld einzufangen und über die Leiterbahn an die elektronischen Bauelemente weiterzuleiten. Werden innerhalb einer Schaltung relativ hochohmige Schaltungsteile in Verbindung mit Dioden und Transistoren verwendet, so kann es durchaus möglich sein, dass die eingefangene hochfrequente Energie über vorhandene Diodenstrecken gleichgerichtet wird und zu zusätzlichen Gleichspannungs-Offset-Pegeln auf den Signalleitungen führt (s. Bild 4.38).

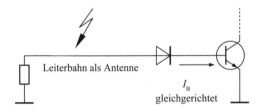

Bild 4.38 Erzeugung eines Gleichspannungs-Offsets durch gestrahlte Störungen

Von entscheidender Bedeutung für das Ausmaß dieser Einkopplung sind die Eigenschaften der verwendeten Halbleiterbauelemente.

Beispiele

Sehr schnelle Dioden sind auf der einen Seite zwar günstig für viele erwünschte Funktionalitäten innerhalb einer elektronischen Schaltung, jedoch neigen sie dazu, den hier beschriebenen Gleichrichter-Effekt bei eingestrahlten Störeinflüssen wesentlich zu verstärken.

Eine ähnliche Überlegung gilt auch für Basis-Emitter-Strecken von Bipolar-Transistoren, die vom Prinzip her ebenfalls Diodenstrecken darstellen.

Zur Verringerung dieser Einflüsse ist auf der einen Seite der Verbau von Entstörkondensatoren günstig, auf der anderen Seite können aber auch speziell selektierte Bauteile verwendet werden, deren Reaktionsgeschwindigkeit so gering ist, dass hochfrequente Störeinflüsse nicht mehr oder nur noch in geringem Umfang gleichgerichtet werden können (s. Bild 4.39).

Die hier zusätzlich verbauten hochfrequenzgeeigneten Kondensatoren C_x sind in der Lage, hochfrequente Schwingungen direkt nach Masse abzuleiten, und sollten möglichst nahe an den signalverarbeitenden Schaltungsteilen verbaut werden (hier ein Operationsverstärker). Als Kondensatortyp werden oft Keramikkondensatoren verwendet.

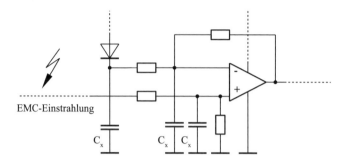

EMC-Einstrahlung

Bild 4.39 Ableitung von gestrahlten Störeinflüssen, Beispiel

Eine weitere zielführende Möglichkeit ist, sehr hochohmige Schaltungsteile von vornherein zu vermeiden bzw. einzuschränken, um so die Wahrscheinlichkeit eines gestrahlten Störeinflusses zu verringern.

◼ 4.6 Verbesserung des EMC-Verhaltens in einer Kfz-Elektronik

Innerhalb der letzten Abschnitte sind an verschiedenen Stellen bereits Maßnahmen angesprochen worden, die das Verhalten einer Kraftfahrzeugelektronik unter EMC-Einfluss verbessern können. Hier sollen nun noch einmal die wichtigsten Punkte zusammengefasst werden.

Die Leiterkarte

Ein sehr wesentliches und in vielen Fällen leider unterschätztes „Bauteil" einer Kraftfahrzeugelektronik stellt die Leiterkarte dar.

Jede Leiterbahn auf dieser Leiterkarte kann auf der einen Seite als Antenne für die Abstrahlung elektromagnetischer Störenergie wirken, auf der anderen Seite aber auch gestrahlte Störeinflüsse einfangen. Daher sollte jede Leiterbahn prinzipiell so kurz wie möglich ausgelegt werden.

Bei Verwendung einer Leiterkarte mit mehreren zusätzlichen Lagen (Multi-Layer-Leiterkarte) ist es günstig, einen Layer komplett als Massefläche auszulegen, um so möglichst kurze Anbindungen der Ableitkondensatoren bzw. Ableitdioden zu ermöglichen (siehe auch Abschnitt 8.4.5).

Hochohmige Schaltungsteile

In einigen Fällen wird es notwendig werden, innerhalb einer Schaltung für eine Kraftfahrzeugelektronik mit relativ hochohmigen elektronischen Bauteilen umzugehen (Widerstandswerte z. B. größer 150 kΩ).

Naturgemäß sind derartige Schaltungsteile wesentlich empfindlicher gegenüber elektromagnetischen Einflüssen als Schaltungsteile mit geringeren Innenwiderständen. Als Konsequenz sollten alle wichtigen Signalleitungen unter Verwendung von hochfrequenzgeeigneten Kondensatoren (Keramikkondensatoren) wechselspannungsmäßig nach Masse kurzgeschlossen werden.

Diese Maßnahme verringert natürlich die Arbeitsgeschwindigkeit einer derartigen Schaltung. In der Praxis ist also ein Kompromiss zu wählen zwischen der minimal erforderlichen Schaltgeschwindigkeit und den zu verwendenden Ableitkondensatoren zum Schutz gegenüber gestrahlten Störeinflüssen.

Platzierung der Bauteile

Die Platzierung der elektronischen Bauelemente auf einer Leiterkarte mit der damit verbundenen Unterscheidung, welche dieser Bauteile auf die Oberseite und welche gegebenenfalls auch auf die Unterseite verbaut werden müssen, ist eine zentrale Frage bezüglich des späteren EMC-Verhaltens des Gesamtproduktes.

Alle die Bauteile, die zu einem internen Funktionsmodul gehören (wie z. B. der Spannungsversorgung), sollten auch auf der Leiterkarte so dicht wie möglich zueinander platziert werden. Dasselbe gilt auch für den Verbau eines Mikrocontrollers.

Zu diesem Thema gibt es noch ausführliche Beschreibungen und Lösungsansätze in den Abschnitten 7.2.2 und 8.4.

Verwendung von HF-Kondensatoren an den Ein- und Ausgängen

Durch den Verbau von hochfrequenzgeeigneten Kondensatoren unmittelbar an den Ein- bzw. Ausgangs-Pins einer Kraftfahrzeugelektronik (ggf. sogar innerhalb der Steckerkörbe) kann oftmals verhindert werden, dass hochfrequente Störenergie über die externen Anschlussleitungen in das Steuergerät gelangt und dort zu Beeinträchtigungen führt.

Außerdem verbessern diese Kondensatoren den Schutz gegenüber elektrostatischen Entladungen (ESD).

Verschiedene Massesysteme

Innerhalb einer Kraftfahrzeugelektronik sollte unterschieden werden, ob ein Schaltungsteil masseseitig direkt mit einem entsprechenden Ausgangs-Pin verbunden werden sollte oder ob es zu einem „internen" Massepunkt geführt werden muss.

In Abschnitt 7.2.4 wird ausführlich beschrieben, wie z. B. eine interne und eine externe Masseleitung unter Verwendung eines Spannungsreglers bereitzustellen sind. Man erhält so den sog. Massebaum, der angibt, welche Bauteile innerhalb einer Schaltung mit welcher Masseleitung zu verbinden sind. Durch die konsequente Anwendung eines Massebaumes ist es möglich, wie die Praxis gezeigt hat, das EMC-Verhalten einer Kraftfahrzeugelektronik deutlich zu verbessern.

Pulsweitenmodulierte Ausgänge

Wie in Abschnitt 7.5.5 noch näher beschrieben, wird heutzutage eine Vielzahl analog geregelter Aktuatoren über eine sog. PWM (Pulsweiten-Modulation) angesteuert. Diese PWM erzeugt auf den Verbindungsleitungen zur Aktuatorik in den meisten Fällen spannungsmäßig gesehen nahezu rechteckförmige Signale, deren elektrische Flanken oftmals viele Oberwellen erzeugen und somit zu HF-Störern werden können. Die Verbindungsleitungen zu den Aktuatoren sollten daher in diesen Fällen möglichst kurz gehalten werden. Außerdem ist das Zusammenlegen einer oder mehrerer pulsweitenmodulierter Ansteuerleitungen für eine Aktuatorik mit empfindlichen Sensorleitungen innerhalb eines Kabelstranges nicht empfehlenswert und sollte daher unbedingt vermieden werden.

Verwendung von geeigneten Halbleiterbauteilen

Wie bereits dargestellt, ist es möglich, dass sehr schnell arbeitende Halbleiterdioden unter Umständen innerhalb einer Elektronik als Gleichrichter für hochfrequente Störeinflüsse wirken können. Diese Eigenschaft ist ebenfalls auf Bipolar-Transistoren übertragbar.

Durch eine konsequente Untersuchung in Zuge einer Bauteilefreigabe zum Einbau in eine Kraftfahrzeugelektronik bzw. Abfrage bei den Bauteileherstellern kann erreicht werden, dass nur solche Bauteile eingesetzt werden, die eine möglichst geringe Reaktion auf die genannten Störfelder aufweisen.

Zusammenfassung: Die hier aufgeführte Liste von Einzelmaßnahmen zur Verbesserung des EMC-Verhaltens einer Kraftfahrzeugelektronik stellt naturgemäß nur einen kleinen Querschnitt der Möglichkeiten dar, die im konkreten Fall noch zusätzlich zur Verbesserung beitragen können.

Dennoch geben diese Hinweise eine Richtlinie vor, bei deren Beachtung in vielen Fällen bereits im ersten Layout-Durchlauf ein durchaus akzeptables EMC-Verhalten erreicht werden konnte. Weitergehende Maßnahmen, wie z. B. die Einbindung eines Mikrocontrollers in eine EMC-kritische Umgebung, sind in Abschnitt 8.4 ausführlich beschrieben.

5

Weitergehende Anforderungen an Kraftfahrzeugelektronik

Die im Kapitel 4 beschriebenen Einflüsse auf elektronische Schaltungen in Kraftfahrzeugen aus dem Bereich der elektromagnetischen Verträglichkeit sind nicht die einzigen Einflüsse, die das korrekte Funktionieren einer Elektronik im Kraftfahrzeug beeinträchtigen können.

Eine weitere sehr wichtige Beeinflussung direkt auf die Elektronik wird durch Temperaturschwankungen verursacht. Diese beiden Effekte sind während der Entwicklungsphase einer Kraftfahrzeugelektronik direkt und unmittelbar als Umgebungseinflüsse auf elektronische Bauteile anzusehen.

Zusätzlich existieren noch weitere Einflüsse, die in vielen Fällen eine indirekte Wirkung ausüben, das bedeutet, sie können auf die Qualität von Steckverbindungen, Lötstellen usw. einwirken. Das sind in erster Linie mechanische, klimatische und chemische Einflüsse. Diese drei Themenfelder stellen Problembereiche für eine spezielle konstruktive Lösung (z. B. Dichtigkeit eines Gehäuses) für eine Elektronik dar.

Da in diesem Buch schwerpunktmäßig nur auf die eigentliche Elektronik selbst eingegangen werden soll, werden die hier genannten weitergehenden Einflüsse nur relativ kurz betrachtet.

■ 5.1 Mechanische Anforderungen

Jede in einem Kraftfahrzeug verbaute Elektronik erfährt während ihrer normalen Betriebszeit eine erhebliche mechanische Belastung, bedingt dadurch, dass sich das Fahrzeug auf der Straße bewegt und durch einen Verbrennungsmotor angetrieben wird.

Auch hier gibt es höchst unterschiedliche Anforderungen, je nachdem wo sich die Elektronik in dem Fahrzeug befindet. Eine direkt an einem Motorblock befestigte Elektronik wird sehr viel intensiveren mechanischen Anforderungen widerstehen müssen als ein System, das sich innerhalb der Fahrgastzelle z. B. in einem Sitz befindet.

Je nach Art dieser mechanischen Beanspruchung können drei verschiedene Problemfelder unterschieden werden:

- die mechanische Schwingung (sinusförmig)
- die mechanische Schwingung (stochastisch)

- der mechanische Stoß

- der freie Fall (als Sondersituation).

5.1.1 Mechanische Schwingung

Eine Elektronik im Kraftfahrzeug, speziell im Bereich des Motorraums, ist im normalen Betrieb einer mechanischen Schwingung ausgesetzt, die sehr unterschiedliche Eigenschaften haben kann.

Um das zu überprüfen, wird das entsprechende elektronische System für eine Freigabeprüfung auf einen sog. Schwingungstisch verbaut, der die zu prüfende mechanische Situation nachbildet. Es handelt sich dabei in den meisten Fällen um ein elektrodynamisch erregtes Schwingungssystem, das im weitesten Sinne einem Lautsprecher ähnelt.

Während des Tests werden sämtliche mechanischen Elemente (Befestigungswinkel, Gehäuseteile, Steckerkörbe usw.) erheblichen Belastungen ausgesetzt. Naturgemäß ist die Stabilität dieser Teile oft auch abhängig von der Umgebungstemperatur. Daher ist es in einigen Fällen erforderlich, für diesen Test den bereits genannten Schwingungstisch zusätzlich in eine Temperaturkammer zu verbauen. Man erhält folgendes Testsystem (s. Bild 5.1).

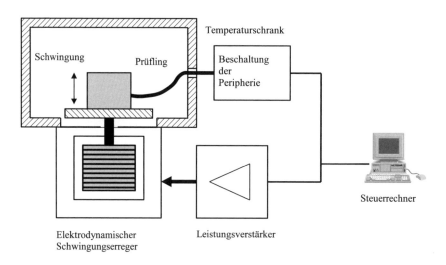

Bild 5.1 Schwingungstisch mit Temperaturkammer

Durch eine entsprechende elektrische Ansteuerung dieses Schwingsystems ist es möglich, verschiedene mechanische Situationen innerhalb eines Kraftfahrzeuges nachzubilden. Derartige Tests werden mit verschiedenen Frequenzen, Amplituden oder Beschleunigungen durchgeführt.

Beispiel

Durchlauf eines definierten Frequenzbereiches: Während dieser Überprüfung wird ausgehend von einer Minimalfrequenz f0 ansteigend bis zu einer Maximalfrequenz f1 ein bestimmter Bereich kontinuierlich durchfahren. Das bedeutet, dass alle möglichen Frequenzen vorkommen und der Zeitpunkt ihres Auftretens bekannt ist. Sollte nun ein Bauteil innerhalb einer Elektronik eine mechanische Eigenresonanz aufweisen, die unter Umständen zur Schädigung führen könnte, wird diese Resonanz mit Sicherheit auftreten und es ist so möglich, die Auswirkungen festzustellen.

Prüfung mit einem Rauschen: Hier wird der reale Fahrbetrieb simuliert, bei dem alle Frequenzanteile in einem definierten Bereich stochastisch verteilt auftreten können. Diese Situation stellt ein Rauschen dar.

Wenn sich ein Fahrzeug über eine Straße bewegt, ist es ständigen Stößen auf Grund der Fahrbahnunebenheiten ausgesetzt. Diese Stöße sind nicht vorhersagbar, treten stochastisch auf.

5.1.2 Mechanischer Stoß

Bei der Fahrt auf der Straße unterliegt ein Kraftfahrzeug ständig mechanischen Stößen, die über die Räder/Schwingungsdämpfer an die Karosserie weitergegeben werden. Das führt dazu, dass die innerhalb des Kraftfahrzeugs verbauten Elektroniken mechanischen Stößen unterliegen. Ähnliche Situationen ergeben sich für Elektronik, die z. B. in Türen verbaut ist. Wird diese Tür zugeschlagen, so ergibt sich ebenfalls ein mechanischer Stoß, der auf alle Elektronikteile wirkt.

Die Überprüfung der Widerstandsfähigkeit einer Elektronik gegenüber einem mechanischen Stoß gehört demnach ebenfalls zu einer Freigabeuntersuchung. Die Technik zur Überprüfung ist dabei identisch mit der o. g. Anordnung für eine mechanische Schwingungsprüfung. Der Hauptunterschied ist, dass in diesem Fall der mechanische Schwingungserreger nicht mit einem **periodischen** oder **stochastischen Signal** beaufschlagt wird, sondern mit einem impulsförmigen.

5.1.3 Freier Fall

Diese Situation tritt im normalen Fahrbetrieb eines Kraftfahrzeuges nicht auf. Dennoch kann es vorkommen, dass im Reparaturfall in einer Werkstatt oder beim manuellen Transport einer Elektronik ein Steuergerät schlicht und einfach fallen gelassen wird und hart auf den Untergrund aufschlägt.

Es handelt sich hierbei also um eine besondere Form eines mechanischen Stoßes. Je nach Beschaffenheit des Untergrundes kann die maximale impulsförmige mechanische Verzögerung innerhalb des Steuergerätes extrem hohe Werte annehmen. Daher ist es üblich, während einer Freigabeuntersuchung jede Elektronik einer sog. **Freien-Fall-Prüfung** zu unterziehen. Dabei wird die Elektronik wiederholt aus einer bestimmten Höhe (z.B. 1 m) und aus einer beliebigen Position heraus auf eine harte Bodenfläche (Beton) fallen gelassen. Im Anschluss daran muss die entsprechende Elektronik noch korrekt und fehlerfrei funktionieren, darf jedoch an der Oberfläche Schlagspuren aufweisen, die bei diesem Test meist nicht zu vermeiden sind.

Referenznorm für die mechanischen Prüfungen: ISO/DIS 16750-3

■ 5.2 Klimatische Anforderungen

Wie bereits häufiger erwähnt, stellt die Temperatur einen der wichtigsten Parameter dar, die auf die Funktionalität elektronischer Bauelemente wirken. Daher gehört es zu den elementaren Entwicklungsaufgaben, das Temperaturverhalten von Elektroniken für Kraftfahrzeuganwendung genau zu untersuchen und zu dokumentieren. Dazu sind in den Normen entsprechende Vorgaben gemacht worden.

5.2.1 Temperatur-Wechselprüfung

Beim Start eines Fahrzeuges bzw. eines Motors wird durch den Verbrennungsvorgang ein Temperaturwechsel innerhalb eines Fahrzeuges durchgeführt. Die minimalen bzw. maximalen Temperaturen, die sich dabei einstellen können, sind je nach Einbauort der Elektronik sehr unterschiedlich.

Beim Stoppen des Antriebes (das Fahrzeug wird abgestellt) geschieht naturgemäß der umgekehrte Prozess, die Temperatur innerhalb des Fahrzeuges und auch im Motor sinkt wieder auf die Umgebungstemperatur ab. Das bedeutet, eine Elektronik innerhalb eines Kraftfahrzeuges ist ständigen Temperaturwechseleinflüssen unterlegen.

Die für die Fahrzeuge notwendigen Temperaturbereiche stellen für elektronische und auch mechanische Bauteile eine erhebliche Anforderung dar. Ein Fahrzeug, dass zu einem bestimmten Zeitpunkt in einer warmen Klimazone in den Verkehr gebracht worden ist, kann im weiteren Verlauf seines Betriebes durch Verkauf in sehr kalte Regionen betrieben werden.

Also ist die Fahrzeugindustrie gezwungen, ihre Entwicklungen für alle Klimabereiche auszulegen. Als Folge erhält man für alle Bauteile große Temperaturanforderungen, wie in Tabelle 5.1 dargestellt.

Tabelle 5.1 Temperaturbereiche für Fahrzeugelektroniken (Beispiele)

Anbauort	Geforderter Temperaturbereich
Innerhalb der Fahrgastzelle	−40 °C bis +85 °C
Innerhalb des Motorraumes	−40 °C bis +125 °C
Anbau am Motor direkt	−40 °C bis über +150 °C

Für diese Temperaturbereiche ist es in der Praxis in einigen Fällen problematisch, qualifizierte Bauteile am Markt zu erhalten. Das betrifft insbesondere Elektrolytkondensatoren bei hohen Temperaturen.

Um diese Temperaturwechseleinflüsse während einer Freigabeuntersuchung für eine neue Fahrzeugelektronik abzuprüfen, werden geeignete Temperaturschränke verwendet, die auf der einen Seite in der Lage sind, sehr tiefe Temperaturen herzustellen ($T_u = -40\ °C$), auf der anderen Seite aber auch sehr hohe ($T_o > +125\ °C$). Ähnliche Überprüfungen werden nicht nur mit den einzelnen Systemen oder Komponenten durchgeführt, sondern auch mit kompletten Fahrzeugen in sog. Klimaräumen, die groß genug sind, ein komplettes Fahrzeug aufzunehmen (dann allerdings nur bis ca. $T_o = 45\ °C$).

Das folgende Bild zeigt das Beispiel einer Testeinrichtung für eine Temperatur-Wechselprüfung, wobei das zu prüfende elektronische System während dieser Überprüfung in Betrieb ist und ständig von einem externen Computer überwacht wird (s. Bild 5.2).

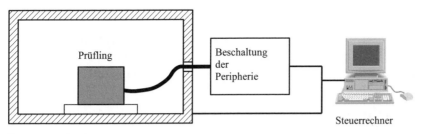

Bild 5.2 Prüfaufbau für eine Temperatur-Wechselprüfung

Ein Beispiel für ein zeitliches Temperaturprofil eines entsprechenden Tests zeigt Bild 5.3.

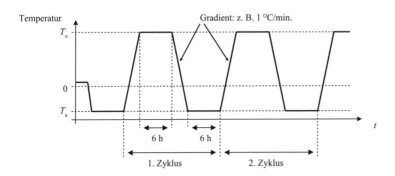

Bild 5.3 Zeitliches Temperaturprofil für eine Temperatur-Wechselprüfung (Beispiel)

Ein derartiger Test wird über eine längere Zeit wiederholt, um so eine Langzeitbeobachtung durchzuführen. Geht man davon aus, dass ein Temperaturwechselzyklus einen halben Tag dauern kann (siehe Bild 5.3), so benötigt eine derartige Überprüfung bei z. B. 200 Zyklen eine relativ lange Zeit.

5.2.2 Temperatur-Schockprüfung

Bei diesem Test wird ein elektronisches System innerhalb einer sehr kurzen Zeitspanne (weniger als 10 s) von einer sehr niedrigen Temperatur (T_u = -40 °C) auf eine sehr hohe (z. B. T_o = +125 °C) aufgeheizt bzw. wieder abgekühlt.

Derartige Temperaturgradienten sind im Kraftfahrzeug selbst relativ selten und können nur dann entstehen, wenn z. B. heißes Kühlwasser plötzlich durch ein geöffnetes Ventil in einen relativ kalten Bereich einströmt, in dem sich elektronische Steuergeräte befinden.

Dennoch hat dieser Test bei der Beurteilung der Lebensdauer und der Langzeitstabilität eines elektronischen Systems große Bedeutung. Das gilt besonders vor dem Hintergrund der Betrachtung der mechanischen Stabilität (Steckverbinder, Klammern, Nieten) oder der elektrischen Stabilität (Lötstellen, Leiterkarte).

Durch einen derartigen Temperaturschock werden in der Regel erhebliche mechanische Spannungen innerhalb eines Steuergerätes ausgelöst, da sich die verbauten Materialien (Leiterkarte, Gehäuse usw.) unterschiedlich stark bei einer Temperaturerhöhung ausdehnen. Diese Spannungen wirken auch auf die Leiterkarten und somit die Lötstellen.

Wie die Praxis gezeigt hat, führt eine mechanisch belastete Lötstelle schon nach relativ kurzer Zeit zu einem Ausfall. Das bedeutet, sie kann keine sichere elektrische Verbindung zwischen einem elektronischen Bauteil und der Leiterkarte mehr herstellen. Daher ist die wiederholte Temperatur-Schockprüfung eine zielführende Methode, die mechanische Langzeitstabilität eines elektronischen Systems zu beurteilen.

Durchführung einer Temperatur-Schockprüfung

Prinzipiell gibt es zwei Möglichkeiten, diese Prüfung durchzuführen:

- zum einen durch Umlagern eines elektronischen Systems zwischen zwei unterschiedlich temperierten Temperaturschränken durch manuellen Eingriff

- vollautomatische Umlagerung zwischen zwei Temperaturzonen durch eine computergesteuerte Luftschleuse mit einer geeigneten Transporteinrichtung.

Das wird in Bild 5.4 dargestellt. Praktischerweise wird der Temperaturschrank mit der niedrigen Temperatur unter den mit der hohen angeordnet. Dazwischen kann der Austausch durch ein kleines *„Fahrstuhlsystem"* erreicht werden.

Wird eine Umlagerung von unten nach oben vorgenommen, so öffnet sich zunächst eine Luftschleuse nach unten, die Elektronik wird dort in den Mittelbereich hineingefahren und die Luftschleuse unter wieder geschlossen. Danach öffnet sich die Luftschleuse im oberen Bereich und der Weitertransport in den hochtemperierten Umgebungsbereich findet statt. Die Abkühlung erfolgt sinngemäß in umgekehrter Reihenfolge.

Auf diese Weise ist ein computergesteuertes, automatisches Umlagern in einem Zeitrahmen kleiner als 10 Sekunden möglich. Das Bild 5.5 zeigt beispielhaft einen Temperaturverlauf für einen Durchlauf der Temperatur-Schockprüfung.

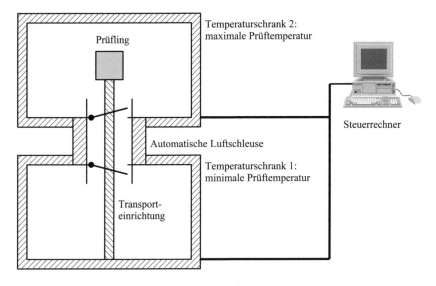

Bild 5.4 Vollautomatische Temperatur-Schockprüfung

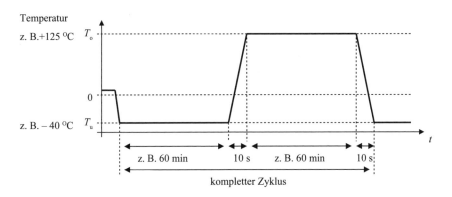

Bild 5.5 Zeitliches Temperaturprofil für eine Temperatur-Schockprüfung (Beispiel)

Die Anzahl der durchzuführenden Temperaturschock-Zyklen ist unterschiedlich und variiert je nach Einsatzort der Elektronik. In der Praxis werden Zyklenzahlen zwischen 100 und 1000 angenommen.

5.2.3 Klimaprüfung

Bei einer Klimaprüfung handelt es sich in erster Linie um eine Temperatur-Wechselprüfung, bei der jedoch zusätzlich noch die Luftfeuchtigkeit kontrolliert und geregelt wird. Verwendet werden für elektronische Steuergeräte geeignete Klimaschränke, die computergesteuert eine derartige Regelung erlauben.

Das Bild 5.6 zeigt einen Prüfzyklus für eine Klimaprüfung.

Die im Bild 5.6 oben dargestellte Kurve zeigt die zu erreichenden Luftfeuchtigkeiten (relative Luftfeuchtigkeit) in Prozent an, die untere die dazugehörige Temperatur.

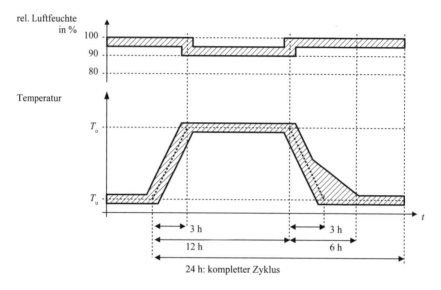

Bild 5.6 Temperatur- und Feuchteverlauf bei einer Klimaprüfung (Beispiel)

Da sich die relative Luftfeuchtigkeit nicht so präzise einstellen bzw. regeln lässt wie z. B. eine Temperatur, sind für die Luftfeuchtigkeit entsprechende Toleranzfelder angegeben (schraffierte Fläche). Auch diese Klimazyklen werden über einen gewissen Zeitraum wiederholt.

Man kann somit ein betriebswarmes Fahrzeug simulieren, das abgestellt wird und sich entsprechend abkühlt. Evtl. eingetretene Luftfeuchtigkeit innerhalb eines Steuergerätes wird sich beim Durchgang durch den Taupunkt in Form von kleinen Wassertropfen in der Elektronik absetzen und ggf. dort zu Funktionsstörungen führen. Ziel dieses Tests ist es, mögliche Unzulänglichkeiten in den Elektroniken aufzuspüren und zu dokumentieren.

5.2.4 Salznebel-Prüfung

Die im Außenbereich eines Fahrzeuges verbauten Elektroniken kommen bei der Fahrt eines Fahrzeuges in feuchter Umgebung vor allem während des Winterbetriebes mit salzhaltigem Wasser in Berührung.

Da diese Situation nicht zu Funktionsstörungen führen darf, ist eine entsprechende Überprüfung der Elektronik notwendig. Dieses geschieht in einer sog. Salz-Nebel-Kammer, in der aus vielen kleinen Düsen ein entsprechendes Salz-Wasser-Gemisch versprüht wird und auf die Elektronik einwirken kann (s. Bild 5.7).

Natürlich kann ein derartig aggressiver Nebel die Oberfläche der Gehäuse von Elektronik bzw. auch von anderen elektrischen oder elektromechanischen Systemen beeinflussen. Wichtig ist in diesem Zusammenhang, dass nach diesem Test noch die volle Funktionalität gegeben ist.

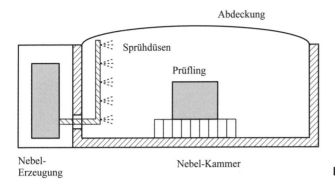

Bild 5.7 Die Salz-Nebel-Prüfung

5.2.5 Dichtigkeit gegen Wasser und Staub

Auch dieses Thema ist für Systeme, die im Außenbereich eines Fahrzeuges verbaut werden, extrem wichtig. Durch diese Überprüfung wird letztendlich festgestellt, ob die Dichtigkeit, die ein entsprechend konstruiertes Gehäuse aufweisen soll, auch wirklich erreicht worden ist.

Die Definition der Dichtigkeit bezüglich Wasser und Staub erfolgt durch die sog. IP-Codierung gemäß der DIN 40050-9. In der Kraftfahrzeugtechnik besteht diese Kennzeichnung aus den Buchstaben IP gefolgt von zwei Ziffern, die ggf. jeweils noch durch einen Buchstaben K ergänzt werden können (s. Bild 5.8).

Die erste Kennziffer beschreibt die Bedeutung für den Schutz der Elektronik gegen Eindringen von festen Fremdkörpern einschließlich Staub.

Die zweite Kennziffer beschreibt den Schutz gegen Eindringen von Wasser

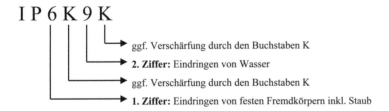

Bild 5.8 Dichtigkeit gegenüber Wasser und Staub, die IP-Codierung

Jede dieser Ziffern kann noch durch den Buchstaben K ergänzt werden, der eine entsprechende Verschärfung der Anforderungsstufe darstellt.

Wertebereiche

- Schutz gegen Eindringen von festen Fremdkörpern: von 0 bis 6
- Schutz gegen Eindringen von Wasser: von 0 bis 9

Die Tabelle 11.3 im Anhang gibt eine Übersicht über die IP-Code-Bestandteile. Dort sind auch Beispiele zu finden, die sich auf die verschiedenen Einbausituationen innerhalb eines Kraftfahrzeuges beziehen.

Die härteste Anforderung für Elektronik in diesem Zusammenhang ist dann gegeben, wenn an einem Fahrzeug der Motorraum unter Verwendung eines Dampfstrahl-Hochdruckreinigers gereinigt wird. Dabei kann nicht ausgeschlossen werden, dass der Reinigungsstrahl direkt in den Steckerkorb einer Elektronik trifft und dort ggf. sogar eine Schädigung hervorruft.

Dichtigkeit gegen Wasser

Zur Überprüfung der Dichtigkeit gegen Wasser sind verschiedene Testanordnungen möglich. Eine Anordnung zur Überprüfung der Schärfegrade 3, 4 und 4 K ist hier beispielhaft wiedergegeben. Unter Verwendung eines halbkreisförmigen Sprührohrs, wird dabei eine entsprechende Wassermenge auf die Elektronik aus verschiedenen Richtungen gesprüht (s. Bild 5.9).

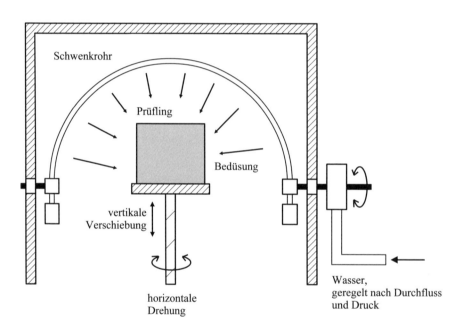

Bild 5.9 Dichtigkeitsprüfung gegenüber Wasser für die Schärfegrade 3, 4 und 4 K (Beispiel)

Dichtigkeit gegen Staub

Das Bild 5.10 zeigt einen prinzipiellen Aufbau einer Prüfeinrichtung für die Überprüfung der Staubdichtigkeit einer Elektronik mit horizontaler Einwirkung.

Dabei wird feiner Staub unter Verwendung eines Gebläses geregelt über eine Elektronik geblasen. Durch anschließendes Öffnen und Analyse des Innenbereiches ist es möglich festzustellen, ob die Dichtungsmaßnahmen gegen Staub bzw. gegen Wasser für die entsprechende Elektronik ausreichend sind.

Die in diesen Abschnitten besprochenen Überprüfungen stellen nur einen kleinen Ausschnitt dar und sind in den entsprechenden Normen ausführlich beschrieben.

Referenznorm für die klimatischen Anforderungen: ISO/DIS 16750-4

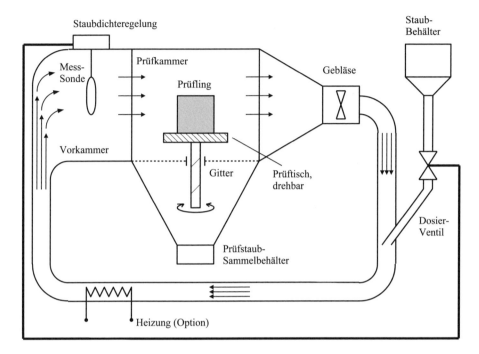

Bild 5.10 Dichtigkeitsprüfung gegenüber Staub für die Schärfegrade 5 K und 6 K (Beispiel)

▩ 5.3 Chemische Anforderungen

Der Betrieb einer Elektronik speziell im Motorraum oder im Unterflurbereich eines Fahrzeuges kann dazu führen, dass sie mit unterschiedlichen chemischen Substanzen in Berührung kommt. Diese Substanzen sind in erster Linie Flüssigkeiten, die für den Betrieb oder die Reinigung eines Fahrzeuges notwendig sind, wie z. B.

- Diesel/Benzin
- Hydrauliköl
- Batteriesäure
- Motoröl
- Getriebeöl
- Schmierfette
- Frostschutzmittel

- Scheibenwaschmittel

- verschiedene Reinigungsmittel

- spezielle Reiniger für stark verschmutzte Metallteile (z. B. Kaltreiniger) usw.

- Salzwasser und Straßenschmutz.

Die Elektroniken bzw. elektromechanischen Systeme werden mit den genannten Flüssigkeiten in Kontakt gebracht und überwacht, ob sich für die Funktionalität wichtige Änderungen ergeben. Bezüglich dieser Überprüfung ist in jedem Fall eine intensive Absprache zwischen den beteiligten Entwicklungspartnern erforderlich.

Referenznorm für die chemischen Anforderungen: ISO/DIS 16750-5

6 Grundlegende Methoden, Berechnungen und Sichtweisen für die Entwicklung von Kraftfahrzeugelektronik

In diesem Kapitel sollen einige Methoden und Berechnungsverfahren kurz eingeführt und erläutert werden, die bei der Entwicklung einer Kraftfahrzeugelektronik in vielen Fällen notwendig sind.

6.1 Entwicklungsphasen

Die Entwicklung eines neuen Kraftfahrzeuges stellt aus technischer Sicht einen sehr umfangreichen und komplizierten Prozess dar. An diesem Prozess sind oftmals verschiedene Firmen beteiligt, die intern ihrerseits ebenfalls höchst unterschiedliche Entwicklungsabteilungen einbinden müssen. In letzter Konsequenz haben wir es hier also mit der Zusammenarbeit einer Vielzahl von Personen zu tun, die während des Entwicklungsprozesses die unterschiedlichsten Aufgaben zu erfüllen haben.

Die Entwicklung eines Systems für die Anwendung im Kraftfahrzeug kann nun auf unterschiedlichste Art und Weise strukturiert werden. In diesem Zusammenhang sei hier das sog. V-Modell kurz dargestellt, das in der Praxis in vielen Fällen die Basis für eine Systementwicklung bildet.

Bei diesem Modell wird der Entwicklungsablauf eines **Fahrzeugsystems** in verschiedene Entwicklungsphasen unterteilt, wobei der Schritt von einer Entwicklungsphase zur nächsten erst dann durchgeführt wird, wenn eine spezielle Phase komplett geprüft und dokumentiert worden ist. Hier soll nur das Grundprinzip beispielhaft dargestellt werden. Es existieren viele abgewandelte Darstellungen.

Das Bild 6.1 verdeutlicht noch einmal die Situation.

Ein System für eine Kraftfahrzeuganwendung kann in diesem Zusammenhang unterteilt werden in:

- **System:** z. B. Antrieb, Fahrwerk, Energieverteilung, Armaturenbrett usw.
- **Untersystem:** z. B. Bedienelemente, Anzeigeelemente, Klimaanlage usw.

- **Komponenten:** z. B. für eine Klimaanlage die Klappensteuerung für die Luftverteilung, Steuergerät, Temperatursensoren, Kompressoreinheit, Wärmetauscher usw.

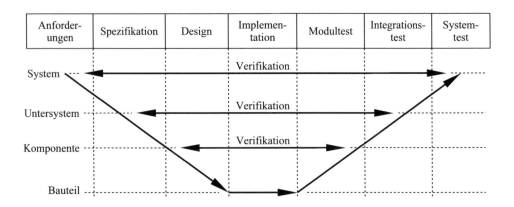

Bild 6.1 Das V-Modell (Beispiel)

Erst das Zusammenspiel aller dieser genannten Einheiten ermöglicht letztendlich die Realisation eines korrekt funktionierenden Gesamtsystems.

Im Bild 6.1 sind die sich ergebenden einzelnen Entwicklungsphasen horizontal dargestellt, während die Aufteilung in System, Untersystem und Komponente senkrecht erfolgt. Aus diesem Bild wird deutlich, welche einzelnen Aktivitäten zu erfolgen haben, will man ein System zügig, zielgerichtet und kostenoptimiert entwickeln.

Die sich daraus ergebenden einzelnen Entwicklungsphasen sind:

- **Anforderungen:** Zu Beginn einer Systementwicklung ist es unbedingt erforderlich, so viele technische Details wie möglich festzuschreiben und in einer eindeutigen Art und Weise zu dokumentieren. Diese Beschreibung wird auch gelegentlich mit Wirk-Lastenheft bezeichnet. Danach beginnt die Verfeinerung dieser noch recht allgemein gehaltenen Anforderungen und man erhält auf diese Weise die Spezifikation (das Funktions-Lastenheft).

Innerhalb der Spezifikation wird festgelegt, welche Struktur das Gesamtsystem letztendlich haben wird und welche Detailanforderungen an die Untersysteme zu stellen sind, um die gewünschte Systemfunktionalität auch wirklich zu erreichen. Normalerweise stellt der (interne oder externe) Kunde dieses Lastenheft zusammen und bietet so der Entwicklungsabteilung eine Arbeitsbasis. Danach kann dann die Entwicklungstätigkeit auf der Komponentenebene aufgenommen werden.

In einigen Fällen jedoch liegen nur vage Vorstellungen in Bezug auf das Zielsystem vor, so dass die Erstellung des Lastenheftes in den Händen der Entwickler liegt. Das gilt besonders für die Fälle, bei denen einzelne Komponenten eines größeren Systems aus Zeitgründen parallel zum System selbst entwickelt werden müssen. In diesem Fall ist es notwendig, während der Entwicklung ständigen Kontakt zu den Kunden zu halten, um so technische Fehlentwicklungen zu vermeiden und finanzielle Abweichungen rechtzeitig zu erkennen und ggf. bestätigen zu lassen.

Die Beschreibung der technischen Eigenschaften des Zielsystems entsteht somit während der Entwicklung selbst und stellt bei deren Abschluss das sog. Pflichtenheft dar.

Sämtliche Entwicklungsphasen müssen sorgfältig dokumentiert werden, um im Falle einer späteren Fehlfunktion (begründet oder nicht) aussagefähig zu sein.

- **Designphase:** In dieser Phase werden einzelne Komponenten des Gesamtsystems gemäß der nun vorliegenden Spezifikation strukturiert, modularisiert und in ihren einzelnen Funktionen genau festgelegt (siehe auch Abschnitt 1.3).

- **Implementation:** Die nun vorliegenden genauen technischen Anforderungen ermöglichen es, eine geeignete technische Realisation zu finden und zu entwickeln. Man erhält somit am Ende dieser Phase eine erste funktionsfähige Komponente, die dann auf Basis der Komponentenspezifikation verifiziert werden kann.

- **Modultest:** Verifikation der Komponenten auf Basis der Designspezifikation.

- **Integrationstest:** Hier kann zum ersten Mal das Zusammenspiel verschiedener Komponenten auf Untersystemebene untersucht und verifiziert werden. Gegebenenfalls auftretende Fehler oder funktionale Abweichungen führen dann zu einer Anpassung der Komponentenspezifikation bzw. zu einer Fehlerkorrektur auf der Komponentenebene.

- **Systemtest:** Nachdem die Untersysteme korrekt funktionieren, ist es möglich, das komplette System zu verschalten und in Betrieb zu nehmen. Das könnte z. B. ein verkabeltes Armaturenbrett mit allen notwendigen Bedien- und Anzeigeelementen sein oder auch ein komplettes Fahrzeug.

Auch hier gelten als Verifikationsbasis die einmal zum Beginn der Entwicklung festgelegten Anforderungen. Sind alle diese Entwicklungsschritte erfolgreich durchlaufen worden, so kann das entsprechende System als fertig entwickelt betrachtet werden.

Zusatzbemerkung: Wie bereits erwähnt, hat die Anfertigung einer entsprechenden Dokumentation im Anschluss einer jeden Entwicklungsphase eine ganz entscheidende Bedeutung. Nur bei Vorliegen einer Dokumentation ist es z. B. während eines Systemtests überhaupt möglich, festzustellen, ob eine vielleicht vorhandene Fehlfunktion von einer Komponente ausgelöst worden ist oder ob es sich dabei um eine fehlerhafte Spezifikationsaussage auf Untersystemebene handelt. Nur so ist später ein zielgerichtetes und effizientes Fehlermanagement möglich.

Natürlich stellt das hier angegebene Prinzip der Entwicklungsphasen nur ein grobes Beispiel dar. Im Allgemeinen werden von den Firmen in der Kraftfahrzeugindustrie individuell unterschiedliche Strukturen bezüglich der Entwicklungsphasen verwendet. Dennoch kann man feststellen, dass die hier beschriebenen Grundelemente in einer modernen Fahrzeugentwicklung in vielen Fällen wieder zu finden sein werden, auch wenn sie im Einzelfall andere Bezeichnungen tragen.

Eine Zusammenstellung der wichtigsten Aktivitäten und Aufgaben, die während der einzelnen Entwicklungsphasen für eine **Komponente** abzuarbeiten sind, sind in einem beispielhaften Entwicklungs-Ablaufplan in Tabelle 11.1 zu finden.

■ 6.2 Musterphasen

Während einer Entwicklung müssen die erreichten Zwischenstände auf die Einhaltung der vom internen oder externen Kunden geforderten Funktionalitäten überprüft werden. Dazu werden typischerweise Musterbauteile verwendet.

Natürlich stehen diese Muster erst nach Erreichen eines bestimmten Entwicklungsstandes für die Überprüfungen zur Verfügung und haben im Anfangsstadium noch nicht alle notwendigen technischen Eigenschaften. Die entsprechenden Prüfungen sind demnach an die Musterstände anzupassen.

In der Kraftfahrzeugindustrie haben sich in der Vergangenheit einige Mustertypen herauskristallisiert, die den Abschluss bestimmter Entwicklungsphasen dokumentieren. Die Bezeichnungen sind dabei gelegentlich unterschiedlich, jedoch hat sich eine Bezeichnung weitgehend durchgesetzt, die Bezeichnung mit Buchstaben von A bis F. Im Folgenden werden diese Muster beispielhaft näher erläutert.

A-Muster:

- erstes Labormuster
- Behelfs-Leiterkarte oder Lötigel
- eventuell reduzierter Funktionsumfang (z. B. noch ohne Diagnose)
- bedingt Kfz-tauglich (mit externer Hilfsverkabelung)
- keine Temperatur- oder EMC-Tests
- Darstellung der Grundfunktion im Entwicklungslabor.

B-Muster:

- funktionsfähiges, Kfz-taugliches Muster
- seriennahe Leiterkarte
- endgültiges Gehäuse, jedoch aus einer Musterfertigung (Hilfswerkzeuge)
- elektrische und Temperaturprüfungen
- voller Funktionsumfang inkl. Diagnose
- Korrekturen noch möglich, jedoch mit Auswirkungen auf die Kosten und Termine
- erste Einbauten beim Kunden in Fahrzeuge möglich.

C-Muster:

- mit Serienwerkzeugen unter seriennahen Bedingungen gefertigt
- komplette Freigabeprüfungen inkl. EMC nach Lasten-/Pflichtenheft
- kompletter Funktionsumfang
- Erprobung der Serien-Fertigungseinrichtungen inkl. aller Prüfmittel

- Winter-/Sommererprobung möglich

- geringfügige softwaremäßige Korrekturen nur noch in Ausnahmefällen

- letzter Test vor der Serie.

D-Muster (Erstmuster):

- mit Serienwerkzeugen unter Serienbedingungen gefertigt

- Null-Serie (einige 100 St.).

Daraus entnommen:

F-Muster (Freigabe-Muster):

- endgültige Freigabe des Kunden

- Serienstart mit großen Stückzahlen jederzeit möglich.

6.3 Schritte für die Entwicklung einer Kraftfahrzeugelektronik

In diesem Abschnitt werden einige Verfahren und Methoden beschrieben, die bei der Entwicklertätigkeit beachtet werden müssen, um ein erfolgreiches Produkt in großen Stückzahlen in Serie zu bringen.

6.3.1 Strukturierung nach der Top-Down-Methode

Fast alle in der heutigen Zeit zu entwickelnden elektronischen Systeme für Kraftfahrzeuge sind sehr komplex und beinhalten viele Funktionen.

Zum Beginn der Entwicklungsphase sind diese Funktionen in vielen Fällen z. T. noch nicht vollständig definiert bzw. bekannt. Daraus folgt: Es wird zunächst von einer Grundstruktur ausgegangen, die die Funktionalität grob umschreibt. Durch Verfeinerung der einzelnen Funktionsblöcke in untergeordneten Ebenen wird eine Funktions-Blockstruktur erreicht, die bereits eine grobe Übersicht über das zu realisierende System erlaubt (s. Bild 6.2).

Diese Vorgehensweise kann auch auf die Strukturierung eines elektronischen Steuergerätes heruntergebrochen werden. Das heißt, auch eine Elektronik wird in einzelne Funktionsblöcke unterteilt.

Wichtige Bemerkung: Im Zuge der Strukturierung des Steuergerätes wird auch entschieden, welche Funktionen günstig in Hardware und welche in Software realisiert werden können bzw. müssen.

Entscheidend dabei:

Die Schnittstellen (physikalisch oder logisch) müssen eindeutig definiert und dokumentiert sein.

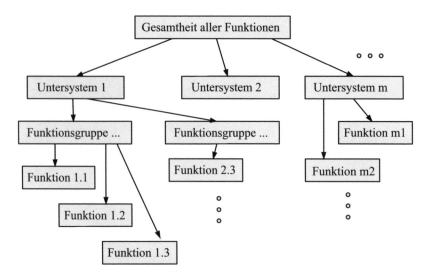

Bild 6.2 Strukturierung nach der Top-Down-Methode

Nur so ist später eine erfolgreiche Systemintegration möglich, auch wenn einzelne Komponenten von verschiedenen Entwicklern realisiert worden sind! Die Strukturierung kann ggf. unter Verwendung geeigneter Softwarepakete vereinfacht vorgenommen werden. Die Strukturierung beginnend mit der obersten Ebene wird mit Top-Down-Methode bezeichnet.

6.3.2 Schnittstellendefinition im Hardwarebereich

Eine oft übersehene Fehlerquelle ist die Tatsache, dass die genaue Beschreibung einer Hardwareschnittstelle während der Entwicklung nicht stattgefunden hat. Besonders die elektrischen Randbedingungen werden häufig nicht ausreichend, d. h. nicht genau genug festgelegt. Folgende Definitionen sind für eine **Hardwareschnittstellenbeschreibung** wichtig.

Analoge Stromschnittstelle:

- Anzahl der Signalleitungen (in vielen Fällen eine)
- Anzahl der Versorgungsleitungen (meistens Plus und Masse)
- Strombereich (Min- und Max-Werte)
- Stromschwellen, ab denen Sensorfehler erkannt werden.

Analoge Spannungsschnittstelle:

- Anzahl der Signalleitungen (in vielen Fällen eine)
- Anzahl der Versorgungsleitungen (meistens Plus und Masse)
- Spannungsbereich (Min- und Max-Werte)
- Spannungsschwellen, ab denen Sensorfehler erkannt werden.

Digitale Schnittstelle:

- logische Spannungspegel

- Flankensteilheiten

- Kapazitätsbelastungen der Datenleitungen

- Leitungslängen

- ohmsche Leitungswiderstände

- Signaltoleranzen

- Verhalten bei Kurzschlüssen nach Plus oder Masse.

Für alle Versionen gilt:

- Festlegung mittels Tabellen, Grafiken oder mathematischen Formeln

- Berücksichtigung aller Toleranzen über den Temperaturbereich und Bauteiletoleranzen

- Definition eindeutiger Wertebereiche für den Fall einer Kurzschlusserkennung nach Masse und/oder nach der Versorgung.

Beispiel

Interner Temperatursensor am analogen Eingang eines Mikrocontrollers (s. Bild 6.3)

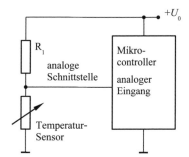

Bild 6.3 Beispiel einer analogen Hardwareschnittstelle

Wichtige Parameter für die analoge Schnittstelle (über den gesamten Temperaturbereich inkl. Streuung der Fertigungsparameter):

- Strom in den Mikrocontroller

- Diagramm, Tabelle oder math. Formel: analoge Spannung = f (Temperatur)

- ggf. minimale Spannung, ab der Sensor-Kurzschluss erkannt wird

- ggf. maximale Spannung, ab der Sensor-Offen erkannt wird

- Maximalwerte der ohmschen Widerstände der Anschlussleitungen.

Alle diese Festlegungen sind wichtig für das spätere korrekte Zusammenspiel von Sensorik und auswertenden Elementen (Mikrocontroller).

6.3.3 Entwicklung einer Schaltung

Nach Abschluss der Strukturierung liegt ein Blockschaltbild vor, in dem die einzelnen Funktionsblöcke untereinander durch eindeutig beschriebene Schnittstellen verbunden sind (s. o.). Die darauf folgende Entwicklungsarbeit ist die schaltungstechnische Realisation der einzelnen Funktionsblöcke.

Das erfordert in der Regel eine gewisse Kreativität des Entwicklers, die durch automatisierte Methoden in der Hardware nur sehr unvollkommen oder gar nicht ausgelöst werden kann. Der Entwickler wird in der Regel in der Lage sein, unter Verwendung seines Fachwissens elektronische Schaltungen zusammenstellen zu können, die im Prinzip die geforderte Funktion erfüllen.

In günstigen Fällen kann man auf ähnliche Funktionsblöcke bereits realisierter Schaltungen zurückgreifen, meist jedoch ist eine Neuentwicklung erforderlich. Das ist in der Regel auch vor dem Hintergrund zu sehen, dass seit der Entwicklung der älteren Schaltung oft völlig neue elektronische Bauelemente am Markt verfügbar sind (mit verbesserten Leistungsmöglichkeiten, besserer Präzision oder geringerem Preis).

In der Kraftfahrzeugelektronik beginnen die Entwicklungsarbeiten erst richtig nach Festlegung der Grundschaltung, die oft auch durch Verwendung von Standard-Fachbüchern zur Elektronik entstanden ist. Gemeint sind damit die notwendigen Arbeiten zur Sicherstellung des Betriebes unter den im Kraftfahrzeug üblichen Umgebungsbedingungen (s. Kapitel 3). Folgende Schritte sind insgesamt erforderlich:

1. Studium der Schnittstellenbeschreibungen

2. Erstellung eines Schaltungskonzeptes unter Berücksichtigung von:

- minimaler Schaltungsaufwand (Preis)

- Betrieb bei den geforderten Temperaturbereichen

- Betrieb bei den elektrischen Umgebungsanforderungen (EMC)

- Berücksichtigung der Bauteiletoleranzen

- Berücksichtigung der Langzeitstabilität (Bauteile-Parameterdrift über lange Zeit)

- Prüfbarkeit

- Platzierbarkeit auf dem Layout (Platzbedarf)

- Abfuhr der Verlustwärme (Kühlung).

3. Ergänzende Randbedingungen:

- Verfügbarkeit der elektronischen Bauteile

- Terminplanung

- Dokumentation der Schaltungs-Entwicklungsschritte

- Prüfanweisung für die Freigabeuntersuchungen und die spätere Serienfertigung.

Es ist in der Regel ein langer Weg über viele Stationen, bis ein Hardwaremodul vollständig durchentwickelt ist und innerhalb einer größeren Schaltung im Kraftfahrzeug eingesetzt werden kann.

6.3.4 Anwendung von Simulationswerkzeugen

In der heutigen Zeit werden bei der Realisation von Schaltungsteilen oft elektronische Hilfsmittel in Form von Computerprogrammen verwendet, sog. Schaltungssimulatoren.

Die Grundfunktionalität derartiger Programme könnte folgendermaßen beschrieben werden:

- Ersatz jedes vorkommenden elektronischen Bauteils durch ein mathematisches Ersatzmodell

- Verbinden dieser Modelle gemäß dem vorliegenden Schaltplan

- Anwendung numerischer Verfahren, um verschiedene elektrische Randbedingungen (z. B. Spannungsverläufe) nachzubilden.

Eines der bekanntesten Simulationsprogramme ist in diesem Zusammenhang das Programm SPICE. Der mathematische Simulationskern von SPICE wird heute oft in unterschiedlichsten Programmpaketen eingesetzt und stellt quasi einen Standard dar.

Obwohl mit diesem Programm schnell und mit geringem Aufwand Ergebnisse erzielt werden können, muss dem Anwender ständig bewusst sein, dass er durch die Verwendung von mathematischen Ersatzmodellen, die oft einige Vereinfachungen enthalten, auch zu unpräzisen oder sogar fehlerhaften Ergebnissen kommen kann. Diese Ergebnisse können später im kompletten elektronischen System zu Fehlern führen, deren Ursache oft nur schwer zu ermitteln ist.

Im Gegensatz zu numerisch rechnenden Simulationsprogrammen existiert bereits eine Zahl von Programmen, die analytisch rechnen können. Sie werden in der Regel zur Lösung komplizierter mathematischer Ausdrücke oder Gleichungen eingesetzt. Dabei ist es in einigen Fällen sogar möglich, mit allgemeinen Variablenbezeichnungen zu arbeiten, ohne dass Zahlenwerte vorliegen. Typischer Vertreter dieser Programme ist z. B. MAPLEV usw.

Dennoch gibt es bei allen diesen Hilfsmitteln immer eine entscheidende Frage für den Entwickler: Kann man den Ergebnissen aus den Computerprogrammen immer blind trauen oder ist eine gewisse Skepsis angeraten?

Die Antwort kann nur lauten: Besonders bei sicherheitskritischen Funktionen ist eine (meist punktuelle) **Überprüfung** und **Dokumentation** der Ergebnisse durch den Entwickler unter Verwendung einfacher elektrotechnischer Grundregeln notwendig.

Diese Überprüfung setzt natürlich genaue Kenntnisse der Funktion aller verwendeten Bauteile voraus und zwar unter Berücksichtigung möglicher Toleranzen. Das erfordert ein fundiertes elektrotechnisches Grundwissen. Eine der wichtigsten Vorgehensweisen bei dieser Aufgabe ist, die Funktion der Schaltung unter Verwendung der elektrischen und thermischen Extremwerte aller Bauteile nachzuprüfen. Man erhält so eine Berechnung für den ungünstigsten Betriebsfall, die so genannte **Worst-Case-Rechnung**. Obwohl diese

Berechnung auch von den bereits erwähnten Programmen durchgeführt werden kann, ist das Verständnis für die Vorgehensweise in jedem Fall wichtig.

Daher wird die Worst-Case-Rechnung im nächsten Abschnitt ausführlicher behandelt.

6.3.5   Worst-Case-Rechnung

Die Berechnung einer elektronischen Schaltung – entweder analytisch oder mit Simulationsprogrammen – setzt die genaue Kenntnis über die elektrischen Daten aller verwendeten Bauelemente und aller anderen elektrischen Größen (z. B. Spannungsquellen) voraus. Ohne diese Angaben ist es nicht möglich, eine für den Kraftfahrzeugeinsatz taugliche Schaltung zu entwickeln.

Bei den Bauelementen verfügt man in der Regel über Datenblätter, aus denen die erforderlichen Werte hervorgehen (sollten). In vielen Fällen werden nur typische Angaben bei Raumtemperatur gemacht.

Wenn Toleranzangaben vorhanden sind, so gelten sie meist nur für eine bestimmte Temperatur. Bauteile, die speziell für die Anwendung im Kraftfahrzeug entwickelt worden sind, werden jedoch in der Regel mit Minimal- und Maximal-Angaben der Parameter versehen, da nur diese Werte in der Elektronikentwicklung für Kraftfahrzeuge interessant sind. Oder anders ausgedrückt:

Es sind nur Minimal- und Maximal-Werte wichtig, typische Werteangaben haben bei der Worst-Case-Berechnung keine Bedeutung!

Jedes Bauteil hat also zwei Werteangaben:

- einen Minimal-Wert

- einen Maximal-Wert.

Diese Randwerte sollten alle Toleranzen berücksichtigen, die im entsprechenden Fall wichtig sind.

Zusätzlich zu den reinen Fertigungstoleranzen gibt es noch eine Vielzahl weiterer Einflüsse, die über die Betriebszeit der Elektronik Parameterveränderungen verursachen können:

- Betriebstemperatur

- Betriebszeit (Alter)

- Abhängigkeit von anderen elektrischen Größen

- Nichtlinearitäten

- Luftfeuchtigkeit

- chemische Einflüsse

- mechanische Einflüsse.

Im Folgenden hat jedes Bauteil also ein Wertepaar, bestehend aus dem Minimal- und dem Maximal-Wert. Das betrifft auch Spannungs- und Stromquellen.

Beispiele

R_4: wird zu: R_{4min}, R_{4max}

C_1: wird zu: C_{1min}, C_{1max}

U_B: wird zu: U_{Bmin}, U_{Bmax}

Die Lösung besteht nun darin, die Kombination zu finden, die den Worst-Case darstellt, und anschließend die Berechnung für diesen Fall durchzuführen.

Durchführung einer Worst-Case-Rechnung

Voraussetzung: Es liegt eine analytische Lösung der zu berechnenden Funktion vor. Die Worst-Case-Rechnung kann in drei Schritte unterteilt werden:

Schritt 1: Feststellung der Toleranzen aller für die Funktion notwendigen Bauteile und elektrischen Größen unter Berücksichtigung der relevanten Anteile aus der obigen Toleranztabelle. (Die Bauelemente und elektrischen Größen besitzen ab hier jeweils zwei Werte!)

Schritt 2: Feststellung der für die Funktion ungünstigsten Wertekombination, d. h. Feststellung der Wertekombination, die bei der Funktion die größten Toleranzen hervorruft.

Zusatzbemerkung: Ziel ist es, aus allen möglichen Kombinationen die herauszufinden, die den Worst-Case in die eine oder andere Richtung darstellt. Das kann in der Praxis schnell sehr schwierig werden.

Schritt 3: Berechnung der Toleranzwerte, jeweils einen für die Minimal-Toleranz und einen für die Maximal-Toleranz.

Eine Worst-Case-Rechnung liefert also immer zwei Ergebniswerte!

Jedes Bauteil oder jede elektrische Größe hat zwei Werte (s. o.). Bei n Bauteilen ergeben sich: $k = 2^n$ Kombinationsmöglichkeiten. Bei 4 Bauteilen sind das k = 16 Kombinationen, bei 16 Bauteilen bereits k = 65 536 (!).

Realistische Schaltungen verfügen in der Regel noch über weit mehr als diese 16 Bauteile. Daher kann die Berechnung aller möglichen Kombinationen auch mittels eines Rechners sehr schnell an die Kapazitätsgrenzen bezüglich der verfügbaren Rechenleistung stoßen. Es sollte daher eine andere Möglichkeit bevorzugt werden.

Lösungsmöglichkeiten für dieses Problem:

- Verwendung eines Rechners, der alle Kombinationen durchspielt und den minimalen und maximalen Wert als Ergebnis ausweist (s. o.).

- Auswahl der Bauteilekombinationen für den Worst-Case durch logische Schaltungs- und Funktionsanalyse seitens des Entwicklers. Damit ist gemeint, dass der Entwickler, der die Schaltung entworfen hat, natürlich über Detailinformationen zu internen Funktionen verfügt. Diese ermöglichen es ihm, festzustellen, wie eine Toleranzveränderung bei einem Bauteil auf die Arbeitsgenauigkeit der Schaltung wirkt.

In der Regel führt das zur Berechnung von nur einer Kombinationsmöglichkeit jeweils für den Min- und Max-Wert. Im Zweifelsfall sind das vielleicht 4 Möglichkeiten, die von ihrer Anzahl her gesehen auch noch überschaubar sind.

Es folgen nun einige Beispiele, die die Vorgehensweise bei der Erstellung einer Worst-Case-Rechnung verdeutlichen:

Beispiel 1 – Einfache Widerstandskette mit 4 Widerständen (± 10 % Toleranz)

Die Lösung ist sehr einfach, das Beispiel soll nur das Prinzip darstellen (Bild 6.4).

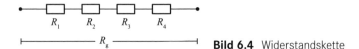

Bild 6.4 Widerstandskette

Aufgabe: Durchführung einer Worst-Case-Rechnung für R_g:

Analytische Lösung für R_g:

$$R_g = R_1 + R_2 + R_3 + R_4 \text{ (ist hier trivial)}$$

Schritt 1: Berechnung der Toleranzen der Bauteile (es empfiehlt sich meist eine Tabellenform).

	Min-Wert in Ω	Max-Wert in Ω
R_1	R_{1min} = 9 k	R_{1max} = 11 k
R_2	R_{2min} = 8,1 k	R_{2max} = 9,9 k
R_3	R_{3min} = 18 k	R_{3max} = 22 k
R_4	R_{4min} = 0,9 k	R_{4max} = 1,1 k

Schritt 2: Feststellung aller Kombinationsmöglichkeiten k = 2⁴ = 16 („Rechnermethode").

	R1	R2	R3	R4	Rg in Ω	
1	min	min	min	min	36 k	R_{gmin}
2	min	min	min	max	36,2 k	
3	min	min	max	min	40 k	
4	min	min	max	max	40,2 k	
5	min	max	min	min	37,8 k	
6	min	max	min	max	38 k	
7	min	max	max	min	41,8 k	
8	min	max	max	max	42 k	
9	max	min	min	min	38 k	
10	max	min	min	max	38,2 k	
11	max	min	max	min	42 k	
12	max	min	max	max	42,2 k	
13	max	max	min	min	39,8 k	

	R1	R2	R3	R4	Rg in Ω	
14	max	max	min	max	40 k	
15	max	max	max	min	43,8 k	
16	max	max	max	max	44 k	R_{gmax}

Schritt 3: Berechnung bzw. Auswahl

Das Ergebnis der Worst-Case-Rechnung lautet:

R_{gmin} = 36 kΩ

R_{gmax} = 44 kΩ

oder:

$$36 \cdot k\Omega \le R_g \le 44 \cdot k\Omega$$

Zur Lösung ist hier also die Methode verwendet worden, die zunächst alle Kombinationsmöglichkeiten berechnet und dann die Min.- bzw. Max-Werte auswählt.

Das ist bei diesem einfachen Beispiel natürlich nicht erforderlich. Da die analytische Lösung lediglich aus einer Summe besteht, ist mathematisch eindeutig, dass das Ergebnis

- minimal wird, wenn alle Summanden minimal sind, und

- maximal wird, wenn alle Summanden maximal sind.

Dieses Beispiel sollte, wie bereits erwähnt, nur das Prinzip zeigen.

Beispiel 2 – Einfacher Widerstands-Spannungsteiler (s. Bild 6.5)

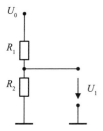

Bild 6.5 Einfacher Widerstands-Spannungsteiler

Schaltungsparameter:

- R_1 = 10 k ± 5 %

- R_2 = 5 k ± 5 %

- U_0 = 12 V ± 10 %

Aufgabe: Durchführung einer Worst-Case-Rechnung für U_1.

Analytische Lösung (Spannungsteilerregel):

$$U_1 = U_0 \cdot \frac{R_2}{R_1 + R_2}$$

Theoretisch gäbe es $k = 2^3 = 8$ Kombinationsmöglichkeiten.

Schritt 1: Feststellung der Toleranzen der beteiligten Bauelemente und elektrischer Größen:

	Min-Wert	Max-Wert
R_1	$R_{1min} = 9,5\ k\Omega$	$R_{1max} = 10,5\ k\Omega$
R_2	$R_{2min} = 4,75\ k\Omega$	$R_{2max} = 5,25\ k\Omega$
U_0	$U_{0min} = 10,8\ V$	$U_{0max} = 13,2\ V$

Schritt 2: Durch Analyse der Schaltung und eine analytische Formel soll nun die Lösung direkt bestimmt werden.

Erste Fragestellung: Wann wird U_1 maximal? Wenn:

- U_0 maximal ist, da U_0 ein Faktor in der Gleichung ist.

- R_1 minimal ist, da R_1 im Nenner steht.

- R_2 maximal ist. R_2 ist zwar im Zähler und Nenner vorhanden, der Zähler überwiegt jedoch, da der Nenner aus einer Summe besteht und somit die Wirkung von R_2 im Nenner geringer ist.

Daraus folgt die Lösung für U_{1max}:

$$U_{1max} = U_{0-ax} \cdot \frac{R_{2max}}{R_{1min} + R_{2max}} = 4,7\ V$$

Für U_{1min} gilt analog das Gleiche, nur dass die Min- und Max-Werte ausgetauscht werden müssen.

Zweite Fragestellung: Wann wird U_1 minimal? Wenn:

- U_0 minimal ist, da U_0 ein Faktor in der Gleichung ist.

- R_1 maximal ist, da R_1 im Nenner steht.

- R_2 minimal ist. R_2 kommt zwar sowohl im Zähler als auch im Nenner vor, der Zähler überwiegt jedoch, da der Nenner aus einer Summe besteht und somit die Wirkung von R_2 im Nenner schwächer ist.

Daraus folgt die Lösung für U_{1min}:

$$U_{1min} = U_{0min} \cdot \frac{R_{2min}}{R_{1max} + R_{2min}} = 3,36\ V$$

Das Ergebnis der Worst-Case-Rechnung für U_1 lautet:

$$3,36\ V \leq U_1 \leq 4,7\ V$$

Zusatzbemerkung: In der Praxis kommt es relativ häufig vor, dass Spannungsteiler unter Worst-Case-Bedingungen zu berechnen sind, da die Angleichung von Sensoren, die sich wie Widerstände verhalten, meist durch Spannungsteiler erfolgt.

Beispiel 3 – Sichere Erfassung der Schalterposition unter Verwendung eines Mikrocontrollers

Im Folgenden geht es darum, festzustellen, welche **internen binären Werte** Di (dimensionslos) ein Mikrocontroller abfragen muss, um eine der drei möglichen Schalterpositionen eines Stufenschalters S, der eine Widerstandskette abgreift, sicher zu erkennen. Das soll unter Berücksichtigung der Toleranzen der Widerstände erfolgen (Worst-Case). Die Toleranzen des Mikrocontrollers werden dabei zunächst vernachlässigt (s. Bild 6.6).

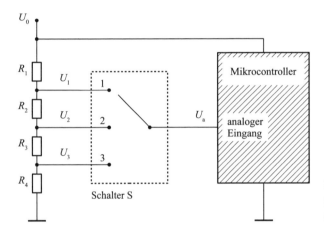

Bild 6.6 Spannungsteiler am analogen Eingang eines Mikrocontrollers

Schaltungsparameter:

- R_1 = 10 kΩ ± 5 %

- R_2 = 4,7 kΩ ± 5 %

- R_3 = 4,7 kΩ ± 5 %

- R_4 = 10 kΩ ± 5 %

Widerstände stammen aus der E24-Reihe (siehe Anhang 10.4).

AD-Wandler-Auflösung des Mikrocontrollers: AD_n = 8 Bit.

Mögliche Übergangswiderstände im Stufenschalter werden vernachlässigt.

Zunächst soll eine allgemeine Formel zur Berechnung der internen Werte im Mikrocontroller D_i berechnet werden.

Die spannungsmäßige Auflösung am analogen Eingang des Mikrocontrollers beträgt:

$$\Delta U_a = U_0 \cdot \frac{1}{2^{ADn}} = U_0 \cdot \frac{1}{2^8} = U_0 \cdot \frac{1}{256}$$

Die internen Werte D_{ix} ergeben sich zu:

$$D_{ix} = U_x \cdot \frac{1}{\Delta U_a} = U_x \cdot \frac{2^{ADn}}{U_0}$$

mit x = 1, 2, 3 (Schalterpositionen).

Werden nun für die einzelnen Schalterpositionen x die Werte für U_x unter Anwendung der Spannungsteilerregel berechnet und in die obige Gleichung eingesetzt, so erhält man folgende Ergebnisse für D_{ix}:

Schalterposition 1:

$$D_{i1} = \frac{R_2 + R_3 + R_4}{R_1 + R_2 + R_3 + R_4} \cdot 2^{ADn}$$

Schalterposition 2:

$$D_{i2} = \frac{R_3 + R_4}{R_1 + R_2 + R_3 + R_4} \cdot 2^{ADn}$$

Schalterposition 3:

$$D_{i3} = \frac{R_4}{R_1 + R_2 + R_3 + R_4} \cdot 2^{ADn}$$

Damit liegt eine analytische Lösung für die gestellte Aufgabe vor. Dadurch, dass sowohl der Mikrocontroller als auch der Widerstands-Spannungsteiler aus der gleichen Spannungsquelle versorgt werden, kürzt sich U_0 hier heraus.

Als Nächstes erfolgt die Durchführung der Worst-Case-Rechnung.

Schritt 1: Feststellung der Toleranzen der beteiligten Bauelemente:

	Typ.	Min.	Max.
R_1	10 kΩ	9,5 kΩ	10,5 kΩ
R_2	4,7 kΩ	4,465 kΩ	4,935 kΩ
R_3	4,7 kΩ	4,465 kΩ	4,935 kΩ
R_4	10 kΩ	9,5 kΩ	10,5 kΩ

Schritt 2: Feststellung der Worst-Case-Situation und Einsetzen der entsprechenden Werte:

Schalterposition 1:

$$D_{i1max} = \frac{R_{2max} + R_{3max} + R_{4max}}{R_{1min} + R_{2max} + R_{3max} + R_{4max}} \cdot 2^{ADn}$$

$$D_{i1min} = \frac{R_{2min} + R_{3min} + R_{4min}}{R_{1max} + R_{2min} + R_{3min} + R_{4min}} \cdot 2^{ADn}$$

Schalterposition 2:

$$D_{i2max} = \frac{R_{3max} + R_{4max}}{R_{1min} + R_{2min} + R_{3max} + R_{4max}} \cdot 2^{ADn}$$

$$D_{i2min} = \frac{R_{3min} + R_{4min}}{R_{1max} + R_{2max} + R_{3min} + R_{4min}} \cdot 2^{ADn}$$

Schalterposition 3:

$$D_{i3max} = \frac{R_{4max}}{R_{1min} + R_{2min} + R_{3min} + R_{4max}} \cdot 2^{ADn}$$

$$D_{i3min} = \frac{R_{4min}}{R_{1max} + R_{2max} + R_{3max} + R_{4min}} \cdot 2^{ADn}$$

Schritt 3: Berechnung der Worst-Case-Werte für D_{ix}:

	Max-Wert	Min-Wert
D_{i1}	174,58	163,09
D_{i2}	134,40	121,60
D_{i3}	92,91	81,42

Da die interne Darstellung innerhalb eines Mikrocontrollers an einem Analog-Eingang nur ganzzahlig (integer) erfolgt und außerdem mit einem Digitalisierungsfehler von +/- 1 Digit zu rechnen ist, sind für die endgültigen internen Abfrageschwellen S_{ix} folgende Grenzwerte zu wählen:

	Max-Schwelle	Min-Schwelle
S_{i1}	173	164
S_{i2}	133	123
S_{i3}	91	83

Damit liegt das Ergebnis der Worst-Case-Rechnung vor. Wenn innerhalb des Mikrocontrollers die berechneten Abfrageschwellen S_{ix} verwendet werden, können alle drei Schalterpositionen unter den gegebenen Randbedingungen auch im Extremfall noch sicher erkannt und voneinander getrennt werden. Sollten sich bei der AD-Wandlung in diesem Fall Werte ergeben, die außerhalb der berechneten Fenster liegen, so ist von einem Defekt innerhalb der Schaltung auszugehen.

Für die Abfrage innerhalb des Mikrocontrollers ergibt sich Bild 6.7.

- $83 \leq$ Schalterposition 3 ≤ 91
- $123 \leq$ Schalterposition 2 ≤ 133
- $164 \leq$ Schalterposition 1 ≤ 173

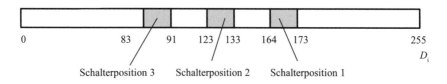

Bild 6.7 Die Abfrageschwellen nach der Worst-Case-Rechnung

Zusatzbemerkung: In einigen Fällen wird eine Alternative zur Worst-Case-Rechnung in Betracht gezogen.

Statistische Betrachtungsweise

Bei der Worst-Case-Rechnung wird festgestellt, ob eine Schaltung unter den ungünstigsten Randbedingungen noch korrekt funktioniert oder nicht. Diese Vorgehensweise ist für sicherheitsrelevante Produkte zwingend.

Eine andere Möglichkeit ist, mit typischen Bauteilewerten zu entwickeln und eine Wahrscheinlichkeit zu bestimmen, mit der ein Ausfall (entweder in der Endprüfung oder im Fahrzeugeinsatz) auftritt.

Das ist dann die bewusste Akzeptanz einer verminderten Produktqualität und wird in der Kraftfahrzeugtechnik selten und nur in ganz besonderen Fällen angewandt.

Da Feldausfälle und vermehrte Ausfallraten in einer Endkontrolle innerhalb der Elektronikfertigung meist sehr hohe Kosten verursachen, ist die Entwicklung nach dem Worst-Case-Prinzip wo immer möglich anzuwenden.

Im Kapitel 10 wird auf einige statistische Aspekte in einer Fertigung näher eingegangen.

7 Modularisierung und Realisation von Kraftfahrzeugelektronik

Moderne Kraftfahrzeugelektronik haben im Allgemeinen höchst unterschiedliche Hardwarestrukturen. Das ist eine logische Folge aus den sehr verschiedenen Aufgaben, die Elektronik heute in Fahrzeugen zu leisten hat. Es ist in einem Buch nicht möglich, alle vorkommenden Strukturen im Einzelnen zu behandeln, schon wegen der Tatsache, dass bis zum Erscheinen dieses Buches bereits viele neue Systeme entwickelt wurden.

Dennoch ist festzustellen, dass auch sehr unterschiedliche Fahrzeugelektronik im Allgemeinen innere Strukturen hat, die sich gemeinsam in einige große Funktionsgruppen aufteilen lassen. Erste Überlegungen dazu wurden bereits in Abschnitt 6.3.1 angestellt. Die Anzahl und die technische Ausführung dieser Strukturelemente variiert natürlich von Fall zu Fall. Dennoch sind die elektronischen Grundprobleme, die sich meist einstellen, auch bei sehr verschiedenen Systemen ähnlich.

Im Folgenden werden nun die wichtigsten Strukturelemente, hier Funktionsblöcke genannt, vorgestellt und dabei wird besonders auf die speziellen Belange der Kraftfahrzeugelektronik eingegangen. Viele dieser Besonderheiten waren in der Vergangenheit und besonders am Anfang des Einzuges der Elektronik in Kraftfahrzeuge immer wieder der Grund für Ausfälle und Fehlfunktionen in den Fahrzeugen im täglichen Betrieb.

7.1 Grundsätzlicher Aufbau der Kraftfahrzeugelektronik

Wie bereits dargestellt, ist es durchaus möglich, auch für sehr unterschiedliche Kraftfahrzeugelektronik grundsätzliche Strukturen zu definieren, die dann über geeignete Hardwareschnittstellen miteinander interagieren. Hier noch einmal das Bild aus Abschnitt 3, in dem eine derartige Struktur dargestellt ist.

Bild 7.1 zeigt die Funktionsblöcke:

- **Block 1:** Stromversorgung
- **Block 2:** Zentraleinheit (Darstellung der eigentlichen Funktionalität, analog oder digital)
- **Block 3:** Eingänge (Verarbeitung der Sensorik, Schalter, Vorverstärkung von Signalen usw.)

■ **Block 4:** Ausgänge (Ansteuerung der Aktuatorik unterschiedlichster Art mit unterschiedlichen Strömen)

■ **Block 5:** Schnittstelleninterface (externe Diagnose oder Kommunikation mit anderen Systemen)

■ **Block 6:** Schnittstelle zur Anzeige, zu Schaltern und Tastern

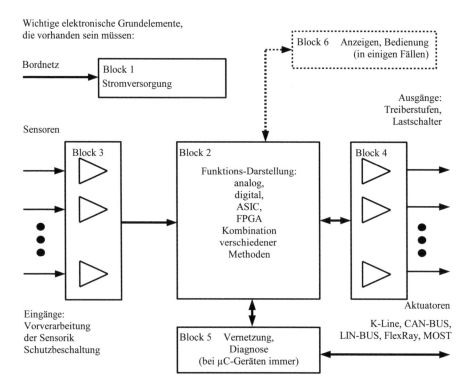

Bild 7.1 Grundstruktur einer Kraftfahrzeugelektronik

Zur Nummerierung der Funktionsblöcke

An dieser Stelle einige Bemerkungen zu der Nummerierung der Funktionsblöcke. Jeder dieser Blöcke wird bei der Realisation aus einer Vielzahl von elektronischen Bauelementen bestehen. Bei größeren Schaltungen kann das dazu führen, dass die Gesamtschaltung sehr schnell unübersichtlich wird. Um eine Verbesserung dieser Übersichtlichkeit zu erreichen, ist es ratsam, die Blocknummer in die Nummerierung der Bauteilbezeichnungen mit aufzunehmen. Allein durch die Bauteilbezeichnung ist es dann möglich, jedem Bauteil eine Grundfunktionalität zuzuordnen. Die Struktur dieser Bezeichnung ist von jedem Entwickler zum Beginn einmal festzulegen.

Beispiel: 3-stelliger Index mit

1. Stelle: Blocknummer

2. und 3. Stelle: laufende Bauteilenummer

Also:

- R_{206}:   ist der 6. Widerstand im Funktionsblock 2,

- C_{623}:   ist der 23. Kondensator im Funktionsblock 6 usw.

Die Abkürzungen der elektronischen Bauelemente sind nicht standardisiert, die folgenden werden jedoch oft verwendet:

- R: Widerstand

- C: Kondensator

- L: Induktivität

- T oder Tr: Transistor

- D: Diode

- IC: Integrierter Schaltkreis

- Rel.:   Relais

- Q: Quarz

- lC: Mikrocontroller

- M: Motor

- F: Sicherung

- Gnd.   Masse

Dazu eine Bemerkung: Die oben beschriebene Bezeichnungsweise ist sehr gut zur Verbesserung der Übersichtlichkeit von elektronischen Schaltplänen geeignet und damit auch zur Vermeidung von Fehlern. Sie sollte wo immer möglich angewendet werden. Dennoch existieren einige Computerprogramme zur Erfassung von elektronischen Schaltplänen, die diese strukturierte Methode der Bezeichnung nicht oder nur sehr umständlich unterstützen.

Die bereits erwähnten Funktionsblöcke werden nun beispielhaft in den nächsten Abschnitten näher betrachtet. Dabei kann man die Schaltungen in zwei Unterfunktionen unterteilen:

Zum einen die Darstellung der Grundfunktionalität, wie sie typischerweise auch in den technischen Datenblättern der Bauelementehersteller zu finden ist. Zum anderen aber in die Schaltungsteile, die zusätzlich erforderlich sind, um die Anforderungen an die elektromagnetische Verträglichkeit zu gewährleisten.

Dabei sollte hier immer beachtet werden, dass die angegebenen Lösungsvorschläge in aller Regel zielführend sind, jedoch im Einzelfall im Detail genau überprüft werden müssen. Je nach Situation in einem Steuergerät können mehr oder auch weniger Bauteile erforderlich sein. Das müssen die entwicklungsbegleitenden Prüfungen zeigen. In jedem Fall werden aber durch die hier angesprochenen Schaltungseinzelheiten die Grundprinzipien klar, die bei der Entwicklung von Kraftfahrzeugelektroniken beachtet werden sollten.

■ 7.2 Stromversorgung

(Funktionsblock 1)

Moderne Kraftfahrzeugelektronik wird in der Regel für umfangreiche Steuerungs- und Regelungsaufgaben eingesetzt. Das ist in der Praxis meist nur durch Einsatz eines Mikrocontrollers (lC) oder ASICs (siehe Abschnitt 1.3.2) möglich, die zum Betrieb eine sehr präzise, geglättete und stabile Betriebsspannung erfordern. Das Gleiche gilt auch für viele Sensoren, die vom Steuergerät mit elektrischer Energie versorgt werden müssen.

Das alles gilt auf der einen Seite natürlich für einen großen Temperaturbereich und unter Einfluss von starken elektromagnetischen Störfeldern (EMC-Schutz). Besonders die beiden letzten Punkte unterscheiden eine Kraftfahrzeugelektronik grundsätzlich von anderer Elektronik, z. B. im Haushaltsbereich usw. Dies führt zu elektronischen Lösungen, die sich erheblich von denen unterscheiden, die für die Darstellung der reinen Grundfunktionalität in einem Labor erforderlich wären.

Auf der anderen Seite dürfen aber auch nicht beliebig viele zusätzliche Bauteile verwendet werden, um einen ausreichenden EMC-Schutz zu erreichen. Dadurch kann der Kostenrahmen, der für eine Elektronik vorgegeben ist, überschritten werden. Es ist also ein Mittelweg erforderlich, der die notwendigen Elemente beinhaltet, jedoch nicht über das Ziel hinausschießt. Die hier vorgestellten Ansätze berücksichtigen diese Überlegungen.

Anhand eines Beispiel-Funktionsblockes für die Stromversorgung wird nun eine derartige Schaltung im Einzelnen erläutert.

Hauptaufgaben für eine Stromversorgung in Kraftfahrzeugen:

- Bereitstellung der Betriebsspannung für einen µC (meist + 5 V oder + 3 V)

- Erzeugung eines RESET-Signals

- Oft: Auswertung eines Watch-Dog-Signals

- Bereitstellung einer „internen Masse"

- EMC-Schutzmaßnahmen.

Diese Punkte werden in den nächsten Abschnitten noch ausführlich erläutert.

Die Hinführung zu einer geeigneten Schaltung erfolgt zunächst durch Betrachtung einer Schaltung mit einem einfachen Standard-Spannungsregler, wie er auch z. B. oft in PC-Schaltungen anzutreffen ist (um es gleich vorwegzunehmen: in dieser Form für Kraftfahrzeuge ungeeignet).

7.2.1   Standard-Spannungsregler

Bild 7.2 zeigt eine klassische Schaltung aus den Datenblättern der Bauteilehersteller. Es handelt sich um einen Regler (IC_{101}) mit drei Anschlussleitungen:

- Eingang

- Ausgang

- Masseanschluss.

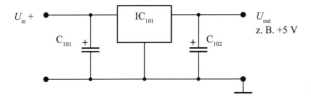

Bild 7.2 Standard-Spannungsregler

Der Kondensator C_{101} dient meist dazu, Restwelligkeiten von einem Netz-Gleichrichter zu minimieren, der Kondensator C_{102} wird benötigt, um das Schwingverhalten des Spannungsreglers zu beseitigen.

Die Spannung $U_{in} - U_{out}$ muss dabei meist mehr als 2 V betragen, damit der Spannungsregler-IC überhaupt eine ausreichende Stabilisierungsfunktion durchführen kann.

7.2.2 Ersatzschaltbild unter HF-Gesichtspunkten

Die in Bild 7.2 gezeigte Schaltung kann in dieser Form streng genommen nicht realisiert werden, da in der praktischen Ausführung elektrische Verbindungen zwischen den Bauteilen erforderlich sind, die im realen Fall niemals ideal sind. Das betrifft alle Verbindungen, Drähte, Litzen, Leiterbahnen auf einer kupferkaschierten Fläche und Lötstellen.

Jede Verbindung hat im realen Fall also einen Einfluss auf die Schaltung. Dieser Einfluss lässt sich durch drei Eigenschaften beschreiben:

- Rx: ohmscher Widerstand einer Leitung pro Längenmaß (Widerstandsbelag)
- Lx: Induktivität pro Längenmaß (Induktivitätsbelag)
- Cx: Kapazität nach Masse pro Längenmaß (Kapazitätsbelag).

Man kann also eine einfache Leitungsverbindung durch folgendes Ersatzschaltbild P_n darstellen, in dem man die kapazitiven und induktiven Beläge als diskrete Bauelemente darstellt (s. Bild 7.3).

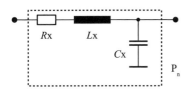

Bild 7.3 Ersatzschaltbild P_n eines Leitungsstückes

Streng genommen müsste man nun das oben gezeigte Bild eines einfachen Spannungsreglers (Bild 7.2) ergänzen durch „reale" Leitungsverbindungen. Man erhält so bereits eine sehr umfangreiche Schaltung mit 13 parasitären Elementen (P_1 ... P_{13}), (s. Bild 7.4).

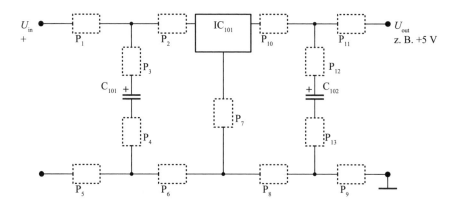

Bild 7.4 Parasitäre Leitungselemente P_i

In der Praxis sind diese parasitären zusätzlichen „Bauelemente" von ihren elektronischen Werten her gesehen jedoch oft sehr klein, so dass sie meist keinen großen Einfluss auf das Funktionieren einer Schaltung haben.

Sollten sich jedoch besondere Umweltbedingungen einstellen, vor allen unter dem Einfluss hochfrequenter elektromagnetischer Felder (EMC), dann können sich diese parasitären Elemente durchaus störend auswirken.

Das bedeutet für den hier beschriebenen Fall: Hinter den Spannungsregler wird normalerweise ein recht empfindliches elektronisches Bauteil angeschlossen, oft ein Mikrocontroller. Für dessen einwandfreies Funktionieren ist eine korrekte und störungsfreie Spannungsversorgung sehr wichtig.

Der Spannungsregler hat nun prinzipiell die Möglichkeit, diese Störungen zu minimieren, sofern er direkt mit dem Mikrocontroller verbunden ist. In Bild 7.2 ist das theoretisch auch der Fall, nicht jedoch im Bild 7.4. Hier ist der Masseanschluss des Ausganges über die parasitären Bauteilekombinationen P5 bis P9 vom Spannungsregler getrennt. Alle Spannungsabfälle über die genannten parasitären Elemente, speziell P7, kann der Regler nicht mehr ausgleichen. Es besteht also die Möglichkeit, dass der empfindliche Mikrocontroller Störspitzen vom Eingang her erhält, die zu Funktionsstörungen führen können, sofern die Leitung, die von P7 repräsentiert wird, zu lang ist.

Oder anders ausgedrückt: Der Masseanschluss des Spannungsreglerbausteins liegt nicht mehr direkt an der Masseleitung zum Mikrocontroller. Etwas Ähnliches gilt auch für die Kondensatoren im Ein- und Ausgang.

Die Folge aus dieser Betrachtung ist die Notwendigkeit, alle Leitungen im Bereich des Spannungsreglers möglichst kurz zu halten. Mehr noch, es sollte ein getrenntes Massesystem auf der Leiterkarte geben, das alle Verbindungen unterteilt in störempfindliche und störunempfindliche Masseanschlüsse. Diese dürfen nur unmittelbar am Spannungsregler zusammengeführt werden.

Die grafische Darstellung, welche Masseanschlüsse innerhalb einer Schaltung mit welchen Bauteilen verbunden werden, wird mit Massebaum bezeichnet. Ein derartiger Massebaum muss immer Bestandteil einer Schaltung für Kraftfahrzeuganwendungen sein.

Mit diesen Überlegungen sind die ersten besonderen Anforderungen an Schaltungen für Kraftfahrzeuge formuliert worden. Im nächsten Abschnitt wird zunächst auf die Spannungsregler für Kraftfahrzeuge im Besonderen eingegangen.

7.2.3 Spannungsregler für den Kraftfahrzeugeinsatz

Im letzten Abschnitt ist erwähnt worden, dass die Differenz zwischen der Eingangsspannung und der Ausgangsspannung eines einfachen Spannungsreglers ungefähr 2 V betragen muss, um eine ausreichende Regelfunktion durchführen zu können.

In der Kraftfahrzeugtechnik erhält man an dieser Stelle ein Problem. In Kapitel 4 sind die EMC-Anforderungen beschrieben worden und dort unter 4.2.2 der Startimpuls. Dieser Startimpuls fällt im 12-V-Bordnetz im Extremfall bis auf ca. + 5 V ab und steigt danach für einige Zeit nur auf ca. 6 V an. Würde der Spannungsregler zum korrekten Funktionieren wirklich diese 2 V Restspannung benötigen, so wäre ein Betrieb eines Mikrocontrollers mit + 5 V nicht mehr möglich.

Die Lösung ist die Verwendung von Spannungsreglern, die speziell für den Einsatz in Kraftfahrzeugen entwickelt worden sind und mit extrem kleinen Restspannungen auskommen, sog. *Low-Drop-Regler*.

Diese Low-Drop-Regler funktionieren teilweise bis herunter zu einer Differenzspannung von 100 … 200 mV (!). Das bedeutet, sie können auch im Startfall problemlos die notwendige Betriebsspannung für einen Mikrocontroller bereitstellen.

Allerdings gibt es durch diese kleine Restspannung auch einen negativen Effekt, der in Extremfällen zu Problemen führen kann und beachtet werden muss. Wenn die Eingangsspannung in den Bereich kleiner Restspannungen abfällt, steigt der Ableitstrom des Spannungsreglers zur Masse (z. T. auf einen recht großen Wert). Das kann dazu führen, dass ein Lade-Elektrolytkondensator im Eingang dann schneller entladen wird, als zunächst vermutet. Dieser Effekt sollte in jedem Fall mit den Daten aus den Datenblättern des Bauteileherstellers abgeglichen werden.

An dieser Stelle nun eine sehr wichtige Bemerkung zur Erzeugung des RESET-Signals. Ein RESET-Signal soll, wie bereits erwähnt, den Betrieb eines Mikrocontrollers erst dann zulassen, wenn die benötigte Versorgungsspannung in den vom Bauteilehersteller vorgegebenen Grenzen stabil ist und für eine bestimmte Zeit auch stabil angelegen hat. Daher sind in den Spannungsreglern für den Kfz-Einsatz Schaltungen eingebaut, die intern mittels Spannungsvergleichern (Komparatoren) die Ausgangsspannung ständig überwachen und bei einem Absinken ggf. sofort ein erneutes RESET-Signal auslösen.

Diese Funktionalität soll mit „**statischer RESET**" bezeichnet werden.

Leider findet man in den technischen Datenblättern zu den Mikrocontrollern oft noch andere Schaltungen, die in Verbindung mit Kondensator-Ladekurven arbeiten. Diese Schaltungen setzen voraus, dass die Ausgangsspannung eines Spannungsreglers einen minimalen Spannungsanstieg aufweist, so dass mittels einer einfachen RC-Kombination eine RESET-Zeit generiert werden kann, wie im Bild 7.5 dargestellt (sog. „**dynamischer RESET**"):

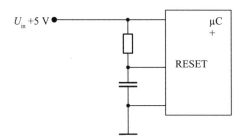

Bild 7.5 Der dynamische RESET

Legt man nun die Situation eines Bordnetz-Spannungseinbruches in Verbindung mit einem sehr langsamen Spannungsanstieg zu Grunde (siehe Abschnitt 3.3.7), so ist sofort offensichtlich, dass nur ein statischer RESET eine ausreichend sichere Funktion bezüglich des RESET-Signals herstellen kann, da der Kondensator beim dynamischen RESET über den Widerstand ständig mit einer langsam ansteigenden Spannung U_{in} mitläuft und keine Spannungsdifferenz zur Erzeugung eines RESET-Signals auftritt. Außerdem müsste nach dem Abschalten der Versorgung eine Mindest-Wartezeit eingehalten werden, bis sich der Kondensator wieder vollständig entladen hat. Das ist für die Anwendung im Fahrzeug unrealistisch.

Alle dynamischen RESET-Schaltungen sind mit diesen Situationen überfordert und würden ggf. im IC zu Fehlverhalten führen.

Daher ist nur eine statische RESET-Erzeugung im Fall einer Kraftfahrzeugelektronik erlaubt!

Zusatzbemerkung: Inzwischen sind auf dem Markt auch moderne Mikrocontroller verfügbar, die intern einen statischen RESET selbst generieren können und somit keinen Spannungsregler mit RESET-Ausgang mehr erfordern.

Im folgenden Abschnitt wird nun eine Beispielschaltung beschrieben, die alle für den Einsatz im Kraftfahrzeug notwendigen Maßnahmen beinhaltet.

7.2.4 Beispiel einer kraftfahrzeugtauglichen Spannungsversorgung

Alle in den vorherigen Abschnitten dargestellten Sachverhalte führen zu einer schaltungstechnischen Lösung, die auf den ersten Blick recht umfangreich ist, jedoch alle für den Einsatz im Kraftfahrzeug notwendigen Elemente enthält. Wie bereits früher erwähnt, kann es sich bei der konkreten Ausführung in einem Steuergerät bei der Freigabeprüfung herausstellen, dass das eine oder andere Bauteil nicht erforderlich ist oder dass noch zusätzliche Bauteile hinzugenommen werden müssen.

Das Bild 7.6 zeigt einen kraftfahrzeugtauglichen Spannungsregler (Beispiel). Den dazugehörigen Massebaum zeigt Bild 7.7.

Da die Bordnetzspannung im Kraftfahrzeug großen Schwankungen mit Störspannungsspitzen unterliegt, ist es nicht sinnvoll, an den Eingangsklemmen der Schaltung einen konkreten Spannungswert anzugeben. Stattdessen werden hier und in allen folgenden Schaltungen die in der Kraftfahrzeugtechnik üblichen sog. Klemmenbezeichnungen verwendet. Diese Klemmenbezeichnungen sind genormt. Eine Auswahl der wichtigsten Kennzeichnungen ist in der Tabelle 11.5 zu finden.

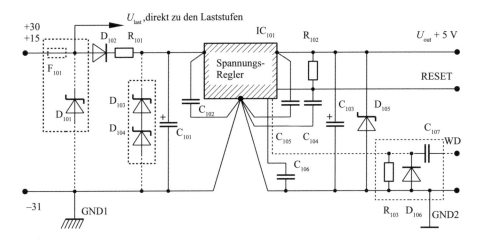

Bild 7.6 Kraftfahrzeugtaugliche Spannungsversorgung

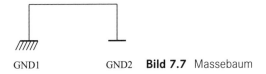

GND1   GND2   **Bild 7.7** Massebaum

So bedeutet z. B. Klemme +30 die direkte Verbindung zum Pluspol der Fahrzeugbatterie, Klemme –31 die direkte Verbindung zum Minuspol. Im Folgenden werden die einzelnen Bauteile und ihre Funktion diskutiert.

Wie bereits im Anfang erwähnt, ist es im Kraftfahrzeug erforderlich, Schutzmaßnahmen gegen die EMC-Einflüsse vorzusehen, so dass ein sicherer Betrieb gewährleistet werden kann. Die EMC-Einflüsse wurden ausführlich in Kapitel 4 dargestellt und werden hier als bekannt vorausgesetzt.

Grundsätzlich sind die EMC-Maßnahmen in einer Schaltung in zwei Schwerpunktbereiche zu unterteilen: die Einflüsse, die sich auf leitungsgebundene Störungen im Zeitbereich beziehen, und die, die die hochfrequenten (HF-)Einflüsse im Frequenzbereich verursachen. Dabei können bei der Betrachtung einer Schaltung die schnellen leitungsgebundenen Impulsgruppen 3a und 3b prinzipiell auch zu den HF-Einflüssen gerechnet werden, da sie ebenfalls spektrale Anteile sehr hoher Frequenz und außerdem nur eine geringe Energie beinhalten.

Die schaltungstechnischen Maßnahmen, die die HF-Kopplungseffekte auf einer Leiterkarte verhindern bzw. verringern, wirken meist sowohl bei HF-Einflüssen als auch bei den schnellen Impulsgruppen 3a und 3b. Daher wird bei der Betrachtung der hier vorgestellten Schaltungen von Schutzmaßnahmen gegen die Impulsgruppen 3a und 3b gesprochen, wobei dann immer auch HF-Effekte einbezogen sind.

Es folgt nun eine Beschreibung der Schaltung. Zunächst ist festzustellen, dass diese Stromversorgungsschaltung neben der geregelten Ausgangsspannung U_{out} noch eine (optional 2) zusätzliche Leitungen bereitstellt. Man erhält also:

- Ausgangsspannung U_{out}

- RESET-Signal für einen Mikrocontroller

- Sog. Watch-Dog-Signal vom Mikrocontroller (nicht immer vorhanden), abgekürzt *WD*.

Die Ausgangsleitung U_{Last} vor dem eigentlichen Spannungsregler dient zur Versorgung von Lasten und Ausgangsstufen (siehe Abschnitt 7.5), die keinen Spannungsabfall durch eine vorgeschaltete Verpolschutz-Diode erlauben.

In Abschnitt 7.5 wird noch ausführlich auf diese Signale eingegangen. Hier sollen sie erst einmal unter dem Gesichtspunkt der EMC-sicheren Bereitstellung gesehen werden.

Die Grundfunktion der Spannungsversorgung besteht zunächst aus:

- IC_{101}:   Low-Drop-Spannungsregler

- C_{101}:   eingangsseitiger Ladekondensator, meist ein Elektrolyt-Kondensator größerer Kapazität (100 µF … 1000 µF)

- C_{103}:   ausgangsseitiger Ladekondensator, Elektrolyt-Kondensator mit kleinem Innenwiderstand oder besonders spezifizierter Tantal-Elektrolytkondensator (20 µF … 100 µF)

- C_{106}:   Kondensator zur Erzeugung von Zeiten, speziell der RESET-Zeit und ggf. der Watch-Dog-Zeit

- R_{102}:   Pull-Up-Widerstand für das RESET-Signal (Reset-Pegel LOW), bei einigen Reglern auch intern vorhanden. Das RESET-Signal eines Mikrocontrollers kann auch positiv sein, dann müsste die RESET-Logik des Spannungsreglers angepasst werden.

Die Bauteilegruppe R_{103}, D_{106}, C_{108} ist optional und stellt beispielhaft eine Möglichkeit dar, das Watch-Dog-Signal an den Spannungsregler anzubinden. Die genaue Beschaltung ist den Datenblättern zu entnehmen.

Bei einigen Ausführungen sind noch weitere externe Bauteile erforderlich, um die Schwingneigung der Regler zu minimieren, meist handelt es sich dabei um kleine Kondensatoren.

Diese Bauteile sind zunächst erforderlich, um überhaupt eine Grundfunktion des Spannungsreglers herzustellen. Im Folgenden wird auf die Funktion der übrigen Bauteile näher eingegangen, die schwerpunktmäßig zum EMC-Schutz vorhanden sind.

- Gnd 1, Gnd 2: getrenntes Massesystem (Massebaum), siehe Abschnitt 1.2.2

- D_{101}:   impulsfeste Hochleistungs-Zenerdiode. Schutz vor Impuls 5 (Load-Dump) und Impuls 2 (pos. Transient). In Verbindung mit F_{101} auch ein Schutz vor Verpolung (Abschmelzen der Sicherung und damit Trennung des Systems vom Bordnetz). Das wird in Abschnitt 10.1.2 noch ausführlicher besprochen.

- D_{102}:   kleine Leistungsdiode (1 A, impulsfest), Verpolschutz für den Mikrocontroller-Spannungsregler, Schutz vor Impuls 1 (bis −1000 V, neg. Transient)

- R_{101}: kleiner Lastwiderstand (ca. 10 Ω), Verhinderung von Stromspitzen

- D_{103}, D_{104}: impulsfeste Klein-Leistungsdioden (1 A DC, oft 2 Stck. erforderlich), alternativer Schutz gegen Impuls 2, wenn kein Load-Dump-Schutz erforderlich ist (D_{101} nicht vorhanden)

- C_{102}, C_{104}, C_{105}: HF-geeignete Kondensatoren im Bereich 40 nF ... 100 nF, sehr kurz angebunden, Schutz vor den schnellen Impulsgruppen 3a und 3b. Diese Impulse können über alle vorhandenen parasitären Kapazitäten übertragen werden und sind somit ggf. auch auf internen Leiterbahnen einer Leiterkarte vorhanden. Daher die zusätzliche Anbindung an den internen Leitungen „RESET" und „Watch-Dog".

- C_{101}: großer Elektrolyt-Kondensator, Schutz vor Impuls 4, Startimpuls. Er übernimmt im Startfall die Energieversorgung des Mikrocontrollers für die Zeit, in der der Impuls unter 6 V abfällt (bis zu 50 ms).

- D_{105}: Bei positiven Störimpulsen (Impulse 2 oder 5, siehe Abschnitt 4.2.1) kann eine Rückspeisung von elektrischer Energie über die Mikrocontrollerports in die Betriebsspannungsebene des Mikrocontrollers erfolgen. Ist dieser Strom zu groß, steigt die Versorgungsspannung, eventuell auf einen für die Bauteile gefährlichen Wert. Dieser Spannungsanstieg wird durch D_{105} verhindert.

Es ist festzustellen, dass die Schaltung durch Hinzufügen der aus EMC-Gründen erforderlichen zusätzlichen Bauteile erheblich im Umfang vergrößert worden ist, was in der Praxis natürlich zu gewissen Zusatzkosten führt.

Außerdem wird es bei der Realisation aus Platzgründen oft problematisch, das Layout der Leiterkarte so zu realisieren, wie es aus EMC-Gründen am günstigsten ist. In so einem Fall muss nach einem Kompromiss zwischen der optimalen Bauteileplatzierung und der layoutmäßigen Lösungsmöglichkeit gesucht werden.

Dennoch hat die Erfahrung der letzten Jahre gezeigt, dass ohne diese Maßnahmen ein störungsfreier Betrieb im Kraftfahrzeug nicht immer gewährleistet ist, auch wenn die Grundfunktion im Labor oder sogar bei einigen Freigabeprüfungen gegeben zu sein scheint.

Besonders bei Elektroniken, die sicherheitskritische Funktionen durchführen sollen, sind die oben gemachten Überlegungen sehr wichtig.

■ 7.3 Funktionserzeugung

(Funktionsblock 2)

Die Funktionserzeugung kann auf verschiedene Arten durchgeführt werden. Einige dieser Möglichkeiten werden nur sehr selten angewendet, andere sind in fast allen Kraftfahrzeugelektroniken anzutreffen.

Die grundsätzlich möglichen elektronischen Schaltungen zur Funktionserzeugung werden in der Folge dargestellt.

7.3.1 Fest verdrahtete Logik (diskrete Hardware)

In einigen Fällen ist die zu realisierende Funktion relativ einfach und es ist möglich, durch Einsatz einiger weniger elektronischer Bauelemente diese Funktion zu realisieren. Das kann oft dazu führen, dass sogar der Einsatz eines Spannungsreglers (Block 1) nicht erforderlich ist und die notwendigen EMC-Maßnahmen direkt in die Schaltung platziert werden können.

Während es vor ca. 15 Jahren noch eine Vielzahl von kleinen, diskret zu realisierenden Funktionen im Kraftfahrzeug gab, wie z. B.

- Richtungsblinker

- Warnblinkfunktion

- Wisch-Intervallschaltung

- Tankanzeige

- Verschiedene Füllstandsanzeigen (z. B. Öl, Wischwasser usw.)

- Tagfahrlicht

- Temperaturanzeigen usw.,

die alle mit einer kleinen Schaltung realisiert worden sind, trifft man heute überwiegend nur noch auf umfangreichere und von der Funktionalität her gesehen wesentlich leistungsfähigere Elektronik in Kraftfahrzeugen, die die genannten Funktionen zentral beinhalten (z. B. Zentralelektronik).

Daher ist die Bedeutung dieser diskreten Hardwarerealisationsmöglichkeit sehr gering geworden. Dennoch gelten auch hier alle in Abschnitt 7.2.4 gemachten Überlegungen zum Thema EMC.

Auf Grund der sehr großen Vielfalt an Realisationsmöglichkeiten ist es hier nicht sinnvoll, eine spezielle herauszugreifen und zu analysieren.

Vorteile:

- vollständiger Zugriff auf alle Bauelemente während der Entwicklung und Freigabeprozedur

- übersichtlicher Schaltungsaufbau

- digitale und analoge Funktionen möglich

- relativ geringe Entwicklungskosten.

Nachteile:

- sehr unflexibel bei Änderungen in der Serie, da jede Änderung mit einer Layoutanpassung verbunden ist und eine neue Freigabeuntersuchung erforderlich werden kann

- relativ geringer Funktionsumfang.

7.3.2 Verwendung eines applikationsspezifischen integrierten Schaltkreises (ASIC, integrierte Hardware)

In einigen Fällen kann es sinnvoll sein, Funktionen mit mittleren Umfang zusammenzufassen und in einem speziell für diese Anwendung hergestellten integrierten Schaltkreis zu realisieren, einem sog. ASIC. Da die Entwicklungskosten und die Entwicklungszeiten bei einer derartigen Lösung extrem groß sind, wird man eine ASIC-Lösung nur im Falle sehr großer zu fertigender Stückzahlen wählen, da nur so die einmal eingesetzten Entwicklungskosten amortisiert werden können.

Ein klassisches Beispiel für eine ASIC-Lösung ist der Blinkgeber. Hierbei handelt es sich um eine der ersten Funktionen, für die ein ASIC für Kfz-Anwendung entwickelt wurde.

Obwohl die eigentliche Funktion recht einfach ist (Ein- und Ausschalten einer Blinklampe), ist die Gesamtfunktion durch Hinzunahme einiger Eigenschaften für den Kraftfahrzeugeinsatz wesentlich umfangreicher:

- Blinkfunktion (Takterzeugung)

- Temperaturkompensation der Blinkfrequenz

- Spannungskompensation der Blinkfrequenz

- Lampenausfallkontrolle (doppelte Blinkfrequenz) mit einer Stromsensorik

- Treiberstufe für ein Relais

- EMC-Schutz.

Das Schaltbild 7.8 zeigt einen einfachen Blinkgeber mit einem ASIC zur Funktionserzeugung.

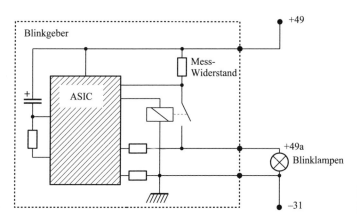

Bild 7.8 Einfacher Blinkgeber mit einem ASIC

Heute sind in vielen Applikationen ASIC im Einsatz, z.T. mit recht hoher Funktionalität. Unter Verwendung eines diskreten Aufbaus wäre diese Schaltung nicht mehr in die Kraftfahrzeugelektronik auf Grund von Platzproblemen einbaubar. Außerdem sind große Schaltungen mit diskreten Bauelementen sehr anfällig gegenüber EMC-Einflüssen.

Vorteil einer ASIC-Lösung:

- preiswert in großen Stückzahlen

- mittlere Funktionskomplexität möglich

- digitale und analoge Funktionen möglich

- mechanisch sehr klein

- gute Schutzmöglichkeiten gegenüber EMC-Einflüssen.

Nachteile:

- extrem lange Entwicklungszeiten (1 – 2 Jahre)

- sehr große Entwicklungskosten

- sehr hohe zu fertigende Stückzahlen für eine Amortisation erforderlich

- sehr unflexibel bei notwendigen Änderungen (kann je nach Umfang bis zu 2 Jahre dauern).

7.3.3   Verwendung eines programmierbaren Steuerwerkes (Firmware)

Diese Form der Realisation einer elektronischen Funktion ist im Allgemeinen unter dem Begriff der Speicherprogrammierbaren Steuerung (SPS) bekannt und kann in einer speziellen Form auch in Kraftfahrzeugen Verwendung finden. Die grundsätzliche Struktur ist in Bild 7.9 wiedergegeben.

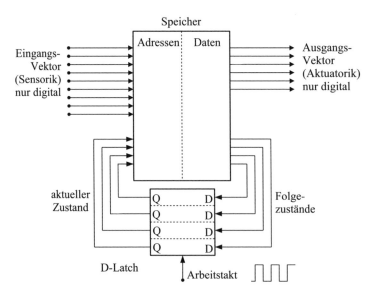

Bild 7.9 Programmierbares Steuerwerk (Prinzip)

Aus einem Speicher werden zu bestimmten Zeitpunkten Teile der Datenworte eines Speichers als Adressen über ein Latch zurückgekoppelt. Die übrigen Adressen werden als Eingangs-Vektoren (Eingangs-Leitungen) und die übrigen Datenbits als Ausgangs-Vektoren

(Ausgangs-Leitungen) verwendet. Der Inhalt dieses Speichers bestimmt die Funktionalität und wird mit Firmware bezeichnet.

Die Beschreibung des Speicherinhaltes kann unter Verwendung eines Zustands-Übergangsdiagrammes (Zustandsautomat) erfolgen.

Die einzelnen Details sollen hier nicht näher erläutert werden, dazu sei auf die vorhandene sehr umfangreiche Literatur zu diesem Thema verwiesen. Der elektronische Aufbau besteht also im Prinzip aus einem Taktgenerator, mehreren D-Latches und einem Speicher (ROM).

Der Einsatz einer derartigen Schaltung setzt alle die Komponenten voraus, die auch bei der Integration eines Mikrocontrollers notwendig wären:

- Spannungsregler für die Logik

- RESET-Erzeugung

- Schutzmaßnahmen bezüglich der EMV.

Ein weiterer Punkt ist die Tatsache, dass die Schaltung aus einer Leiterkarte mit mehreren digitalen Bausteinen besteht und damit relativ viel Platz benötigt. Die logischen Verbindungen innerhalb der Schaltung stellen schnell schaltende digitale Signale dar und produzieren viele Oberwellen, die über eine Leiterkarte geführt werden müssen. Das wird in aller Regel zu erheblichen EMC-Störungen im Bereich gestrahlter Störaussendungen führen.

Eine Verbesserung wäre der Einsatz speziell zu programmierender integrierter Schaltkreise, die den Aufbau derartiger Steuerwerke ermöglichen, sog. Programmable Logical Devices (PLDs).

In einigen Fällen kann der Einsatz dieser Schaltkreise sinnvoll sein, jedoch sind die Kosten durchaus vergleichbar mit einem Mikrocontroller ähnlicher Leistungsfähigkeit. Daher wird man meist in diesen Fällen sofort einen Mikrocontroller einsetzen, vor allem, da die zusätzlich benötigte Peripherie bereits vorhanden ist (s. o.).

Vorteile:

- kurze Entwicklungszeit

- änderungsfreundlich.

Nachteile:

- relativ hohe Stückkosten

- EMC-kritisch

- nur relativ einfache Funktionalität realisierbar

- meist nur digitale Signalverarbeitung.

Vor dem geschilderten Hintergrund wird an Stelle eines digitalen Steuerwerkes meist sofort ein Mikrocontroller verwendet.

7.3.4 Verwendung eines Mikrocontrollers (µC, Software)

Die am häufigsten verwendete Möglichkeit, eine komplizierte Funktionalität innerhalb der Kraftfahrzeugelektronik zu realisieren, ist der Einsatz eines Mikrocontrollers.

Dabei handelt es sich um einen Mikroprozessor, bei dem auf einem Halbleiter-Chip alle die elektronischen Komponenten mit integriert worden sind, die zu einem korrekten Funktionieren erforderlich sind.

Fast alle moderne Kraftfahrzeugelektronik nutzt einen Mikrocontroller. Daher werden dieses wichtige und zentrale Bauteil und sein Einsatz in einer Kfz-Elektronik ausführlich in einem eigenen Kapitel (8) erläutert.

■ 7.4 Sensorik

(Funktionsblock 3)

Natürlich ist es nur sinnvoll, Kraftfahrzeugelektronik einzusetzen, wenn sie auf externe Signale reagiert und daraus Steuersignale für die Aktuatorik generiert. Als Eingangssignale kommen in diesem Zusammenhang in Betracht:

- digitale Signale

- analoge Signale

- Steuersignale, die über einen externen Bus-Anschluss (siehe Abschnitt 7.6) gesendet werden.

Schwerpunkt dieses Abschnitts sind jedoch die über eine einzelne Leitung zugeführten Signale, die sich in folgende Gruppen unterteilen lassen:

- digitaler Eingang mit Verbindung zur Betriebsspannung

- digitaler Eingang ohne Verbindung zur Betriebsspannung

- analoger Eingang mit Verbindung zur Betriebsspannung

- analoger Eingang ohne Verbindung zur Betriebsspannung.

Alle diese Eingänge werden nun im Folgenden mit einer Funktionseinheit (meist ein Mikrocontroller) verbunden (Block 2), deren Eingänge digitale oder analoge Signale zwischen 0 V und der internen Betriebsspannung U_{out} (meist +5 V) verarbeiten und beim Auftreten von Überspannungen sehr leicht zerstört werden können. Also ist auch hier das Hauptproblem, Schutzmaßnahmen gegenüber den im Kraftfahrzeug üblichen EMC-Störungen zu ergreifen.

Dabei sind die Eingänge, die direkt mit der Betriebsspannungsebene (z. B. Klemme +30) verbunden sind, kritischer, da sie neben den schnellen Störimpulsen (3a und 3b) zusätzlich noch den energiereichen Störimpulsen auf den Leitungen (Impulse 1, 2, 4, 5) widerstehen müssen.

Bevor jedoch auf die schaltungstechnischen Einzelheiten näher eingegangen wird, sollen einige Überlegungen zur Definition einer Schnittstelle für analoge oder digitale Signale erfolgen (siehe auch Abschnitt 6.3.2).

Schnittstellendefinition im Hardwarebereich: Obwohl die Anbindung eines Sensorbauteils oder eines digitalen Signals an eine Kraftfahrzeugelektronik oft sehr einfach ist, (wie in diesem Abschnitt näher dargelegt werden wird), ergeben sich für den sicheren Betrieb einige Zusatzüberlegungen, die hier zunächst näher betrachtet werden sollen.

Ein Mikrocontroller in der Kraftfahrzeugelektronik muss zusätzlich zur Auswertung der gemessenen analogen oder digitalen Werte einige Funktionen bereitstellen, die über das alleinige Messen oder Auswerten logischer Zustände hinausgehen. Diese Grund- und Zusatzfunktionalitäten müssen eindeutig beschrieben werden, um Fehlentwicklungen zu vermeiden.

Die Definitionen nach Tabelle 7.1 sind für eine Schnittstellenbeschreibung wichtig.

Tabelle 7.1 Definitionen zur Schnittstellenbeschreibung

Anzahl der Leitungen	meistens eine Leitung	
Analoge Schnittstelle	Definition des Signalstromes	Strombereich Min- und Max-Wert
	Definition der Signalspannung	Spannungsbereich Min- und Max-Wert
Digitale Schnittstelle	Spannungspegel Anstiegs- und Abfallzeiten	Schwellen, Toleranzen

Für alle Schnittstellentypen gilt:

- Festlegung mittels Tabellen, Grafiken oder mathematische Formeln

- Berücksichtigung aller Toleranzen über den Temperaturbereich und Bauteiletoleranzen

- Definition eindeutiger Wertebereiche für den Fall einer Kurzschlusserkennung zur Masse und/oder zur Versorgung.

7.4.1   Digitaler Eingang mit Verbindung zur Betriebsspannung

In vielen Fällen ist es erforderlich, für eine Leitung zu erfassen, ob die Bordnetzspannung anliegt oder nicht. Das könnte z. B. auf das Schließen eines Schalters hindeuten. In diesem Fall muss bei der Betrachtung der auszuwertenden Eingangsspannung U_{in} davon ausgegangen werden, dass zusätzlich zu der möglichen Schwankung der Bordnetzspannung (siehe Kapitel 3) auch die bereits beschriebenen Störspannungsspitzen auftreten können.

Die Eingangsschaltung hat also die Aufgabe, alle diese Einflüsse so zu verarbeiten, dass ein empfindliches elektronisches Bauelement (meist ein Mikrocontroller) eine eindeutige und sichere Auswertung vornehmen kann, ohne gestört oder sogar zerstört zu werden. Das Bild 7.10 zeigt nochmals den Sachverhalt.

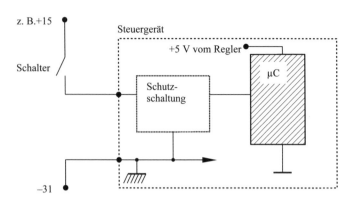

Bild 7.10 Digitaler Eingang mit Verbindung zur Betriebsspannung

Im Folgenden werden einige Ansätze zur Lösung der hier vorliegenden Probleme gezeigt.

Schutz eines Mikrocontroller-Einganges durch vorgeschaltete Schutzbausteine

Basis für die Realisation ist die Idee, das Signal vom Eingang zuerst über ein digital arbeitendes Gatter oder Schutz-μC zu leiten, bis es an den μC weitergegeben wird. Es handelt sich hierbei um einen Ansatz, der vor allem in der Anfangszeit der Nutzung von Mikrocontrollern eingesetzt worden ist. Als Schutz-IC können dabei Standard-CMOS-Gatter oder auch speziell für den Kfz-Einsatz entwickelte ASICs verwendet werden.

Beim Gebrauch von CMOS-Gattern wird eine besondere elektronische Eigenschaft dieser Gatter genutzt, die in dieser Form nicht in allen Datenblättern explizit spezifiziert ist. Gegebenenfalls muss man sich als Elektronikentwickler diese Eigenschaft im Einzelfall vom Bauteilehersteller gesondert bestätigen lassen (Sonder-Spezifikation).

Es ist bekannt, dass CMOS-Bausteine prinzipiell sehr empfindlich auf elektrostatische Entladungen (ESD) reagieren. Das rührt daher, dass der Eingang eines MOS-Transistors auf der einen Seite sehr hochohmig ist, d. h. es fließt so gut wie kein Strom in den Eingang hinein (isoliertes Gate), auf der anderen Seite aber durch eine recht kleine Spannung am Eingang zerstört werden kann. Die statische Aufladung, die im alltäglichen Umgang immer auftritt, ist im Allgemeinen bereits in der Lage, eine derartige Schädigung zu verursachen, sofern an den Bauteilen keine besonderen Schutzmaßnahmen getroffen wurden.

Diese Schutzmaßnahmen betreffen in erster Linie die Eingänge der CMOS-Bauteile und haben im Prinzip die Struktur nach Bild 7.11.

Eine höhere Spannung am Eingang als die Versorgungsspannung führt zu einem Strom $+I_{inj}$ über die Ableitdioden D_1, R, D_2 in den Eingang hinein und wird in die Versorgungsspannungsleitung weitergeleitet. Der Widerstand R ist klein und liegt im Bereich einiger 100 Ω. Eine negative Spannung führt zu einem Strom aus dem IC-Anschluss heraus $-I_{inj}$ und wird über die Dioden D_3, R, D_4 abgeleitet.

Zusatzbemerkung: Die Dioden D_1 bis D_4 sind in der Regel keine einzelnen Bauteile auf dem Halbleiter-Chip, sondern kombinierte Strukturen aus Dioden- und Widerstandsstrecken.

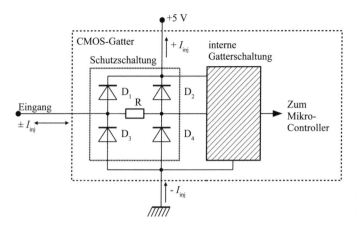

Bild 7.11 CMOS-Schutz-
beschaltung

Wichtig ist nun, dass der Strom $+I_{inj}$ oder $-I_{inj}$ einen bestimmten Betrag nicht überschreitet, um die Schutzstrukturen nicht zu überlasten. Der Grenzwert sollte mit dem Bauteileher-steller zusammen festgelegt werden.

Unter Verwendung dieser Eigenschaft ergibt sich nun eine sehr einfache und Kosten spa-rende Möglichkeit, digitale Eingangssignale, die direkten Kontakt zum Bordnetz eines Kraftfahrzeuges haben, zu verarbeiten (s. Bild 7.12).

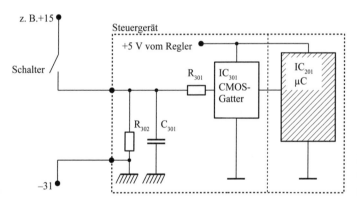

Bild 7.12 Eingangs-
schutzschaltung für
digitale Signale

Der Widerstand R_{301} begrenzt den maximalen Eingangsstrom $\pm I_{inj}$ auf einen für den IC ungefährlichen Wert. Das gilt besonders im Falle eines Störimpulses.

Beispiel:

- Störimpuls 1, $U_{0max} = + 300\ V$
- Maximal erlaubter Eingangsstrom $+I_{inj} = + 5\ mA$

$$R_{301} = \frac{U_{0max}}{I_{inj}} = 60\ k\Omega$$

Mit einem Wert von R_{301} = 60 kΩ kann also verhindert werden, dass der hier angenommene Störimpuls auf der Eingangsleitung eine Schädigung des CMOS-ICs hervorruft. (Die Betriebsspannung des Schutz-ICs von meist +5 V und die Spannung an den Dioden D_{31} und D_{32} wurden hierbei weggelassen, da sie im Vergleich zur Höhe des Störimpulses vernachlässigbar sind.)

Ein in Reihe geschalteter Widerstand R_{301} von 60 kΩ stellt im Normalbetrieb (kein Störimpuls vorhanden) keinerlei Beeinträchtigung an einem CMOS-Eingang dar, da, wie bereits erwähnt, ein CMOS-Eingang sehr hochohmig und der Eingangsstrom extrem klein ist.

Zusatzbemerkung: Der Widerstand R_{302} erfüllt in diesem Fall mehrere Funktionen. Zum einen legt er das Eingangspotenzial kontrolliert auf 0 V (Masse), um bei einem nicht angeschlossenen Eingang oder bei abgefallenem Verbindungsstecker eine sichere Spannungslage (meist „AUS") einzunehmen. Zum anderen verursacht dieser Widerstand im eingeschalteten Zustand einen ständigen Ruhestrom, der bei geeigneter Dimensionierung in der Lage ist, metallisch unedle Schaltkontakte zu reinigen und somit deren Lebensdauer zu verlängern. In Kraftfahrzeugen werden in der Regel derartige einfache Schaltkontakte aus Kostengründen verwendet. Die Höhe dieses Querstromes I_q ist unterschiedlich, sollte aber mindestens bei ca. 10 mA liegen. Der Kondensator C_{301} ist ein EMC-Schutzkondensator und dient in erster Linie zur Ableitung der Störimpulse 3a und 3b.

Zusammenfassung:

- IC_{301}: Schutzgatter vor dem µC

- R_{301}: Strombegrenzung im Fall von Störimpulsen

- R_{302}: Sichere Spannungslage im Fall von offenen Eingängen

- C_{301}: EMC-Schutz, Impulse 3a und 3b.

Mit dieser einfachen Schaltung ist die Auswertung eines digitalen Signals vom Bordnetz möglich. Allerdings ergibt sich hier ein gewisser Nachteil dadurch, dass die Schaltschwelle, bei der ein Pegelwechsel am Eingang erkannt wird, von den Parametern des Schutz-ICs IC_{301} abhängt. Bei Verwendung von Standard-CMOS-ICs liegt dieser Wert typisch bei der halben internen Betriebsspannung, also z. B. bei ca. 2,5 V.

In vielen Fällen ist das nicht zu tolerieren. Um die Schaltschwelle einstellbar zu machen, wäre der Einsatz eines Spannungsteilers im Eingang möglich (Bild 7.13).

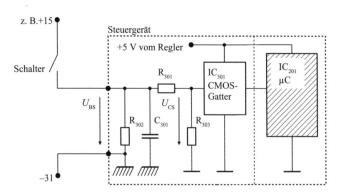

Bild 7.13 Anpassung der Schaltschwelle

Hier wird ein hochohmiger Spannungsteiler dazu verwendet, die Schaltschwelle anzupassen:

- U_{BS}: Gewünschte Schaltschwelle am Eingang

- U_{CS}: Schaltschwelle des Schutz-IC$_{301}$

- R_{301}: Ist bekannt (s. o.)

Damit ist R_{303} berechenbar (Spannungsteiler):

$$R_{303} = \frac{U_{CS} \cdot R_{301}}{(U_{BS} - U_{CS})}$$

Zusatzbemerkung: Obwohl die CMOS-Schaltkreise typisch eine Schaltschwelle in der Nähe der halben Betriebsspannung (+ 5 V) besitzen, muss im Worst-Case davon ausgegangen werden, dass die Schwellen im Extremfall zwischen 30 % und 70 % liegen können, wenn sie nicht vom Bauteilehersteller genauer spezifiziert wurden. Das hat große Einflüsse auf die Genauigkeit der Auswertung.

Die bisher beschriebene Eingangsbeschaltung für einen Mikrocontroller mit externen Schaltkreisen zum Schutz kann dadurch vereinfacht werden, dass die in Bild 7.11 dargestellte Schutzstruktur in die Mikrocontroller integriert wird. Diese einfache Idee hat jedoch in der Praxis bei den Bauteileherstellern über viele Jahre hinweg erhebliche Probleme verursacht. Erst in den letzten 15 Jahren war es möglich, CMOS-Mikrocontroller an den analogen und digitalen Eingängen mit Schutzstrukturen auszustatten. Diese erlauben es, im Betrieb einen positiven oder negativen Strom in die Anschlüsse zu leiten, ohne eine Betriebsstörung oder Schädigung zu verursachen.

Die dabei verwendeten Strukturen sind allerdings unterschiedlich zu den hier gezeigten. Das ist jedoch für die Realisation von Schutzschaltungen unerheblich. Es kommt hier nur auf die Tatsache an, dass überhaupt ein derartiger Strom (Injektionsstrom I_{inj}) erlaubt ist. Dieses Prinzip wird auch mit *Current-Injection* bezeichnet. Man erhält somit ein vereinfachtes Schaltbild für eine digitale Eingangsstufe (Bild 7.14).

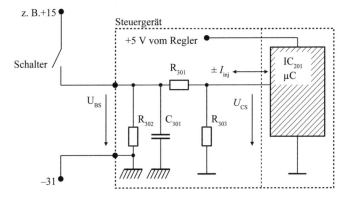

Bild 7.14 Eingangsstufe mit Current-Injection bei Störimpulsen

Die Funktion der verbliebenen Bauteile hat sich nicht verändert. Ebenfalls die Überlegungen zur Dimensionierung der Bauteile. Man erhält so eine sehr kostengünstige Lösung, jedoch mit der Maßgabe, dass der verwendete Mikrocontroller *Current-Injection* an seinen Eingängen erlaubt.

Zusatzbemerkungen: Der maximal zulässige Injektionsstrom ist bei den verschiedenen Mikrocontrollern sehr unterschiedlich, teilweise sogar bezüglich der analogen und digitalen Eingänge und der Polarität. Hier ist also erhöhte Wachsamkeit geboten.

Das Auftreten eines Injektionsstromes sollte allerdings nur dann stattfinden, wenn wirklich ein hoher Störimpuls vorliegt. Im Normalbetrieb sollte die Spannung an U_{CS} unterhalb der Reglerspannung (meist + 5 V) verbleiben.

Die Idee, den Widerstand R_{303} zu entfernen, um somit den Bauteileaufwand weiter zu reduzieren, würde dazu führen, dass bei geschlossenem Schalter ständig ein Strom in die Eingänge des Mikrocontrollers fließt. Das muss nicht unmittelbar Funktionsprobleme verursachen, führt jedoch zu der Tatsache, dass ein zusätzlicher Strom in die interne Energieversorgung eingespeist wird, der ggf. bei hohen Werten die Betriebsspannung von + 5 V auf für die Bauteile gefährliche Spannungen anheben kann (!).

Liegt ein Störimpuls vor, ist dieses Risiko immer gegeben. Daher ist im Funktionsblock 1 (Spannungsregler) an zentraler Stelle eine Zener-Diode vorzusehen, die diesen Fall durch Spannungsbegrenzung abfängt (hier: **Diode D_{105}, siehe Bild 7.6**).

7.4.2 Digitaler Eingang ohne Verbindung zur Betriebsspannung

Bei diesem Eingang wird ein digital arbeitendes Schaltelement abgefragt, das seine Energieversorgung aus dem Steuergerät heraus von der + 5-V-Ebene her bezieht. Diese Form der Signalabfrage wird allerdings in der Praxis relativ selten verwendet, meist nur in Verbindung mit analogen Signalen. Dennoch soll hier eine kurze Betrachtung erfolgen. Das Schaltbild 7.15 zeigt ein entsprechendes Beispiel.

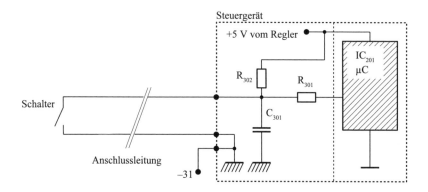

Bild 7.15 Digitaler Eingang ohne direkte Verbindung zum Bordnetz

Die Funktionsweise ist einfach. Da sich die Spannung am Eingang des Steuergerätes nur zwischen +5 V und 0 V bewegen kann, erfordert die Abfrage durch den Mikrocontroller keine Spannungsteiler o. Ä. Außerdem ist es nicht möglich, dass die energiereichen, langsamen Störimpulse (Impulse 1, 2, 4, 5) auf der Eingangsleitung vorhanden sind.

Eine andere Situation ergibt sich für hochfrequente Einkopplungen, wie sie von den Impulsen 3a und 3b verursacht werden. Diese Impulse werden auf Grund ihrer HF-Anteile im Signal komplett im Kabelbaum eines Fahrzeuges verteilt und müssen durch den Kondensator C_{301} nach Masse abgeleitet werden, bevor sie in der Schaltung zu Störungen führen können.

Der Widerstand R_{301} hat hier die Aufgabe, den Strom in den Port eines Mikrocontrollers auf ein ungefähriches Maß zu begrenzen, wenn am Eingang durch eine Fehlbedienung ein Kurzschluss nach Klemme +30 oder Klemme +15 auftritt. Ohne diesen Widerstand wäre der µC dann sofort zerstört. Der Mikrocontroller muss also auch hier einen Injektionsstrom zulassen.

Zusammenfassung:

- R_{302}: Erzeugung eines definierten Pegels am Schalter

- R_{301}: Schutz des Mikrocontrollers bei Kurzschluss nach +30 oder +15

- C_{301}: EMC-Schutz, Impulse 3a, 3b und HF-Einstrahlung.

7.4.3 Analoger Eingang mit Verbindung zur Betriebsspannung

Eine relativ häufige Situation ist, eine Betriebsspannung oder die Spannung an einem Aktuator zu messen. Daraus resultiert die Notwendigkeit, dass auch ein analoger Eingang eines Mikrocontrollers geschützt werden muss. Auch hier wird unterschieden, ob ein Mikrocontroller mit erlaubtem Injektionsstrom vorliegt oder nicht.

Mikrocontroller ohne erlaubten Injektionsstrom I_{inj} am analogen Eingang:

Dieser Fall ist heute selten, dennoch soll hier eine kurze Betrachtung erfolgen:

Eine Möglichkeit ist, analog zum digitalen Fall auch hier eine Schutzschaltung vor dem µC vorzusehen. Diese Schutzschaltung wäre dann allerdings wesentlich aufwändiger, da sie in jedem Fall die analoge Messgröße nicht verändern darf.

Als Lösungsansätze kämen Schaltungen mit Operationsverstärkern in Frage, die ggf. auch noch eine Vorverstärkung durchführen könnten. Entsprechende Grundschaltungen sind bekannt und sollen hier nicht weiter erläutert werden. Der Schutz dieser Operationsverstärker könnte durch eine Diodenkombination erfolgen, ähnlich zu den CMOS-Bauteilen *oder* mittels einer Zener-Diode (s. Bild 7.16).

Es gibt zwei Möglichkeiten, die beide geeignet sind:

- die Diodenkombination D_{301}, D_{302} oder

- die Zener-Diode D_{303} allein.

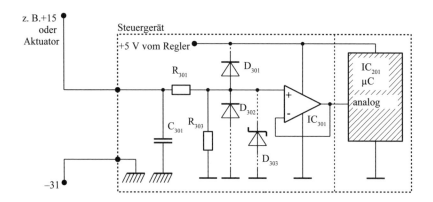

Bild 7.16 Beispiel einer analogen Schutzschaltung mit Operationsverstärker

Die Funktion der Bauelemente:

- IC_{301}: Spannungsfolger, Schutzbauteil vor dem Mikrocontroller

- R_{301}, R_{302}: Spannungsteiler zur Anpassung der Bordnetzspannung an den Messbereich des Mikrocontrollers und Strombegrenzung im Fall eines Störimpulses. Dabei muss berücksichtigt werden, dass die maximal zu messende Spannung (z. B. + 16 V) nicht den Messbereich des Controllers überschreitet (z. B. + 5 V)

- D_{301}: Ableitung langsamer positiver Störimpulse (Impulse 2 und 5)

- D_{302}: Ableitung langsamer negativer Störimpulse (Impuls 1)

- D_{303}: (alternativ) Begrenzung der maximalen Eingangsspannung bei Anliegen von Störimpulsen 2 oder 5. Ableitung Impuls 1 nach 0 V. Achtung: Da die Zener-Spannung aus Sicherheitsgründen immer (auch im Worst-Case) unterhalb der Betriebsspannung des IC_{301} bleiben muss, kann der komplette Messbereich des Mikrocontrollers nicht ausgenutzt werden.

- C_{301}: EMC-Schutz gegenüber den Impulsen 3a, 3b und HF-Einstrahlung

Mikrocontroller mit erlaubtem Injektionsstrom I_{inj} am analogen Eingang:

Hierbei handelt es sich um die heute am häufigsten angewendete Lösung. Ein Mikrocontroller, der an den analogen Eingängen ebenfalls einen injizierten Strom erlaubt, lässt sich mit den gleichen Methoden schützen wie bei einem digitalen Eingang. Daher ist die Schaltung auch fast identisch mit der aus dem digitalen Fall (s. Bild 7.17).

Unter Vernachlässigung der im Vergleich zu einer möglichen Störimpulsamplitude kleinen Eingangsspannung am Mikrocontroller (U_{CS}) ergibt sich für R_{301} die gleiche Vorschrift wie im digitalen Fall (siehe Abschnitt 1.4.1):

$$R_{301} = \frac{U_{0max}}{I_{inj}}$$

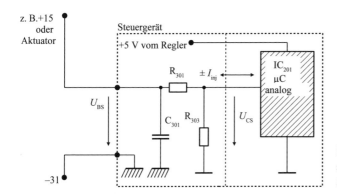

Bild 7.17 Analoge Eingangsstufe mit Current-Injection bei Störimpulsen

Mit einem Wert von R_{301} = 60 kΩ kann also bei gleichen Parametern wie im digitalen Fall verhindert werden, dass ein Störimpuls auf der Eingangsleitung eine Schädigung des Einganges hervorruft.

Mit diesem Wert für R_{301} wird nun der Spannungsteiler zur Erfassung der Messspannung U_{BS} berechnet. Als maximaler Eingangswert für den Mikrocontroller sollte eine Spannung U_{CS} gewählt werden, die auch im Worst-Case noch sicher unterhalb der maximal messbaren Spannung am analogen Eingang liegt. Bei + 5 V Betriebsspannung wäre ein praktischer Wert:

U_{CS} = 4 V bis U_{CS} = 4,5 V.

Die Berechnung von R_{303} ist identisch mit der aus Abschnitt 7.4.1:

$$R_{303} = \frac{U_{CS} \cdot R_{301}}{(U_{BS} - U_{CS})}$$

Zusammenfassung:

R_{301}: Strombegrenzung auf den erlaubten I_{inj} im Fall eines Störimpulses und 1. Spannungsteilerwiderstand für die analoge Messung

R_{303}: 2. Spannungsteilerwiderstand für die analoge Messung

C_{301}: EMC-Schutz, Impulse 3a, 3b und HF-Einstrahlung

Es ergibt sich also eine Eingangsschutzschaltung aus drei elektronischen Bauteilen (2 Widerstände und 1 Kondensator), die einen vollkommenen Schutz gegenüber den vorkommenden Störimpulsen und EMC-Einflüssen bietet, sofern der verwendete µC positive und negative Injektionsströme in die Ports erlaubt.

7.4.4 Analoger Eingang ohne Verbindung zur Betriebsspannung

Eine sehr häufig vorkommende Aufgabe in der Kraftfahrzeugelektronik ist die Erfassung von Messwerten bzw. die Eingabe analoger Spannungs- und Stromwerte, wie sie oft von Sensoren bereitgestellt werden. Dazu werden in aller Regel analoge Eingänge verwendet, die keine Verbindung zur Bordnetz-Spannungsebene haben, d. h. die Sensoren werden aus dem Steuergerät mit Energie versorgt.

Viele dieser Sensoren stellen elektrisch gesehen Widerstände dar, die mit Veränderung der zu messenden physikalischen Größe ihren Widerstandswert ebenfalls ändern. Ein klassisches Beispiel für einen Sensor ist der Temperatursensor. Der Widerstandswert eines derartigen Bauteils hängt bekanntlich von der Temperatur ab, wobei die Abhängigkeit sehr verschieden werden kann:

- PTC: temperaturabhängige Widerstände mit positiven Temperaturkoeffizienten

- NTC: temperaturabhängige Widerstände mit negativen Temperaturkoeffizienten

- PTC: Temperatursensoren auf Siliziumbasis (meist genauer)

Das folgende Schaltbild 7.18 zeigt ein einfaches Beispiel für die Auswertung eines derartigen Bauteils. Es ist bis auf das Sensorbauteil identisch mit der Schaltung aus Abschnitt 7.4.2:

Es handelt sich hier um einen Spannungsteiler aus den Bauelementen R_{302} und R_T, dessen Spannung U_{ain} den zu messenden Wert repräsentiert.

Sowohl der Widerstand R_{301} als auch der Kondensator C_{301} haben die aus Abschnitt 7.4.2 bekannten Funktionen:

- R_{301}:   Schutz des µC bei Kurzschlüssen des Sensoreinganges nach +30 oder +15

- C_{301}:   EMC, Impulse 3a, 3b und HF-Einstrahlung

- R_{302}, R_T: Spannungsteiler zur Bereitstellung einer Messspannung U_{ain}

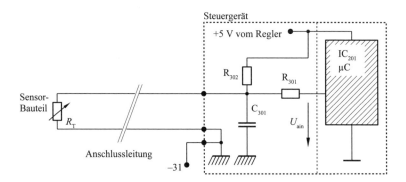

Bild 7.18 Analoger Sensoreingang

Die Schaltung ist also wiederum sehr einfach. Sollten die Spannungsdifferenzen am analogen Eingang des Mikrocontrollers bei den gewählten Bauteilepaarungen zu gering sein, um eine ausreichend genaue Messung durchführen zu können, so ist eine Vorverstärkung des interessierenden Spannungsbereiches unter Verwendung von Operationsverstärkern vorzusehen oder es ist ein Mikrocontroller zu wählen, der eine höhere Auflösung am analogen Eingang ermöglicht.

Da es sich bei diesen Verstärkerschaltungen in der Regel um Standard-Applikationen handelt, sei an dieser Stelle auf die entsprechende Literatur verwiesen. Dennoch sind hier einige Dinge zusätzlich zu beachten, die bei der Auslegung eines analogen Messeinganges wichtig sind.

Innenimpedanz der Sensor-Signalquelle: Die Kombination aus R_{301}, R_{302} und R_T stellt aus Sicht des Mikrocontrollers eine Signalquelle dar, die mittels des analogen Einganges vermessen werden soll. Obwohl ein moderner Mikrocontroller fast ausschließlich nur noch in CMOS-Technik hergestellt wird, ist die Eingangsimpedanz am analogen Eingang oft nicht so hoch wie bei CMOS-Digitaleingängen. Die Signalquelle wird also durch den analogen Eingang des Mikrocontrollers belastet, was im ungünstigen Fall zu Falschmessungen führen kann.

In der Regel wird von den Herstellern der Mikrocontroller angegeben, welcher maximale Innenwiderstand R_{imax} eine Signalquelle am analogen Eingang haben darf, ohne dass im Extremfall Messfehler auftreten.

Um diesen Effekt abzuschätzen, wird eine Ersatzspannungsquelle definiert, deren Spannung U_m dem Messsignal und deren Widerstand R_m dem Innenwiderstand der angegebenen Schaltung entspricht (s. Bild 7.19).

Da der Innenwiderstand von U_0 hier als 0 angenommen werden kann (Ausgangsimpedanz des Spannungsreglers), ergibt sich für U_m und R_m:

$$R_m = R_{301} + \frac{R_{302} \cdot R_T}{R_{302} + R_T}$$

$$U_m = U_0 \cdot \frac{R_T}{R_T + R_{302}}$$

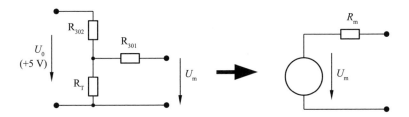

Bild 7.19 Ersatzspannungsquelle für den Messvorgang

Es ist also durch geeignete Dimensionierung sicherzustellen, dass der sich ergebende Innenwiderstand der Signalquelle R_m in jedem Fall kleiner ist als der vom Bauteilehersteller zugelassene maximale R_{imax}.

Dabei ist zu beachten, dass der Widerstand R_T seinen Wert mit der Temperatur ändert. Es ist in jedem Fall der Minimalwert von R_T im betrachteten Temperaturarbeitsbereich einzusetzen (!).

■ 7.5 Aktuatorik

(Funktionsblock 4)

In diesem Abschnitt wird beschrieben, wie die in der Kraftfahrzeugelektronik typischerweise vorkommenden Lasten von einem Mikrocontroller oder von einer anderen Logik anzusteuern sind. Auf der einen Seite soll eine möglichst einfache, platzsparende und verlustleistungsarme Realisation erreicht werden, auf der anderen Seite sind jedoch die Anforderungen bezüglich der elektromagnetischen Verträglichkeit, Kurzschlüsse und Überlast zu beachten.

Betrachtet man die Vielzahl möglicher Aktuatoren (Lasten), die an Kraftfahrzeugelektronik angeschlossen werden können, so ist es auch hier offensichtlich, dass nur Beispiele angeführt werden können.

7.5.1 Leistungsklassen (14-Volt-Bordnetz)

Um die Übersichtlichkeit zu verbessern, ist es günstig, die Stromaufnahmen der einzelnen Aktuatoren in verschiedene Leistungsklassen aufzuteilen, wie z. B.:

- Klasse **bis 1 A:**

Anzeigen, Relais, Versorgung von Kleinelektroniken

- Leistungsklasse **1 A** bis **5 A:**

Kleinmotoren wie z. B. Pumpen, Spiegelverstellungen, Beleuchtungen für Standlicht, Parklicht und Blinklicht, Antriebe für eine Leuchtweitenregulierung usw.

- Leistungsklasse **5 A** bis **20 A:**

Glühstifte, Gebläsemotore, Heckscheibenheizung und andere elektrische Heizeinrichtungen für den Winterbetrieb usw.

- Leistungsklasse **oberhalb 20 A:**

Hochlastverbraucher wie z. B. heizbare Frontscheibe, Elektroantriebe oder eine Katalysatorvorheizung.

7.5.2 Realisation

Für die verschiedenen Leistungsklassen wird man in der Praxis natürlich auch verschiedene elektronische Lösungswege wählen.

Für das Schalten größerer Ausgangslasten kommen derzeit nur noch so genannte MOS-Power-Transistoren in Frage. Nur in der Leistungsklasse 1 (kleiner 1 A) ist es denkbar, dass in einzelnen Fällen noch Bipolar-Transistoren verwendet werden, z. B. um Relais anzusteuern. Aber auch bei einem Strombedarf oberhalb von 200 mA bis 300 mA ist in vielen Fällen eine Lösung mit einem MOS-Power-Transistor finanziell günstiger.

Die im weiteren Verlauf dieses Abschnitts vorgestellten Beispiele verwenden daher ausschließlich die bereits genannten MOS-Power-Transistoren.

Die elektrische Funktion dieser Bauteile zusammen mit der Beschreibung der Kennlinien wird ausführlich in Abschnitt 10.1.3 behandelt.

Bezüglich der Aufteilung auf die Leistungsklassen gilt:

Die Leistungsklasse einer Ausgangsstufe, die die o. g. Transistoren verwendet, richtet sich in erster Linie nach der Qualität dieses Bauteils, d. h. dem so genannten Restwiderstand im eingeschalteten Zustand (R_{DSon}). Je größer der gewünschte Ausgangsstrom, desto niedriger sollte dieser R_{DSon}-Wert gewählt werden. Bis zu einer Leistungsklasse bis 20 A ist es bereits möglich, ohne zusätzliche Kühlmaßnahmen auf der Leiterkarte auszukommen, sofern der geeignete Typ gewählt wird.

Obwohl dann das Bauteil als solches teurer sein wird, kann es jedoch im Einzelfall dennoch dazu führen, dass die Gesamtlösung preiswerter ist, da ein Kühlkörper mit den damit verbundenen Montageproblemen oft entfällt.

7.5.3 Ansteuerung der Aktuatorik

Grundsätzlich können bei der Ansteuerung der Aktuatorik zwei Typen unterschieden werden.

1. Low-Side-Schalter, Prinzip (s. Bild 7.20).

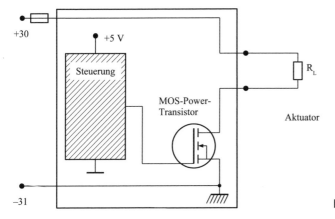

Bild 7.20 Low-Side-Schalter

Dieser Schaltplan zeigt, dass der eigentliche Schalter einseitig nach Masse verdrahtet und die Last von der Plusseite herabgeschaltet wird. Diese Anordnung hat den prinzipiellen Vorteil, dass als Schaltelement ein sehr einfacher MOS-Power-Transistor verwendet werden kann, dessen Spannung zur Ansteuerung direkt dem Bordnetz entnommen wird.

Der prinzipbedingte Nachteil jedoch besteht darin, dass die Last immer einseitig mit der Plusversorgung verbunden ist und so gegebenenfalls durch die im Fahrzeug vorkommenden chemischen Einflüsse (Feuchte, Salz) Schaden nehmen kann, sofern sie nicht vollständig gekapselt ist.

Beispielsweise bilden in diesem Fall offen liegende Kontakte oder Kommutatoren von Gleichstrommotoren im abgeschalteten Zustand ständig ein galvanisches Lokalelement mit der Umgebung, sofern Feuchtigkeit vorliegt. Im Extremfall kann auf diese Weise ein kompletter Kontakt innerhalb kurzer Zeit elektrochemisch aufgelöst werden.

Aus diesem Grunde wird heutzutage von der Verwendung eines Low-Side-Schalters in den allermeisten Fällen abgesehen.

2. High-Side-Schalter, Prinzip (s. Bild 7.21).

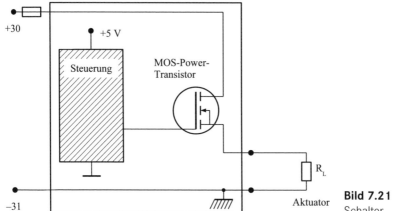

Bild 7.21 High-Side-Schalter

Die Last (Aktuator) ist in diesem Fall einseitig mit Masse (Klemme −31) verbunden. Das bedeutet, dass im abgeschalteten Zustand die komplette Aktuatorik vollständig spannungsfrei ist.

Die oben genannten Nachteile (Korrosion) treten somit nicht auf. Es ergibt sich jedoch hier eine aufwändige elektronische Schaltung zur sicheren Ansteuerung des MOS-Power-Transistors, wie im weiteren Verlauf dieses Abschnitts noch ausführlich dargestellt werden wird.

7.5.4 Grundfunktionen

Die zur Ansteuerung einer Aktuatorik wichtigen Grundfunktionen sind:

- Schalten von Gleichstrom (Ein/Aus)

- Steuerung der in der Aktuatorik umgesetzten Leistung durch eine Pulsweiten-Modulation (PWM)

- Ansteuerung einer Aktuatorik durch direktes Anlegen einer geregelten analogen Spannung.

Zusatzbemerkung: Eine dritte Möglichkeit (Erzeugung einer analogen Ausgangsspannung) ist innerhalb der Kraftfahrzeugelektronik nur schwer zu realisieren und mit einem erheblichen Aufwand verbunden. Daher wird diese Lösung nur sehr selten eingesetzt.

Außerdem ist in den meisten Fällen die bei der analogen Regelung anfallende Verlustleistung nicht tolerierbar. Alternative Systeme mit einer schnellen Taktung (DC-DC-Wandler) erweisen sich meist als zu aufwändig. Außerdem neigen schnell getaktete Systeme dazu, leitungsgebundene und gestrahlte Störaussendungen zu verursachen, die nur schwer auf das erforderliche Maß zu reduzieren sind.

Daher werden in diesem Abschnitt nur die Funktionen „Schalten von Gleichstrom" und „Erzeugen einer Pulsweiten-Modulation" ausführlich behandelt.

7.5.5   Analoge Leistungsregelung: Pulsweiten-Modulation (PWM)

In vielen Fällen ist es in der Kraftfahrzeugelektronik erforderlich, Aktuatoren in der Leistung zu regeln. Beispiele hierfür sind:

- Drehzahlregelungen bei unterschiedlichsten Motoren, meistens Lüfter

- Leistungsregelung in Heizelementen

- Regelung der Verlustleistung in Magnetventilen

- Dimmung von Glühlampen und anderen Lichtquellen (Tagfahrlicht) usw.

Der klassische Ansatz zur Regelung der umgesetzten elektrischen Leistung in einem Aktuator ist der, in Serie zu diesem Aktuator einen veränderbaren Widerstand zu schalten, dessen Größe so eingestellt wird, dass die verbleibende elektrische Leistung im Aktuator dem gewünschten Wert entspricht (analoge Regelung).

Das führt dazu, dass die Betriebsspannung (und damit auch die Stromaufnahme) am Aktuator einen geringeren Wert aufweist als die Versorgungsspannung. Die verbleibende Differenz fällt dann über diesen Widerstand ab. Als Folge ergibt sich eine erhebliche und meist nicht tolerierbare Verlustleistung in diesem vorgeschalteten Regelwiderstand.

Ein Beispiel für eine derartige Situation in einem Fahrzeug war in der Vergangenheit die Einstellung unterschiedlicher Drehzahlen des Wischermotors oder des Innenraumlüfters. Der vorgeschaltete Regelwiderstand kann prinzipiell durch einen analog arbeitenden Transistor ersetzt werden, der ebenfalls in diesem Fall eine erhebliche Verlustleistung umsetzen muss.

Das oben beschriebene Verfahren wird mit Linearregelung bezeichnet und auf Grund der bereits angesprochenen Nachteile (große Verlustleistung im Stellglied) heutzutage fast nicht mehr eingesetzt.

Eine andere Möglichkeit, die angesprochenen Nachteile zu umgehen, ist die, die so genannte Pulsweiten-Modulation (PWM) einzusetzen.

Der Grundgedanke ist der, einen Aktuator für eine bestimmte Zeit einzuschalten, um ihn danach für eine entsprechende Pausenzeit komplett auszuschalten. Führt man diesen Vorgang sehr schnell und periodisch durch, so kann man durch das Impuls-zu-Pausen-Verhältnis die umgesetzte Leistung im Aktuator analog einstellen (s. Bild 7.22).

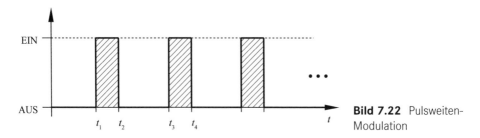

Bild 7.22 Pulsweiten-Modulation

Das sich ergebende Taktverhältnis η ist definiert zu:

$$\eta = \frac{EIN - Zeit}{Periodendauer} = \frac{t_2 - t_1}{t_3 - t_1}$$

Dieses Taktverhältnis lässt sich bei Verwendung eines Mikrocontrollers in der Regel leicht auf Werte zwischen 0 % und 100 % einstellen. Damit ist dann eine analoge Ansteuerung eines Aktuators möglich.

In der Kraftfahrzeugelektronik hat der Einsatz einer Pulsweiten-Modulation den Vorteil, dass der elektronische Schalter im Steuergerät grundsätzlich digital arbeitet. Das bedeutet, er schaltet entweder voll durch oder er ist voll gesperrt. Als Resultat erhält man eine drastische Reduktion der im Schaltelement umgesetzten elektrischen Verlustleistung.

Der einzige prinzipbedingte Nachteil dieses Verfahrens ist der, dass durch mögliche sehr schnelle Schaltflanken und hohe Taktraten eine erhebliche elektromagnetische Störung in das Bordnetz zurückgespeist bzw. in die Umgebung abgestrahlt werden kann. Um das zu verhindern, ist der Einsatz eines entsprechenden Entstörfilters in die Versorgungsleitung zum Lastschalter und ggf. auch zum Aktuator vorzusehen (s. Bild 7.23).

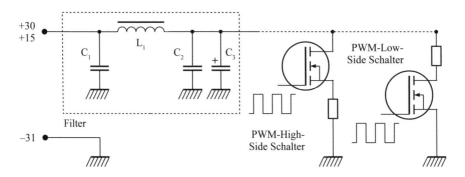

Bild 7.23 Entstörfilter

Es handelt sich dabei um ein unsymmetrisches π-Filter. Die Dimensionierung der Bauteile ist abhängig von den technischen Eigenschaften des verwendeten Aktuators, der PWM-Frequenz und der Schaltflanken. Dennoch kann davon ausgegangen werden, dass an einer Seite des Filters ein großer Kondensator (Elektrolyt-Kondensator, C_3) erforderlich sein wird. Die beiden anderen Kondensatoren müssen HF-geeignet sein.

Achtung: Bei Anschluss eines Elektrolyt-Kondensators direkt an das Bordnetz (Klemme + 30 V oder Klemme +15 V) können durch die Bordnetzwelligkeit große Wechselströme in den Kondensator hinein- oder herausfließen, was im Extremfall zu Zerstörung führen kann. Es ist also ein schaltfester Typ vorzusehen (!).

Der Verbau einer Induktivität innerhalb einer Kraftfahrzeugelektronik verursacht oft Montageprobleme, da dieses Bauteil in der Regel recht groß ist (auf Grund der erforderlichen Drahtstärke) und oft nicht automatisch bestückt werden kann. Im Extremfall ist sogar eine Handlötung erforderlich.

Die Induktivität verursacht also relativ große Montagekosten, ist jedoch erforderlich und sollte in jedem Fall bei einer schnell laufenden PWM vorgesehen werden.

Bezüglich der Taktfrequenz bei einer Pulsweiten-Modulation ist festzustellen, dass es in einigen Fällen ausreicht, mit sehr geringen Taktfrequenzen, wie z.B. 10 Hz...100 Hz, zu arbeiten. Das ist meist bei Regelungen eines Heizelementes der Fall.

Bei der Ansteuerung von Kollektormotoren kann es je nach Angabe der Motorhersteller erforderlich werden, Frequenzen bis zu 20 kHz einzusetzen.

Bezüglich des zu verwendenden Schaltelementes bzw. der zu verwendenden Schaltung (siehe vorherige Abschnitte) muss die maximal mögliche Schaltfrequenz bzw. Schaltflankensteilheit des Lasttransistors diesen Erfordernissen angepasst werden.

Dabei reicht es auf keinen Fall aus, beispielsweise für eine Taktfrequenz von 10 kHz einen Schalter zu verwenden, dessen Grenzfrequenz vielleicht nur leicht oberhalb dieser Taktfrequenz liegt. Die wirklich erforderliche maximale Arbeitsfrequenz des Schalters an sich bzw. der notwendigen Flankensteilheiten richtet sich im Wesentlichen zusätzlich auch nach der gewünschten Auflösung der Pulsweiten-Modulation.

Beispiel

Eine PWM mit 10 kHz Taktfrequenz soll mit einer Auflösung von 8 Bit betrieben werden.

Das bedeutet für die Flankensteilheit des Schaltelementes:

Periodendauer der PWM T:

$$T = \frac{1}{10000} = 100 \, \mu s$$

Auf Grund der geforderten Auflösung von 8 Bit (entspricht 256 Stufen) ist es erforderlich, dass die Schaltflanke des Schalttransistors um diesen Faktor kürzer ist, um die geforderte Auflösung überhaupt am Ausgang darstellen zu können:

$$T_S = \frac{100 \, \mu s}{256} = 0,4 \, \mu s$$

T_s wäre also die zu fordernde Schaltgeschwindigkeit (fallende bzw. ansteigende Flanke), die ein elektronischer Lastschalter in diesem Fall erreichen muss, um die Randbedingungen zu erfüllen.

Zusatzbemerkung: Hier ist nur noch die Verwendung von einzelnen MOS-Power-Transistoren im Ausgang möglich, der Einsatz eines hochintegrierten CMOS-Lastschalters (siehe Abschnitt 7.5.9.4) wäre völlig ausgeschlossen.

Derartig schnelle Pulsweiten-Modulationen erzeugen in der Regel erhebliche Probleme bei der Entstörung innerhalb eines Fahrzeuges. Schnelle Schaltflanken verursachen viele Oberwellen, die natürlich ein breites elektromagnetisches Störspektrum über einen großen Frequenzbereich bewirken. Die Idee, das Störspektrum dadurch zu reduzieren, dass die Flankensteilheiten verringert werden, ist oft nicht zielführend, da dadurch die geforderte Auflösung der PWM nicht mehr erreicht wird. Außerdem steigt dann die Verlustleistung drastisch an.

Die Taktfrequenz sollte konstant sein, da sich nur in diesem Fall das bei einer schnellen PWM erforderliche Entstörfilter optimal dimensionieren lässt und somit EMC-Störungen verhindert werden können.

Einsatz einer PWM bei verschiedenen Lastsituationen

Ohmsche Last: Bei einem ohmschen Verbraucher folgt der Strom der Spannung ohne Phasenverschiebung (s. Bild 7.24).

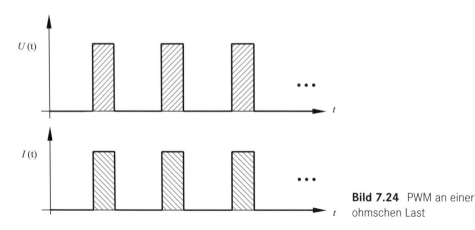

Bild 7.24 PWM an einer ohmschen Last

Folge:

- hohe Flankensteilheit im Laststrom

- viele Oberwellen

- breites Störspektrum

- große Hochfrequenzabstrahlung.

Es ist in einem derartigen Fall also mit EMC-Problemen zu rechnen.

Kapazitive Last (Kondensator): Bei der kapazitiven Last eilt der Strom der Spannung voraus (s. Bild 7.25).

Folge:

- extrem hohe Flankensteilheit im Strom

- sehr viele Oberwellen
- breites hochfrequentes Störspektrum.

Es sind EMC-Probleme zu erwarten.

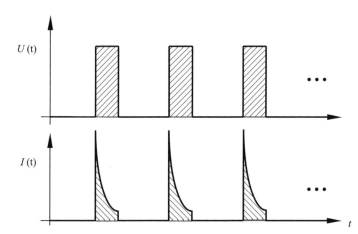

Bild 7.25 PWM an einer
t kapazitiven Last

Zusatzbetrachtung: Durch die extrem hohen Anlaufströme kann ein Lastschalter thermisch sehr schnell überlastet werden.

Die Ansteuerung einer kapazitiven Last sollte unter Verwendung der PWM nur in Ausnahmefällen durchgeführt werden.

Induktive Last (Spulen, Motore): Bei einer induktiven Last eilt der Strom der Spannung hinterher (s. Bild 7.26).

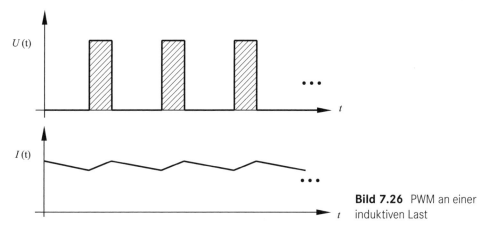

Bild 7.26 PWM an einer
t induktiven Last

Folge:

- Je nach Frequenz erhält man entweder ein e-förmiges Ansteigen bzw. Abfallen des Stromes oder bei genügend hoher Frequenz einen nahezu dreieckförmigen Stromverlauf.
- Die resultierenden Oberwellen sind wesentlich geringer.

- EMC-Störungen sind geringer.

- Eine Überlastung des Schaltelementes tritt normalerweise nicht auf.

Von den hier angesprochenen verschiedenen Lastsituationen verhält sich die induktive Last am wenigsten störend. Aus diesem Grunde sind in modernen Kraftfahrzeugsystemen pulsweitenmoduliert angesteuerte Motore bzw. Ventile sehr häufig anzutreffen.

Inzwischen werden sogar Lampenlasten und Relais pulsweitenmoduliert.

Bewertung der Pulsweiten-Modulation

Vorteile:

- geringe Verlustleistung im schaltenden Halbleiterbauelement

- relativ einfache (und damit kostengünstige) Hardware

- Die im Aktuator umgesetzte Leistung ist direkt durch ein Takt-Pausen-Verhältnis durch die Software im Mikrocontroller sehr präzise einstellbar.

Nachteile:

- Es sind elektromagnetische Störungen zu erwarten (besonders bei langen Leitungen zum Aktuator).

- Der Aktuator wird getaktet betrieben (das ist in einigen Fällen nicht erlaubt).

- Entstörfilter erforderlich

- Durch den Taktbetrieb sind akustische Interferenzen im Aktuator möglich. Das tritt besonders dann auf, wenn die Grundfrequenz der Pulsweiten-Modulation im hörbaren Bereich liegt. Als Abhilfe kann dazu nur dienen, entweder die Mechanik im Aktuator so auszulegen, dass keine Schwingungen erzeugt werden, oder die Grundtaktfrequenz der PWM in den für das menschliche Ohr nicht mehr hörbaren Bereich zu verlegen (größer 16 kHz).

7.5.6   Erzeugung der Diagnoseinformationen

Die Vielzahl der verbauten elektronischen und elektromechanischen Systeme in Kraftfahrzeugen erfordert es, dass bei einer Funktionsstörung innerhalb eines Steuergerätes, an der Sensorik oder auch an der Aktuatorik in jedem Fall eine aussagekräftige Diagnoseinformation generiert wird, die dann im Steuergerät dauerhaft abgelegt wird und auf Anforderung über eine entsprechende Diagnoseschnittstelle weitergeleitet werden kann.

Die Generierung einer derartigen Diagnoseinformation für einen Schaltausgang ist Gegenstand dieses Abschnitts. Folgende Fehlersituationen sind denkbar:

- Der entsprechende Aktuator ist nicht angeschlossen (Stecker abgefallen, Leitungsbruch oder Unterbrechung im Aktuator).

- Der Aktuator hat einen Kurzschluss nach Klemme – 31 V.

- Der Aktuator hat einen Kurzschluss nach + UB (meist Klemme + 30 V).

■ Der Aktuator hat zunächst eine normale Stromaufnahme, die sich aber im Laufe des Betriebes erhöht, bis sie einen Wert erreicht, der als fehlerhaft einzustufen wäre, der so genannte schleichende Kurzschluss (siehe Abschnitt 3.3.12).

Für die Generierung einer derartigen Diagnoseinformation ist es unerlässlich, vom Schaltausgang her eine Rückführungsleitung in das steuernde Element (meist ein Mikrocontroller) vorzusehen. Das wird in folgenden Bildern (7.27 bis 7.30) noch einmal verdeutlicht.

Aus Sicht der Steuerung (Funktionsblock 2) verhält sich diese Rückführungsleitung wie ein analoger oder digitaler Eingang, der mit dem Bordnetz verbunden ist. Daher sind für diese Leitung auch alle EMC-Schutzmaßnahmen vorzusehen, wie sie in Abschnitt 7.4 bereits erläutert worden sind.

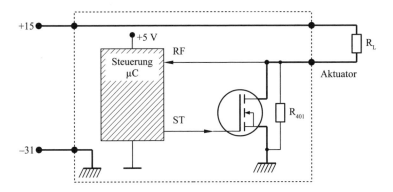

Bild 7.27 Diagnoserückführung, Low-Side-Schalter (Prinzip)

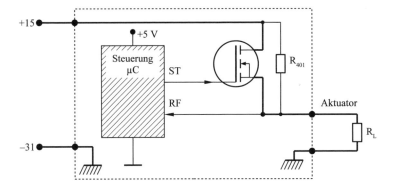

Bild 7.28 Diagnoserückführung, High-Side-Schalter (Prinzip)

Die Vorgehensweise ist nun die, kurz vor und während eines Schaltvorganges diese Rückführungsleitung genau zu überwachen, und gegebenenfalls bei Feststellung einer Fehlersituation geeignete Abschaltmaßnahmen einzuleiten und die dazugehörige Diagnoseinformation abzuspeichern.

Um eine eindeutige Zuordnung der Situation zu ermöglichen, ist es für einige Diagnose-aufgaben unerlässlich, parallel zum Schalttransistor im Steuergerät einen Widerstand vor-zusehen, der eine eindeutige Auswertung erlaubt.

Beispiel für eine derartige Abfrage

Ein High-Side-Schalter soll eine Aktuatorik einschalten (siehe Bild 7.28). Bei korrekt ange-schlossener Last, würde der Rückführungseingang an den Mikrocontroller einen niedri-gen Spannungspegel zurückmelden, da der Innenwiderstand der Last R_L wesentlich klei-ner ist als der Widerstand R_{401}.

In diesem Fall würde festgestellt, dass offenbar eine Last angeschlossen ist, was einem fehlerfreien Normalbetrieb entspräche.

Wenn jedoch die Rückführungsleitung in dieser Situation einen hohen Spannungspegel rückmeldet (über dem Widerstand R_{401}), dann bedeutet das, dass die Last offenbar nicht angeschlossen ist, die Leitung unterbrochen ist oder die Last eine interne Leitungsunter-brechung aufweist. Es würde dann also die Diagnoseinformation „keine Last vorhanden" festgestellt und abgespeichert werden. Dieses Beispiel zeigt die Vorgehensweise bei der Generierung von Diagnoseinformationen.

Im Folgenden werden jeweils für den Low-Side- und High-Side-Schalter geeignete Aus-wertestrategien anhand der Tabellen 7.2 und 7.3 dargestellt.

Low-Side-Schalter:

Tabelle 7.2 Generierung von Diagnoseinformationen, Low-Side-Schalter

	RF = 0	RF = 1
	(Rückführung meldet LOW-Pegel)	(Rückführung meldet HIGH-Pegel)
ST = 0 (ausgeschaltet)	Last ist offen, nicht angeschlossen od. Kurzschluss nach Klemme –31	Korrekter Betrieb
ST = 1 (eingeschaltet)	Korrekter Betrieb	Kurzschluss nach Klemme +30 Transistor ist überhitzt (bei selbstschützender Ausführung)

High-Side-Schalter:

Tabelle 7.3 Generierung von Diagnoseinformationen, High-Side-Schalter

	RF = 0	RF = 1
	(Rückführung meldet LOW-Pegel)	(Rückführung meldet HIGH-Pegel)
ST = 0 (ausgeschaltet)	Korrekter Betrieb	Last ist offen, nicht angeschlossen od. Kurzschluss nach Klemme + 30
ST = 1 (eingeschaltet)	Kurzschluss nach Klemme –31, Transistor ist überhitzt (bei selbstschützender Ausführung)	Korrekter Betrieb

Natürlich führt die Einführung eines Testwiderstandes R_{401} und der Rückführungsleitung zu einem erhöhten Hardwareaufwand, der auch Kosten verursacht. Dennoch ist zu bedenken, dass auf diese Weise für den Diagnosefall eine sehr wertvolle Information generiert werden kann, die im Feld (in den Werkstätten) eine Fehlersuche erheblich vereinfacht. In einer Fahrzeugelektronik sollten daher alle Ausgänge auf eine derartige Weise überwacht werden.

Zusatzbemerkung: Der Einsatz des Widerstandes R_{401} als Testwiderstand für einen Aktuator ist immer dann problematisch, wenn es sich um ein System handelt, das direkt an +30 angeschlossen wird (Dauerplus von der Batterie) und nicht an +15 (geschaltete Plusversorgung hinter dem Zündschalter). Über den Widerstand R_{401} fließt im ersten Fall ein ständiger kleiner Laststrom (im mA-Bereich), der jedoch bei einer größeren Anzahl von Ausgängen zu einer nicht mehr zu tolerierenden Grundbelastung der Bordbatterie führen wird. Dieser Widerstand muss in derartigen Fällen von der zentralen Steuerung abschaltbar sein (Schaltleitung DT).

Den Low-Side-Schalter zeigt Bild 7.29, den High-Side-Schalter Bild 7.30.

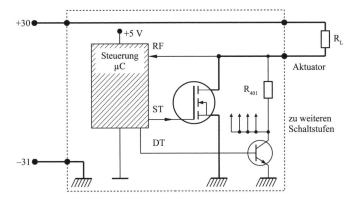

Bild 7.29 Low-Side-Schalter: Verringerung des Ruhestromes durch abschaltbaren Diagnosewiderstand R_{401}

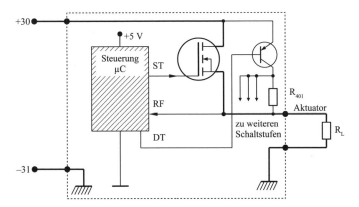

Bild 7.30 High-Side-Schalter: Verringerung des Ruhestromes durch abschaltbaren Diagnosewiderstand R_{401}

Beim Vorhandensein von mehreren Ausgängen gleichen Typs innerhalb einer Fahrzeug-elektronik ist es jedoch ausreichend, eine zentrale Abschaltung für alle Widerstände (R_{401}) an den Ausgängen vorzusehen, um den hardwaremäßigen Aufwand zu reduzieren.

7.5.7 Dynamische Abschaltvorgänge der Aktuatorik

In diesem Abschnitt sollen einige Zusatzinformationen gegeben werden, die beim Schalten einer stromintensiven Aktuatorik im Kraftfahrzeug beachtet werden müssen.

Wie bereits in Abschnitt 7.5.6 dargestellt, ist es in der Fahrzeugelektronik unbedingt erfor-derlich, jeden Ausgang zurückzulesen, um einmal eine Diagnoseinformation darstellen zu können und zum anderen den Ausgang gegebenenfalls zu schützen.

Die Problemfälle waren:

- Kurzschluss nach U_B (Klemme +30)

- Kurzschluss nach Masse (Klemme –31)

- offene Last

- schleichender Kurzschluss nach Plus U_B (Klemme +30)

- schleichender Kurzschluss nach Masse (Klemme –31).

Bei der Verwendung eines Halbleiterschalters am Ausgang ergibt sich die Situation nach Bild 7.31.

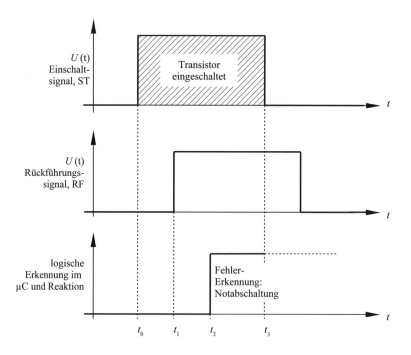

Bild 7.31 Dynamische Schaltvorgänge

In diesem Bild sind die zeitlichen Abläufe dargestellt, die während eines Schaltvorganges stattfinden:

- Zum Zeitpunkt t_0 wird eine Ausgangs-Leitung eines Mikrocontrollers (der Anschlusspin eines Ports) aktiv eingeschaltet.

- Als Folge davon wird das elektronische Schaltelement den Aktuator schalten und die vorhandene Rückführungsleitung diesen Schaltvorgang zum Mikrocontroller zurückmelden. Das findet zum Zeitpunkt t_1 statt.

- Innerhalb des Mikrocontrollers vergeht jedoch jetzt noch eine zusätzliche Zeit, bis die Software erkannt hat, dass ein Schaltvorgang erfolgreich stattgefunden hat (Zeitpunkt t_2).

- Die Zeit $t_v = t_1 - t_0$ ist gleich der Verzögerungszeit des Lastschalters plus der Rückführungsleitung.

- Die Zeit $t_g = t_2 - t_0$ ist die gesamte Verzögerungszeit der Schaltvorgangs-Erkennung.

- Hier würde dann eine logische Auswertung erfolgen, wie in Abschnitt 7.5.6 bereits beschrieben.

- Sollte sich eine Fehlersituation ergeben, so wäre erst bei der Verzögerungszeit $T_{off} = t_3 - t_0$ der früheste Zeitpunkt für eine Abschaltungsmöglichkeit.

Bei dieser Art der Überwachung eines Schaltvorganges am Ausgang ergibt sich jedoch ein prinzipielles Problem.

Vorliegender Fehlerfall: Kurzschluss im Aktuator oder Leitungsschaden

Die Folge ist ein sehr hoher Laststrom. Das schaltende elektronische Bauteil muss in diesem Fall eine extreme Verlustleistung umsetzen und wird innerhalb kürzester Zeit (teilweise unter einer Millisekunde) bis zur Zerstörungsgrenze und gegebenenfalls darüber hinaus aufgeheizt.

Die sich daraus ergebende Forderung ist, dass der Mikrocontroller so schnell abschalten muss, bevor eine Überhitzung im Schaltelement stattfindet und keine Schädigung des Transistors eintritt. Das ist jedoch nach den oben gemachten Überlegungen erst nach einer relativ langen Zeit T_{off} der Fall.

Im Allgemeinen sind MOS-Power-Transistoren relativ robust gegenüber hohen Lastströmen. Die Gefährdungsgrenze wird typischerweise immer dann erreicht, wenn die maximal zulässige Temperatur auf dem Halbleiter-Chip überschritten wird. Daher ist aus diesen Gründen eine sofortige Abschaltung im Falle eines plötzlichen Kurzschlusses unbedingt erforderlich. T_{off} könnte schon eine zu lange Zeit sein.

Auf der anderen Seite jedoch würde ein derartiges Verhalten (sofortiges Abschalten) einigen Forderungen an eine Kraftfahrzeugelektronik widersprechen. Der Abschaltvorgang darf nicht so schnell stattfinden, dass ein möglicherweise vorhandener kurzer Störimpuls auf der Ausgangsleitung, der unter Umständen nur für eine sehr kurze Zeit einen Pegelwechsel an der Rückführungsleitung verursacht, sofort zu einer kompletten Abschaltung mit Meldung an das Diagnosesystem führt.

Um das zu verhindern, ist es erforderlich, dass die Software bei der Erkennung eines derartigen Impulses nach einer kurzen Wartezeit testweise noch einmal kurz einschaltet (gegebenenfalls wiederholt), um festzustellen, ob der gemessene Pegel an der Rückführungsleitung statisch ist oder nur temporär vorliegt (Entprellung).

Ein weiterer Punkt ist die Tatsache, dass es auf Seiten der Aktuatorik Lasten gibt, die im ersten Einschaltmoment erheblich höhere Ströme benötigen als im späteren normalen Betriebsfall. Typische Vertreter mit einem derartigen Lastverhalten sind Glühlampen, deren Kaltanlaufstrom in der Praxis zwischen 10- bis 20-mal höher sein kann als der eigentliche Betriebsstrom.

Obwohl dieser hohe Anlaufstrom sehr viel kleiner ist als ein Kurzschlussstrom, kann es vorkommen, dass die Rückführungsleitung RF zum Mikrocontroller bei einer derartigen Last bereits einen Kurzschluss meldet.

Würde in diesem Fall sofort durch einen Abschaltvorgang darauf reagiert, wäre es nicht möglich, Lampenlasten mit einer so dimensionierten elektronischen Schaltstufe überhaupt einzuschalten.

Je nach Typ einer Glühlampe ist es also erforderlich, trotz eventuell möglicher Kurzschlussmeldung seitens der Rückführungsleitung RF die Ausgangsstufe noch für eine kurze Zeit eingeschaltet zu lassen, um eine Glühlampe zu starten.

Diese Wartezeit ist abhängig vom Lampentyp, variiert in der Praxis zwischen ca. 5 ms bis 10 ms für kleine Lampen und kann für große Scheinwerferlampen mehr als 50 ms bis 80 ms betragen.

Würde in dieser Situation ein echter Kurzschluss vorliegen, so wäre der schaltende Transistor innerhalb dieser Ausgangsstufe bereits völlig thermisch zerstört, wenn der Mikrocontroller erst nach 50 ms bis 80 ms abschalten würde.

Resultat

Ein einfacher MOS-Power-Transistor, der über eine Rückführungsleitung RF gegenüber Kurzschlüssen geschützt werden soll und Lampenlasten schaltet, ist im Worst-Case-Fall (z. B. Kurzschluss) nicht zu schützen. Es muss bei einer derartigen Situation mit Totalausfällen gerechnet werden.

Zusatzbemerkung: In dem oben beschriebenen Fall ist die maximale Wartezeit, die einzuhalten ist, um eine Lampenlast sicher zu starten, natürlich auch in gewissem Grade von der Umgebungstemperatur, in der sich die Lampe gerade befindet, abhängig.

Bei sehr tiefen Temperaturen (−40 °C) hat auch der Glühfaden der Lampe einen noch geringeren Widerstand als bei Raumtemperatur, mit der Folge, dass der Anlaufstrom noch größer wird.

Um ein sicheres Funktionieren der Elektronik für alle Fälle zu garantieren, muss also in der Software des steuernden Mikrocontrollers diese maximale Wartezeit für eine Umgebungstemperatur von −40 °C vorgesehen werden.

Für den schaltenden Transistor bedeutet dies im Allgemeinen jedoch ein geringeres Problem, da in den allermeisten Fällen bei einer derartig niedrigen Temperatur nicht nur der

Aktuator, sondern auch das Steuergerät abgekühlt worden ist, so dass die thermische Kapazität im schaltenden Transistor viel größer ist als bei einer sehr hohen Umgebungstemperatur.

Sollte sich nun das Steuergerät auf einer hohen Temperatur befinden und die Lampenlasten ebenfalls relativ warm sein, so könnte in diesem Fall die Startzeit für die Lampe etwas verkürzt werden. Da in der Praxis jedoch das Steuergerät meist keine Kenntnis von den Temperaturverhältnissen am Ort des Aktuators hat, muss das Steuergerät immer vom Worst-Case ($-40\,°C$) ausgehen und die dort notwendigen Totzeiten vorhalten.

Bei einem harten Kurzschluss bedeutet dieses ein zusätzliches Zerstörungsrisiko des Schalttransistors, da seine thermische Kapazität bei hohen Umgebungstemperaturen (z. B. $+85\,°C$) sehr viel geringer ist als bei einer sehr tiefen Temperatur.

Überlegungen zu den Schutzmöglichkeiten des schaltenden Transistors

Eine Idee, den Transistor gegenüber zu hohen Temperaturen zu schützen, ist, einen Temperatursensor in die unmittelbare Nähe eines Schalttransistors zu platzieren.

Umfangreiche Untersuchungen mit Standardbauteilen im Gehäuse oder auch mit direkt gebondeten Bauteilen auf einer Keramik haben ergeben, dass es nicht möglich ist, alle Betriebsfälle (Kurzschlüsse, schleichende Kurzschlüsse und andere Überlastungssituationen) durch eine einfache Rückführungsleitung in Verbindung mit einem in der Nähe des Schalttransistors verbauten Temperatursensors zu erfassen.

Besonders bei höheren Bordnetzspannungen (28-V-Bordnetz, LKW und Busse) werden die Bauteile regelmäßig durch harte oder schleichende Kurzschlüsse zerstört. Die einzige zielführende Möglichkeit ist die, ein temperaturempfindliches Bauteil (Temperatursensor) direkt **in** den Schalttransistor einzubauen (in das Layout des Siliziums einzubringen) oder unmittelbar **auf** den Siliziumchip aufzukleben.

Als Resultat erhält man so genannte selbstschützende Transistoren, die beim Erreichen einer für den Kristall gefährlichen Temperatur selbstständig eine Abschaltung vornehmen und nicht darauf angewiesen sind, von einem Mikrocontroller aktiv geschaltet zu werden.

In den nächsten Abschnitten werden nun einige Beispiele präsentiert, wie Ausgangsschaltstufen für Kraftfahrzeuganwendungen prinzipiell zu realisieren sind. Auf Grund der Vielfalt der inzwischen am Markt verfügbaren Hochleistungsschalttransistoren ist es natürlich nicht möglich, alle denkbaren Variationen hier vorzustellen.

Dennoch werden an den entsprechenden Stellen einige Bemerkungen gemacht und Funktionsweisen erläutert, die stellvertretend die Hauptproblempunkte in einer Kraftfahrzeugelektronik darstellen. Ein Schwerpunkt ist dabei die elektromagnetische Verträglichkeit (EMC). Die konsequente Beachtung der Umgebungsanforderungen, wie sie bei den Kraftfahrzeugen typischerweise vorkommen, wird jedoch in vielen Fällen zu ähnlichen Lösungen führen.

7.5.8   Laststufen zur Ansteuerung der Aktuatorik: Low-Side-Schalter

7.5.8.1 Low-Side-Schalter mit Standard-MOS-Power-Transistor

Das Bild 7.32 zeigt eine Realisationsmöglichkeit für einen Low-Side-Schalter, der einen sehr einfachen (und damit preiswerten) MOS-Power-Transistor verwendet.

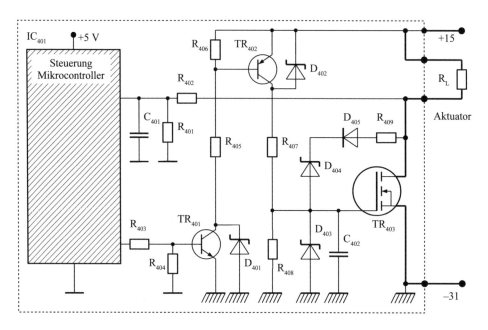

Bild 7.32 Low-Side-Schalter mit einem Standard-MOS-Power-Transistor

Da ein derartiger Transistor zur Ansteuerung eine Spannung zwischen seinem Gate- und dem Source-Anschluss von ca. U_{GS} = 10 V benötigt, muss ausgehend von dem Mikrocontroller zunächst eine Spannungsumsetzung erfolgen, um die Ausgangsspannung des Controllers von 5 V auf eine Schaltspannung von + UB (z.B. 12 V) anzuheben. Dies erhöht natürlich den benötigten Hardwareaufwand erheblich.

Die Funktion der Bauteile:

- R_{403}: Anpassung des Spannungspegels des Mikrocontrollers an die Basis des Transistors T_{401}

- R_{404}: schaltet T_{401} definitiv aus, wenn der Mikrocontroller spannungslos ist

- R_{406}: sorgt für ein sicheres Ausschalten von T_{402}, wenn T_{401} offen ist

- R_{405}: begrenzt den CE-Strom von TR_{401} bei positiven Störspitzen

- R_{408}: sicheres Abschalten von T_{403}

- R_{407}: begrenzt den CE-Strom von TR_{402} bei positiven Störspitzen

- R_{402}: Strombegrenzung für den Mikrocontroller-Eingang (Current Injection), siehe Abschnitt 7.4.1

- R_{401}: Diagnosewiderstand, siehe oben

- R_{409}: begrenzt den Strom durch D_{403}, D_{404}, D_{405} bei positiven Störspitzen

- C_{401}: EMC-Schutz des Mikrocontrollers, Impulse 3a, 3b und Hochfrequenz

- C_{402}: Schutz des Gates von T_{403} gegen gestrahlte Störbeeinflussung

- D_{401}: Schutz von T_{401} gegen zu hohe CE-Spannungen bei Störimpulsen

- D_{402}: Schutz von T_{402} gegen zu hohe CE-Spannungen bei Störimpulsen

- D_{403}: Begrenzung der Gate-Source-Spannung von T_{403} auf ein maximal zulässiges Maß (diese Zener-Diode sollte in jedem Fall vorgesehen werden, um bei extremen EMC-Einflüssen Schädigungen von T_{403} zu vermeiden)

- D_{404}: in Verbindung mit D_{405} Schutz von T_{403} gegen zu hohe Drain-Source-Spannungen. Im Falle einer positiven Störspannungsspitze am Ausgang würde über D_{403} und D_{402} das Gate von T_{403} so weit angehoben, dass der Leistungstransistor voll durchschaltet und somit eine Impulsbegrenzung erreicht wird (z. B. beim Load-Dump-Impuls)

- R_{409}: begrenzt in diesem Fall den maximalen Strom durch die genannten Dioden

Bewertung der Schaltung:

Vorteile:

- Verwendung eines preiswerten Transistors

- hohe Schaltgeschwindigkeit möglich (PWM).

Nachteile:

- kein vollständiger Schutz des Lastschalters möglich

- relativ viele Bauelemente erforderlich

- schleichender oder harter Kurzschluss ist nicht beherrschbar

- kein kompletter Schutz gegen Verpolung.

7.5.8.2 Verbesserung des Kurzschluss- und Überlastverhaltens durch Verwendung eines selbstschützenden Transistors

Die im letzten Abschnitt beschriebene Schaltung hat den Nachteil, dass Kurzschlüsse, insbesondere schleichende Kurzschlüsse, nicht beherrschbar sind. Das lässt sich dadurch verbessern, dass als schaltendes Bauelement ein MOS-Power-Transistor mit integriertem Temperatursensor verwendet wird, der gegebenenfalls abschaltet, sobald die Temperatur auf dem Chip einen gewissen maximal zulässigen Grenzwert überschreitet. Damit wäre die Schaltung dann sowohl gegen den schleichenden als auch den harten Kurzschluss geschützt.

Diese Bauteile sind inzwischen unter verschiedenen Bezeichnungen am Markt verfügbar (z. B. TEMP-FET).

Obwohl durch diese Maßnahme ein wesentlicher Nachteil der Schaltung ausgeräumt werden kann, bleibt die Tatsache, dass es sich um eine schaltungstechnisch recht aufwändige Lösung handelt.

7.5.8.3 Low-Side-Schalter mit einem Logic-Level-MOS-Power-Transistor

Das Hauptproblem in der Schaltung aus Abschnitt 7.5.8.1 bestand darin, dass zur Anpassung der Steuerspannung für den schaltenden Transistor am Ausgang zunächst eine hardwaremäßig umfangreiche Umsetzung unter Verwendung von zwei zusätzlichen Bipolar-Transistoren erfolgen muss.

Dieses Problem gäbe es nicht, wäre der MOS-Power-Transistor in der Lage, bereits bei einer Gate-Source-Spannung von U_{GS} = 5 V sicher durchzuschalten. Derartige Schalttransistoren sind in der Tat inzwischen verfügbar und werden mit „Logic-Level-MOS-Power-Transistoren" bezeichnet.

Der verbleibende Restwiderstand zwischen dem Drain- und dem Source-Anschluss dieser Bauteile (R_{DSon}) ist dabei vergleichbar mit denen eines Standard-MOS-Power-Transistors.

Unter Verwendung dieser Bauteile ergibt sich eine signifikante Vereinfachung bei der Realisation einer Low-Side-Ausgangsstufe für Kraftfahrzeuganwendungen. Die Bauteilebezeichnungen wurden dabei entsprechend den Funktionen aus dem obigen Beispiel beibehalten. Bild 7.33 zeigt ein Beispiel.

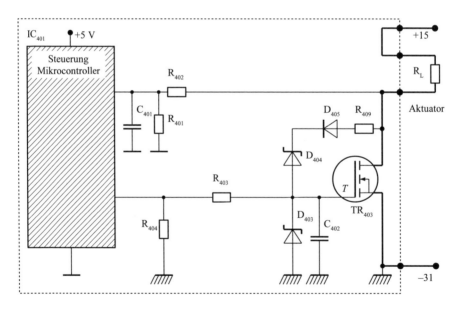

Bild 7.33 Low-Side-Schalter mit Logic-Level-MOS-Power-Transistor

Wie bereits erwähnt, ist der Hardwareaufwand deutlich geringer. Die folgende Aufstellung beschreibt die Funktion der einzelnen Bauelemente, die in den meisten Fällen sehr ähnlich zu der aus Abschnitt 7.5.8.1 ist.

Die Funktion der Bauteile:

- R_{401}:   Testwiderstand zur Generierung der Diagnoseinformation

- R_{402}:   Schutzwiderstand für den Eingang des Mikrocontrollers

- C_{401}:   Schutz des Mikrocontrollers vor Hochfrequenzeinstrahlung und den leitungsgebundenen Störimpulsen 3a und 3b

- D_{403}:   Begrenzung der maximalen Gate-Source-Spannung des Schalttransistors

- D_{404}/D_{405}: Schutz der Drain-Source-Strecke des Schalttransistors vor Überspannung durch Auftasten des Transistors im Falle eines Störimpulses und damit Begrenzung dieses Störimpulses

- R_{409}:   begrenzt in diesem Fall den maximalen Strom durch die genannten Dioden

- C_{402}:   Schutz des Schalttransistors vor hochfrequenten EMC-Einflüssen

- R_{404}:   Sicherstellung, dass die Gate-Source-Spannung des Schalttransistors sicher auf 0 V liegt, wenn das Steuergerät abgeschaltet worden ist

- R_{403}:   dieser Widerstand wäre prinzipiell nicht erforderlich, da der Transistor auf Grund der Tatsache, dass er mit 5 V angesteuert werden kann, direkt mit dem Mikrocontroller-Ausgang verbunden werden könnte.

Es hat sich jedoch in der praktischen Anwendung gelegentlich herausgestellt, dass ein Leistungstransistor, auch wenn er noch so geschützt ist, unter speziellen Bedingungen plötzlich durchschlägt und sehr niederohmig wird. Man spricht in diesem Zusammenhang davon, dass der Transistor durchlegiert.

Das könnte im Extremfall dazu führen, dass z. B. auch die Drain-Gate-Strecke dieses Transistors durchlegiert und der Gate-Anschluss damit direkt mit der Lastseite verbunden wird. Diese Lastseite liegt dann normalerweise niederohmig an der Plusversorgung (+30/+15), die auf diesem Wege direkt mit einem Mikrocontroller-Port verbunden würde.

Als Resultat wäre die komplette Zerstörung des Mikrocontrollers wahrscheinlich. Der Mikrocontroller wäre dann nicht mehr in der Lage, vor dem Abschalten noch eine sinnvolle Diagnoseinformation für den späteren Reparaturfall abzuspeichern bzw. diese Information überhaupt auszusenden.

Um diesen „Katastrophenfall" zu verhindern, ist es in jedem Fall sinnvoll, einen Schutzwiderstand vor den Ausgangs-Port des Mikrocontrollers zu schalten, um so auch bei einer totalen Zerstörung der Ausgangsstufe die Funktionalität des Mikrocontrollers weiter zu erhalten. Für die Berechnung dieses Schutzwiderstandes gelten die gleichen Überlegungen wie in Abschnitt 7.4.1, digitaler Eingang mit Verbindung zur Betriebsspannung.

Bewertung der Schaltung

Vorteile:

- geringer Bauteileaufwand

- hohe Schaltfrequenz ist möglich (PWM)

■ die Ansteuerspannung des Schalttransistors ist nicht direkt von der Batteriespannung abhängig.

Nachteile:

■ der Logic-Level-Schalttransistor ist teurer

■ kein kompletter Schutz gegen den schleichenden Kurzschluss.

Zusatzbemerkung: Der letztgenannte nachteilige Punkt kann dadurch verbessert werden, dass analog zu der Realisationsmöglichkeit aus Abschnitt 7.5.8.2 ein Logic-Level-MOS-Power-Transistor mit integriertem Temperatursensor verwendet wird.

Damit wäre dann auch ein vollständiger Schutz gegenüber dem schleichenden Kurzschluss gegeben.

7.5.9   Laststufen zur Ansteuerung der Aktuatorik: High-Side-Schalter

7.5.9.1 Einführung

Wie bereits erwähnt worden ist, werden in heutigen Fahrzeugsystemen überwiegend Schalter eingesetzt, die die Last nach Plus UB (+30/+15) schalten. Die einfachste Möglichkeit, einen Schalter zu realisieren, der dieser Forderung entspricht, wäre die Verwendung eines P-Kanal-MOS-Power-Transistors. Dieser Transistor wäre in der Lage, direkt von der Plus-UB-Seite aus eine Last einzuschalten. Seine Gate-Spannung müsste dazu nur durch einen geeigneten Transistor auf Masse gezogen werden (Bild 7.34).

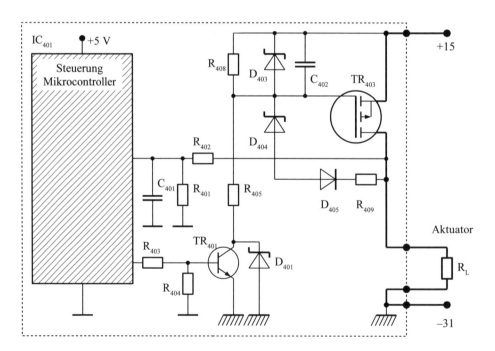

Bild 7.34 High-Side-Schalter mit einem P-Kanal-MOS-Power-Transistor

Die Funktion der Bauteile:

- R_{403}: Anpassung des Spannungspegels des Mikrocontrollers an die Basis des Transistors T_{401}

- R_{404}: schaltet T_{401} definitiv aus, wenn der Mikrocontroller spannungslos ist

- R_{405}: begrenzt den CE-Strom von TR_{401} bei positiven Störspitzen

- R_{408}: sicheres Abschalten von T_{403}

- R_{402}: Strombegrenzung für den Mikrocontroller-Eingang (Current Injection), siehe Abschnitt 7.4.1

- R_{401}: Diagnosewiderstand, siehe oben

- C_{401}: EMC-Schutz des Mikrocontrollers, Impulse 3a, 3b und Hochfrequenz

- C_{402}: Schutz des Gates von T_{403} gegen gestrahlte Störbeeinflussung

- D_{401}: Schutz von T_{401} gegen zu hohe CE-Spannungen bei Störimpulsen

- D_{403}: Begrenzung der Gate-Source-Spannung von T_{403} auf ein maximal zulässiges Maß (diese Zener-Diode sollte in jedem Fall vorgesehen werden, um bei extremen EMC-Einflüssen Schädigungen von T_{403} zu vermeiden)

- D_{404}: in Verbindung mit D_{405} Schutz von T_{403} gegen zu hohe Drain-Source-Spannungen. Im Falle einer positiven Störspannungsspitze am Ausgang würde über D_{403} und D_{402} das Gate von T_{403} so weit angehoben, dass der Leistungstransistor voll durchschaltet und somit eine Impulsbegrenzung erreicht wird (z. B. beim Load-Dump-Impuls)

- R_{409}: begrenzt in diesem Fall den maximalen Strom durch die genannten Dioden.

Bewertung der Schaltung

Vorteile:

- hohe Schaltgeschwindigkeit möglich (PWM).

Nachteile:

- kein vollständiger Schutz des Lastschalters möglich

- relativ viele Bauelemente erforderlich

- ein schleichender oder harter Kurzschluss ist nicht beherrschbar

- kein kompletter Schutz gegen Verpolung

- Verwendung eines P-Kanal-MOS-Power-Transistors.

Obwohl diese Möglichkeit zunächst relativ einfach aussieht, scheitert sie in der Praxis an der Tatsache, dass keine geeigneten Bauteile für große Lasten zur Verfügung stehen, die auch nur annähernd in den ähnlichen finanziellen Rahmen fallen wie vergleichbare N-Kanal-MOS-Power-Transistoren. Die Hauptursache liegt darin, dass die Kanalleitung innerhalb des Transistors eine Löcher-Leitung ist (im Vergleich zur Elektronen-Leitung bei N-Kanal-MOS-Power-Transistoren).

Die Beweglichkeit dieser Löcher-Leitung ist knapp dreimal geringer als bei Elektronen-Leitung. Das führt dazu, dass zur Erreichung der gleichen externen elektrischen Eigenschaften (im Wesentlichen ein geringer R_{DSon}-Widerstand) für einen P-Kanal-Transistor im Vergleich zu einem N-Kanal-Transistor eine ca. zwei- bis dreimal größere Halbleiter-Chipfläche erforderlich ist, mit entsprechenden Auswirkungen auf den Preis.

Daher ist die Realisation eines High-Side-Schalters unter Verwendung eines P-Kanal-MOS-Power-Transistors nur in speziellen Ausnahmesituationen sinnvoll.

Im weiteren Verlauf dieses Abschnitts werden daher nur Lösungen vorgestellt, die ausschließlich mit N-Kanal-MOS-Power-Transistoren realisiert werden können.

7.5.9.2 High-Side-Schalter unter Verwendung einer Ladungspumpe

Das folgende Schaltbild 7.35 zeigt beispielhaft den Einsatz eines preiswerten N-Kanal-MOS-Power-Transistors als High-Side-Schalter unter Verwendung einer Ladungspumpe. Ein MOS-Power-Transistor benötigt zum korrekten Funktionieren immer eine ausreichend hohe Spannung zwischen Gate und Source. In diesem Fall liegt jedoch der Source-Anschluss direkt als Ausgang an der Last und nicht wie bei den bisher vorgestellten Schaltungen auf Masse.

Als Konsequenz ergibt sich, dass die absolute Gate-Spannung im eingeschalteten Zustand um den benötigten Betrag zum sicheren Durchschalten oberhalb der verfügbaren Bordnetzspannung U_B liegen muss.

Es gibt verschiedene Möglichkeiten, diese erhöhte Gate-Spannung zu erzeugen. Eine Variante ist die sog. „Ladungspumpe", die in dem hier vorgestellten Beispiel nur als Funktionsblock angedeutet wird.

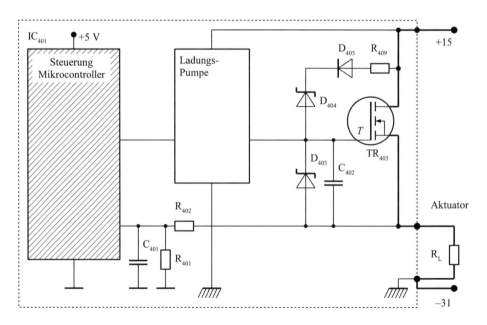

Bild 7.35 High-Side-Schalter mit N-Kanal-MOS-Power-Transistor und Ladungspumpe

Die Funktion der Bauteile:

- R_{402}: Strombegrenzung für den Mikrocontroller-Eingang (Current Injection), siehe Abschnitt 7.4.1

- R_{401}: Diagnosewiderstand, siehe oben

- C_{401}: EMC-Schutz des Mikrocontrollers, Impulse 3a, 3b und Hochfrequenz

- C_{402}: Schutz des Gates von T_{403} gegen gestrahlte Störbeeinflussung

- D_{403}: Begrenzung der Gate-Source-Spannung von T_{403} auf ein maximal zulässiges Maß (diese Zener-Diode sollte in jedem Fall vorgesehen werden, um bei extremen EMC-Einflüssen Schädigungen von T_{403} zu vermeiden

- D_{404}: in Verbindung mit D_{405} Schutz von T_{403} gegen zu hohe Drain-Source-Spannungen. Im Falle einer positiven Störspannungsspitze am Ausgang würde über D_{403} und D_{402} das Gate von T_{403} so weit angehoben, dass der Leistungstransistor voll durchschaltet und somit eine Impulsbegrenzung erreicht wird (z. B. beim Load-Dump-Impuls)

- R_{409}: begrenzt in diesem Fall den maximalen Strom durch die genannten Dioden.

Wie bereits erwähnt, ist die notwendige Ladungspumpe nur angedeutet.

In dem dargestellten Beispiel soll nun nicht im Detail auf die verschiedenen Möglichkeiten der Realisation einer Ladungspumpe (oder auch Kaskadenschaltung) eingegangen werden. Die Lösungsansätze dafür sind vielfältig und in der Literatur hinreichend beschrieben.

Dennoch ein Beispiel, das sich in der Praxis bewährt hat (s. Bild 7.36).

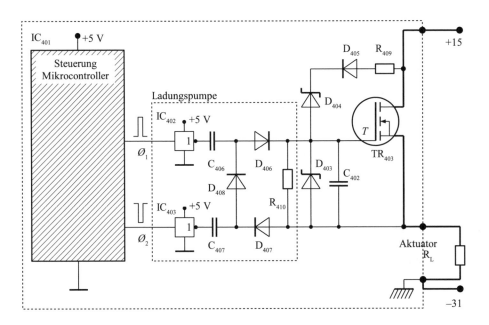

Bild 7.36 Beispiel einer Ladungspumpe (Schaltungsauszug)

Durch die Gegentakt-Ansteuerung durch zwei phasenversetzte Signale $\Phi 1$ und $\Phi 2$ wird eine Spannungsverdopplung erreicht, die zur Ansteuerung eines MOS-Power-Transistors ausreicht, sofern ein Logic-Level-Typ verwendet wird. Die Taktfrequenz sollte nicht unter 10 kHz liegen.

Die maximal mögliche U_{GS}:

$$U_{GS} = 2 \cdot 5\,V - 2 \cdot U_D \approx 8,6\,V,\ \text{mit}$$

$$U_D \approx 0,7\,V$$

Die Funktion der Bauelemente der Ladungspumpe:

- IC_{402}, IC_{403}: CMOS-Gatter mit Ausgangsströmen größer 2 mA

- C_{406}, C_{407}: Entkopplungskondensatoren, ca. 330 pF bei höheren Taktraten

- D_{406}: Gleichrichterdiode für die Ladungsphase von C_{402}, negative Seite

- D_{407}: Gleichrichterdiode für die Ladungsphase von C_{402}, positive Seite

- D_{408}: Entladediode für die Kondensatoren C_{406}, C_{407}

- R_{410}: Entladewiderstand zum Abschalten von TR_{403}.

Der eigentliche Vorteil dieser Ladungspumpe liegt darin, dass der Lasttransistor TR_{403} im Prinzip auf jedem gleichspannungsmäßigen Pegel liegen kann, sofern die Sperrspannungen der Kondensatoren C_{406} und C_{407} nicht überschritten werden, also im Extremfall auch wie ein Relaiskontakt zwischen zwei Lasten.

Zusammenfassend kann festgestellt werden, dass die vorliegende Gesamtschaltung auf Grund der besonderen Ladungspumpe im Allgemeinen recht aufwändig und kostenintensiv ist.

Bewertung

Vorteile:

- kostengünstiger N-Kanal-MOS-Power-Transistor.

Nachteile:

- aufwändige Ladungspumpe erforderlich, die oft auf Grund ihrer elektromagnetischen Abstrahlung EMC-Probleme verursacht

- kein kompletter Schutz gegenüber Kurzschlüssen

- relativ geringe Schaltfrequenz.

Zusatzbemerkung: Auch hier kann die Situation bezüglich der Gefährdung des Lastschalters bei einem harten oder schleichenden Kurzschluss dadurch verbessert werden, dass ein selbstschützender MOS-Power-Transistor mit integriertem Temperatursensor verwendet wird.

7.5.9.3 High-Side-Schalter für den getakteten Betrieb (PWM)

In vielen Anwendungsfällen in der Kraftfahrzeugelektronik ist es möglich und erlaubt, die Stromversorgung für einen Aktuator kurzzeitig (für ca. 1 ms) zu unterbrechen. Vor allem Heizelemente (Glühstifte, beheizte Düsen, Glühlampen usw.) haben in der Regel mit einer derartigen kurzzeitigen Stromunterbrechung keine Probleme.

Besonders beim Einsatz der so genannten Pulsweiten-Modulation (PWM) findet ständig ein Abschaltvorgang statt, sofern man auf die maximal mögliche Einschaltzeit (100 %) verzichten kann. Für diese Fälle kann eine so genannte Boot-Strap-Schaltung verwendet werden, die die in Abschnitt 7.5.9.2 beschriebene Ladungspumpe überflüssig macht. Ein Beispiel für eine diesbezügliche Schaltung ist im Bild 7.37 zu finden.

Die Schaltung besteht im Wesentlichen aus drei Teilen:

- die Boot-Strap-Schaltung als solches

- die Rückführungsleitung zur Generierung der Diagnoseinformationen

- gegebenenfalls ein Entstörfilter (in der Regel notwendig bei einer Pulsweiten-Modulation).

Die Funktion der Schaltung:

Über R_{403} wird der Transistor TR_{401} vom Mikrocontroller ein- bzw. ausgeschaltet. Ist TR_{401} durchgeschaltet, wird das Gate von dem Lasttransistor TR_{403} auf nahezu 0 V gelegt, was zu einer Abschaltung der Last führt (Boot-Strap-Ladephase).

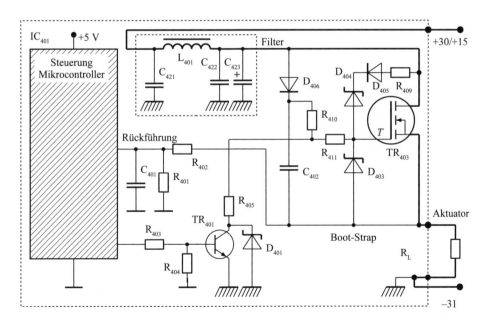

Bild 7.37 Die Boot-Strap-Schaltung

In dieser Situation wird der Kondensator C_{402} über die Diode D_{406} und die Ausgangslast R_L auf eine Spannung $U_{+30} - U_D$ aufgeladen. Bekanntlich ist die Diodenspannung U_D jedoch im Vergleich zur Betriebsspannung in der Regel sehr klein und hat keinen signifikanten Einfluss auf das Funktionieren der Schaltung.

Nach einer bestimmten Zeit (typ. 1 … 5 ms) öffnet der Transistor TR_{401} und die Spannung des inzwischen voll aufgeladenen Kondensators C_{402} wird über die Widerstände R_{410} und R_{411} direkt an das Gate des Leistungstransistors TR_{403} gelegt.

Der Transistor schaltet sofort voll durch (schaltet die Last also wieder ein), während die Spannung am Kondensator C_{402} sich nur sehr langsam abbaut. Die Diode D_{406} verhindert ein Rückspeisen der in C_{402} gespeicherten Energie zurück in das Bordnetz U_{+30}.

Auf Grund der Tatsache, dass ein MOS-Power-Transistor im statischen Betrieb am Gate fast keinen Stromfluss aufweist, kann dieser Zustand selbst bei Verwendung eines relativ kleinen Kondensators C_{402} über eine längere Zeit stabil aufrechterhalten werden (praktische Werte: teilweise größer als eine Sekunde).

Das bedeutet, der Ladekondensator C_{402} muss kapazitätsmäßig gesehen nicht besonders groß sein. Auf der anderen Seite ermöglicht die Verwendung eines kleinen Ladekondensators die Reduktion der Aufladezeit, in der die Last periodisch abgeschaltet wird.

In der Praxis hat sich gezeigt, dass besonders bei Lasten, die Heizfunktionen ausführen, es keinen Einfluss hat, ob während einer Zeit von ca. einer halben Sekunde eine Unterbrechung für wenige Millisekunden erfolgt.

Damit erhält man also eine Schaltung, die ohne eine Ladungspumpe die Verwendung eines preiswerten N-Kanal-MOS-Power-Transistors auch für sehr große Lasten ermöglicht. Bei einer Pulsweiten-Modulation ist diese periodische Unterbrechung prinzipbedingt immer gegeben.

Wie bereits in Abschnitt 7.5.5 erwähnt, muss in diesem Fall beachtet werden, dass ein schnelles periodisches Ein- und Ausschalten einer größeren Last direkt am Bordnetz im Kraftfahrzeug zu einer erheblichen Störbeeinflussung führen kann, da die transienten Vorgänge auf der Versorgungsleitung zum Aktuator in das Bordnetz zurückgespeist werden können. In diesen Fällen ist ein entsprechendes Entstörfilter in der Versorgungsleitung zum Schaltelement vorzusehen.

Im hier gezeigten Beispiel handelt es sich dabei um ein π-Filter bestehend aus zwei Kondensatoren und einer Induktivität (s.o.). Zu beachten ist hierbei, dass zumindest einer der beiden Kondensatoren einen recht hohen Kapazitätswert aufweisen sollte (100 µF … 400 µF). Bei größeren Lasten, die mit einer Pulsweiten-Modulation angesteuert werden, ist es unbedingt erforderlich, diesen relativ großen Kondensator in einer schaltfesten Ausführung zu verwenden, wie bereits erwähnt.

Ein weiterer Punkt ist die Tatsache, dass der gesamte Laststrom (inklusive möglicher Kurzschlussströme) über die Induktivität L_{401} geleitet wird. Ein entsprechender Drahtquerschnitt innerhalb dieser Induktivität ist dementsprechend vorzusehen.

Funktion der Bauelemente; Boot-Strap-Schaltung:

- R_{403}:   Stromangleichung zwischen dem Mikrocontroller-Port und TR_{401}

- R_{404}:   sicheres Abschalten von TR_{401} im ausgeschalteten Zustand

- TR_{401}:   Open-Kollektor-Schalter zur Einleitung der Aufladephase von C_{402} in der Boot-Strap-Schaltung

- D_{401}:   Schutz der CE-Strecke von TR_{401} gegen Überspannung

- R_{405}:   Schutz von TR_{401} gegen zu hohe Ströme

- D_{403}:   Schutz der Gate-Source-Strecke von T_{403} bei Störimpulsen

- R_{411}:   zusätzlicher Schutz des Gate-Anschlusses von T_{403}

- C_{402}:   Ladekondensator für die Boot-Strap-Schaltung

- D_{406}:   verhindert die Rückspeisung der Spannung an C_{402} in das Bordnetz

- R_{410}:   Lastwiderstand im Kollektorkreis von T_{401} während der Ladephase

- $R_{402}/R_{401}/C_{401}$:   Rückführung in den Mikrocontroller zur Generierung der Diagnoseinformationen, siehe auch obige Abschnitte

- $C_{421}/C_{422}/C_{423}/L_{401}$: π-Filter, das die Rückspeisung hochfrequenter Störsignale in das Bordnetz verhindert

- D_{404}:   in Verbindung mit D_{405} Schutz von T_{403} gegen zu hohe Drain-Source-Spannungen. Im Falle einer positiven Störspannungsspitze am Ausgang würde über D_{403} und D_{404} das Gate von T_{403} so weit angehoben, dass der Leistungstransistor voll durchschaltet und somit eine Impulsbegrenzung erreicht wird (z. B. beim Load-Dump-Impuls)

- R_{409}:   begrenzt in diesem Fall den maximalen Strom durch die genannten Dioden (s. o.).

Bewertung

Vorteile:

- die Schaltung arbeitet sehr schnell (für PWM geeignet)

- Verwendung eines einfachen N-Kanal-MOS-Power-Transistors ist möglich.

Nachteile:

- es muss grundsätzlich erlaubt sein, den Aktuator kurzzeitig zu takten

- der Bauteileaufwand bewegt sich in einem mittleren Rahmen

- bei Einsatz einer PWM ist die EMC-Problematik unbedingt zu beachten.

Bei der Auswertung der Diagnoserückführungsleitung ist hier zu beachten, dass zu bestimmten Zeitpunkten eine Aufladephase in der Boot-Strap-Schaltung stattfinden muss. Das bedeutet, dass die Zeitpunkte für die Auswertung der Rückführungsleitung mit der

Ladephase der Boot-Strap-Schaltung im Mikrocontroller softwaremäßig synchronisiert bzw. funktionell abzustimmen sind.

Obwohl der Aufwand auf den ersten Blick vielleicht etwas umfangreich erscheint, ist dennoch der Einsatz einer derartigen Boot-Strap-Schaltung immer dann sinnvoll, wenn eine zentrale Ladungspumpe innerhalb eines Steuergerätes nicht vorhanden ist und die Verwendung eines einfachen N-Kanal-MOS-Power-Transistors finanziell deutliche Vorteile aufweist.

Wie bereits in den vorherigen Abschnitten ausgeführt, ist auch hier die Verwendung eines MOS-Power-Transistors mit integriertem Temperaturschutz zu empfehlen, da auf diese Weise ein vollständiger Kurzschlussschutz nach Plus, Masse oder auch gegenüber einem schleichenden Kurzschluss erreicht werden kann.

7.5.9.4 Verwendung eines N-Kanal-CMOS-Power-Transistors mit integrierter Elektronik zur Ansteuerung

Alle bisher aufgeführten Schaltungen erfordern beim Einsatz in der Kraftfahrzeugelektronik immer noch einen erheblichen zusätzlichen Bauteileaufwand, um ein korrektes und fehlerfreies Funktionieren zu gewährleisten.

Seitens der Halbleiterindustrie ist bereits relativ früh erkannt worden, dass für die spezielle Situation in Kraftfahrzeugen möglichst viele dieser externen Bauelemente in ein zentrales Hochleistungsschaltelement integriert werden sollten. Diese Bauteile sind inzwischen in großer Vielfalt am Markt verfügbar. Sie bestehen in den meisten Fällen aus folgenden Funktionsgruppen:

- N-Kanal-MOS-Power-Transistor

- Ladungspumpe

- Temperaturerfassung

- Stromerfassung am Ausgang (inkl. Erfassung des Stromgradienten)

- Überspannungsschutz

- Verpolschutz

- Steuerlogik

- Diagnosefunktionalität zur Erkennung von offener Last

- analoge Strominformation im Lastzweig bei einigen Typen verfügbar (Sense-FET).

Man kann also in diesem Zusammenhang von einem **CMOS-Power-IC** sprechen.

Die Verwendung dieser CMOS-Power-ICs führt nun zu einer sehr kompakten und systemweit betrachtet auch preiswerten Lösung, wie sie in Bild 7.38 dargestellt ist.

IC_{402} stellt den MOS-Power-Chip dar, der in der Lage ist auch große Ströme zu schalten. Er wird direkt vom Mikrocontroller angesteuert (das bedeutet, ein + 5-V-Signal vom Mikrocontroller ist ausreichend). Eine Diagnoseleitung kann direkt vom MOS-Power-IC zurück in den Mikrocontroller geführt werden.

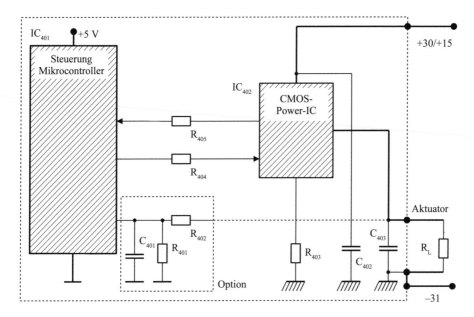

Bild 7.38 N-Kanal-CMOS-Power-Transistor mit integrierter Logik (CMOS-Power-IC)

In einigen seltenen Fällen kann es erforderlich werden, eine zusätzliche Diagnoseleitung vom Ausgang zurück in den Mikrocontroller vorzusehen. Das wäre immer dann der Fall, wenn die Erkennungsschwellen innerhalb des MOS-Power-IC für eine spezielle Last nicht passend sind.

Zusatzbemerkung: Die beiden Widerstände R_{404} und R_{405} sind funktionell gesehen zunächst nicht erforderlich.

Es hat sich aber auch hier in der Praxis gezeigt, dass es in einigen Fällen vorkommt, dass auch dieses voll geschützte CMOS-Power-IC unter extremen Bedingungen zerstört werden kann und unter Umständen die Betriebsspannung direkt auf die Ausgangsleitung bzw. Diagnoseleitung durchschaltet (durchlegiertes Bauteil).

Auch in diesem Fall ist es unbedingt erforderlich, dass der Mikrocontroller als Folge der Zerstörung des Leistungs-ICs nicht zusätzlich geschädigt wird, so dass er Notmaßnahmen bzw. Abschaltvorgänge kontrolliert durchführen kann.

Die beiden Widerstände R_{404} und R_{405} begrenzen nun den maximalen Strom in den Mikrocontroller hinein auf einen ungefährlichen Wert (Prinzip: Schutz mittels Current-Injection, siehe auch Abschnitt 7.4.1).

Die Funktionalität der Bauteile

- IC_{402}:   CMOS-Schalt-IC

- R_{404}/R_{405}:   Schutz des Mikrocontrollers bei durchlegiertem Schalt-IC

- R_{403}:   Begrenzung des inversen Stromes in den IC im Verpolfall

- C_{402}:   Verringerung der HF-Abstrahlung des Power-ICs

- C_{403}:   verhindert, dass der Schalt-IC durch schnelle Impulse auf den Leitungen (Impulse 3a und 3b) bzw. HF-Einstrahlung gestört werden kann

Optional:

$R_{401}/R_{402}/C_{401}$: Rückführung von der Ausgangsseite in den Mikrocontroller zur Generierung spezieller Diagnoseinformationen

Bewertung

Vorteile:

- sehr einfache und Platz sparende Schaltung auf der Leiterkarte

- vollständiger Schutz (inklusive EMC) gegenüber elektrischen Umwelteinflüssen

- integrierte Status-(Diagnose-)Leitung

- analoge Strominformation im Lastzweig (Sense-FET) bei einigen Ausführungen.

Nachteile:

- relativ kostenintensives Schaltelement (CMOS-Leistungs-IC)

- relativ langsame Schaltgeschwindigkeit (maximal einige 100 Hz), d. h., diese Schaltung ist für eine schnell schaltende PWM nicht geeignet.

Obwohl das schaltende Element bei dieser Realisation den Kostenschwerpunkt darstellt, ist es in der Praxis so, dass die Systemkosten (inklusive Betrachtung der Bestückungs-, Test- und Kühlmaßnahmen) in vielen Fällen deutlich günstiger sind als die Verwendung einfacher N-Kanal-MOS-Power-Transistoren in Verbindung mit einer umfangreicheren elektronischen Schaltung. Daher wird zur Zeit diese Lösung mit einem CMOS-Leistungs-IC bevorzugt eingesetzt.

■ 7.6 Kommunikation und Diagnose

(Funktionsblock 5)

Neben der Notwendigkeit, Diagnoseinformationen, die von den elektronischen Systemen im Fahrzeug generiert worden sind, an ein externes Diagnosegerät zu senden, ist die Realisation aller Funktionalitäten, wie sie in modernen Kraftfahrzeugen heute vorzufinden sind ohne eine Datenkommunikation zwischen den einzelnen Systemen nicht möglich.

Innerhalb der letzten Jahre haben sich schwerpunktmäßig vier unterschiedliche Kommunikationsformen in diesem Umfeld etabliert oder sind gerade dabei, eingeführt zu werden:

1. CAN-Bus
2. LIN-Bus
3. FlexRay-Bus
4. MOST-Bus

In diesem Buch sollen nur die hardwareseitigen Grundprinzipien näher erläutert werden. Das geschieht in Kapitel 9.

◼ 7.7 Schnittstelle zur Anzeige

(Funktionsblock 6)

Einige elektronische Systeme in Kraftfahrzeugen generieren Informationen, die dem Fahrer zur Anzeige gebracht werden müssen. Das können zum einen einfache Signalanzeigen sein (Anzeigelampen) oder auch größere Displays. In jedem Fall ist es erforderlich, eine geeignete Struktur innerhalb einer Elektronik zu finden, die eine kostengünstige Realisation ermöglicht.

Beispiele

- Anzeigelampen für diverse Fahrzustände: Blinkfunktion, Warnblinken, Generatorfunktion, Wahlhebelstellung, Flüssigkeitszustände usw. (Realisation: mittels einzelner Anzeigelampen oder LED-Anzeigen)

- Tachometer, Drehzahl (Realisation: mechanische Zeigerinstrumente oder Flüssigkristall/LC-Anzeigen)

- Bordcomputer: Temperaturen, Kraftstoffverbrauch, Fahrzeit (Realisation: mittels LC-Anzeigen)

- Klimatronik: Temperaturverhältnisse, Lüfterdrehzahlen, Luftklappenstellungen (Realisation: meist mittels kleiner LC-Anzeigen)

- Fahrerinformationssysteme: Navigation, Radioinformationen, andere textuelle oder grafische Darstellungen (Realisation meist mit Displays in LC-Technik).

Die Ansteuerung derartiger Anzeigen kann nun in zwei Gruppen unterteilt werden:

- Die Anzeige befindet sich entfernt vom Steuergerät und wird über eine Leitung angesteuert.

- Die Anzeige ist in das Steuergerät integriert und benötigt keine zusätzliche Kabelverbindung.

7.7.1 Ansteuerung einzelner Anzeigeelemente

In diesen Fällen hat man es im Prinzip mit einem kleinen Aktuator zu tun, der in der Regel nur einen geringen Strom benötigt und damit einfach anzusteuern ist. Dennoch muss auch hierbei beachtet werden, dass eine Leitung zum Anzeigeelement allen Umweltbedingungen innerhalb eines Kraftfahrzeuges ausgesetzt ist:

- HF-Einstrahlung (EMC)

- Unterbrechungen in den Steckverbindern

- Unterbrechung in den Leitungen

- Kurzschlüsse nach Plus oder Masse.

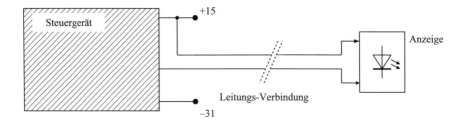

Bild 7.39 Anschluss einzelner Anzeigeelemente über Leitungsverbindungen

Das bedeutet für die Elektronik, dass letztendlich alle in Abschnitt 1.5 beschriebenen Randbedingungen auch hier gelten.

Auf Grund der geringen Stromaufnahme ist es allerdings in vielen Fällen möglich, sehr einfache und kostenoptimale Ausgangsstufen für einzelne Anzeigen zu realisieren. Hinzu kommt, dass heute vermehrt Hochleistungs-Leuchtdioden eingesetzt werden, deren Lebensdauer erheblich über der einer Glühfadenlampe liegt, wobei der Stromverbrauch noch wesentlich geringer ist (Reduktion der Verlustwärme). Allerdings sind sie oft sehr empfindlich gegenüber EMC-Einflüssen.

Diese Leuchtdioden sind derzeit zwar noch etwas kostenintensiver als Glühlampen, weisen jedoch einige wesentliche Vorteile auf, so dass davon ausgegangen werden kann, dass in naher Zukunft fast nur noch Leuchtdioden zum Einsatz kommen werden. Ein Beispiel findet sich in Bild 7.40.

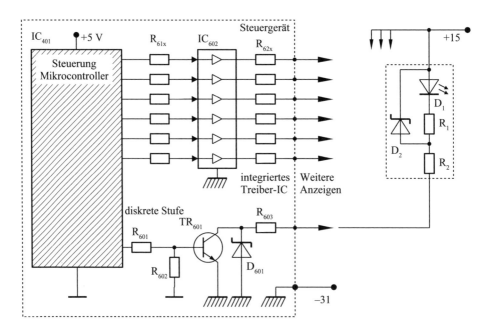

Bild 7.40 Ausgangsstufen zur Ansteuerung von Anzeigelampen oder LED

In diesem Bild sind zwei Alternativen zur Ansteuerung dargestellt:

- eine diskrete Lösung mit Einzeltransistoren

- eine integrierte Lösung unter Verwendung eines Mehrfach-Treiber-ICs (hier: 6 Stufen).

Die Funktion der Bauteile ist einfach.

Diskrete Lösung:

R_{601}, R_{602}, TR_{601}: stellen eine Open-Kollektor-Ausgangsstufe dar

D_{601}: Schutz von TR_{601} gegen positive Spannungsspitzen

R_{603}: Strombegrenzung im Falle von Kurzschlüssen nach U_B (Dabei ist unbe-dingt zu beachten, dass in diesem Fall eine erhebliche Verlustleistung im Widerstand R_{603} umgesetzt wird. Das muss bei der Auswahl des Widerstandstyps beachtet werden.).

Integrierte Lösung (falls mehrere Anzeigen angesteuert werden müssen):

IC_{602}: integrierter Treiberbaustein

T_{61x}: Schutzwiderstände vor dem Mikrocontroller im Falle eines durchlegierten IC_{602}, siehe auch Abschnitt 1.5 (je nach Größe der Widerstände R_{62x} können sie entfallen)

R_{62x}: sofern der integrierte Treiberbaustein keine interne Strombegrenzung aufweist, begrenzen diese Widerstände die Ausgangsströme auf ein ungefährliches Maß (können bei einer internen Strombegrenzung von IC602 entfallen).

Anzeige:

Als Beispiel wurde hier eine Ausführung mittels einer Leuchtdiode gewählt.

- D_1: Leuchtdiode

- D_2: Überspannungsschutz und Stabilisierung der Helligkeit

- R_1: Festlegung des Stromes durch die Leuchtdiode in Verbindung mit der Zener-Spannung von D_2

- R_2: Strombegrenzung durch D_2 und Schutz vor Kurzschlüssen und Spannungsspitzen.

Obwohl der elektronische Aufwand für eine LED-Anzeige recht groß erscheint (1 Diode und 2 Widerstände zusätzlich), sollte der zusätzliche Schutz vorgesehen werden, um Frühausfälle zu vermeiden.

7.7.2 Anschluss von Displays

Wie bereits erwähnt, werden Displays meist direkt in eine Elektronik integriert, so dass die Anforderungen an die Umweltbedingungen wesentlich geringer ausfallen. Übrig bleiben in erster Linie:

- Temperatureinflüsse

- mechanische und chemische Einflüsse

- gestrahlte Störaussendung bzw. Störfestigkeit (EMC).

Durch den Verbau innerhalb einer Elektronik kommen Kurzschlüsse oder Steckerprobleme nicht vor.

In den meisten Fällen ist es heute so, dass die entsprechende Anzeige-Elektronik für die Ansteuerung direkt hinter das Display verbaut wird, so dass die vielen Anschlüsse nicht über eine Leiterkarte geführt werden müssen. Dieses Prinzip hat sich überall in der Elektronik durchgesetzt (Bild 7.41).

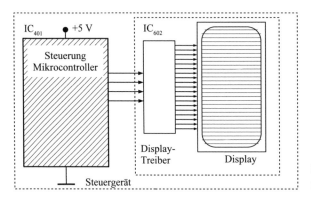

Bild 7.41 Anschluss von Displays (Prinzip)

Ausgehend von einem Mikrocontroller wird das Display über einen oder mehrere Display-Treiber-ICs angesteuert. Die Verbindung zwischen der Anzeige und den Treiber-ICs geschieht meist direkt in der Anzeige. Die Treiberbausteine werden dann auf der Rückseite des Displays verbaut. Das kann entweder direkt geschehen durch Verwendung einer Bond-Technik und ungehäuster Halbleiter-Chips oder aber unter Einbau einer Leiterkarte.

In jedem Fall verbleibt zum Anschluss an den Mikrocontroller nur noch eine vergleichsweise geringe Zahl von elektrischen Leitungen. Die Schnittstelle zwischen Mikrocontroller und Display-Treiber kann unterschiedlich sein und parallel oder seriell arbeiten.

Da sehr viele unterschiedliche Displays und Treiber-ICs am Markt verfügbar sind, sollen die elektronischen Details dieser Ansteuerung hier nicht weiter erläutert werden, da sie vom Prinzip her gesehen keine spezifischen Besonderheiten für die Kraftfahrzeugelektronik enthalten.

8

Mikrocontroller in der Kraftfahrzeugelektronik

Betrachtet man moderne Kraftfahrzeugelektronik, so werden die Steuerungs- und Regelungsaufgaben immer umfangreicher und komplizierter. Zusätzlich sind alle Systeme durch serielle Datenverbindungen untereinander vernetzt (CAN, LIN, FlexRay, MOST…).

Die Konsequenz ist, dass diese Funktionalitäten nicht mehr von diskret aufgebauter Elektronik oder sogar durch ASICs bedient werden können, sondern nur noch durch die Verwendung von Mikrocontrollern.

Das führt dazu, dass die geforderten Funktionalitäten heute in erster Linie durch Software realisiert werden. Die Erstellung dieser Software ist ein sehr umfangreiches Gebiet, da sich auch hier einige technische Notwendigkeiten im Prinzip widersprechen. Die wichtigsten Anforderungen sind:

- Verwendung von kompakter, von den Ressourcen her gesehen an die notwendige Funktion angepasster Mikrocontroller-Hardware (Speichergrößen, Port-Anzahl usw.), um die Kosten zu minimieren

- Verwendung von Programmier-Hochsprachen (meist „C"), die oft mehr Speicherplatz erfordern als bei Programmierung auf der Maschinensprachen-Ebene (Assembler). Hier gibt es in den letzten Jahren große Fortschritte, dennoch ist dieser Aspekt bei der finanziellen Beurteilung ein wichtiger Punkt.

- Erstellung von übersichtlich strukturierter und klar gegliederter Software, die ausführlich kommentiert ist und deren Programm- und Datenmodule klare, genau definierte Schnittstellen aufweisen, so dass ein Entwicklerteam zügig und zielgerichtet vorankommt

- Mehrfachverwendung von bereits erprobten Softwaremodulen

- Erstellung fehlerfreier Software durch ausführliche Tests

- Langzeitarchivierung der Software zusammen mit der Dokumentation für den Fall einer eventuell erst nach Jahren stattfindenden erneuten Analyse im Fehlerfall bei kostenintensiven Rückrufen oder Produkthaftungsfällen. Das heißt, ein anderes Entwicklerteam als das ursprüngliche muss sich schnell und zielgerichtet in eine fremde Software für Kraftfahrzeugelektronik einarbeiten können.

Die meisten dieser Punkte erfordern einen zusätzlichen Personalaufwand in der Entwicklungsphase, was zu erhöhten Kosten führt, die manchmal nicht ohne weiteres bereitgestellt werden.

Zusammenfassend kann festgestellt werden, dass die Software für Kraftfahrzeugelektronik umfangreichen Randbedingungen unterliegt.

In Zuge dieses Buches werden nun nicht die inzwischen verfügbaren und sehr leistungsfähigen Programmiermethoden im Einzelnen erläutert. Der Schwerpunkt liegt in diesem Kapitel auch auf der Hardware, das heißt, auf Fragen zur hardwaremäßigen Integration von Mikrocontrollern in Kraftfahrzeugelektronik.

Dennoch werden in Abschnitt 1.2 einige prinzipielle Überlegungen angestellt, wie Software für Kraftfahrzeuganwendungen anzulegen ist. Die Realisation derartiger Strukturen ist dann je nach verwendetem Softwarewerkzeug unterschiedlich. Die meisten der heute am Markt verfügbaren Software-Entwicklungsumgebungen für diese Anwendung unterstützen derartige Strukturen bzw. lassen sie zu.

■ 8.1 Mikrocontroller: Hardware

(Funktionsblock 2)

In diesem Abschnitt wird beschrieben, wie ein Mikrocontroller prinzipiell aufgebaut ist und aus welchen Funktionsblöcken er mindestens bestehen muss, um den Anforderungen im Kraftfahrzeug gerecht zu werden.

Dabei ist es natürlich vollkommen offensichtlich, dass es im Rahmen dieses Buches nicht möglich ist, alle am Markt verfügbaren Strukturen von Mikrocontrollern im Detail zu besprechen. Daher soll hier nur das Grundprinzip erläutert werden. Das bedeutet, es werden die hardwaremäßigen Funktionsblöcke erwähnt, die bei den meisten Mikrocontrollern für Kraftfahrzeuganwendungen vorhanden sind bzw. ohne die der Betrieb eines Mikrocontrollers überhaupt nicht möglich ist.

Die in der Kraftfahrzeugelektronik eingesetzten Mikrocontroller unterscheiden sich in erster Linie durch ihr Speichervolumen, ihre Rechenleistung und die Anzahl der zur Verfügung stehenden Schnittstellen nach extern.

Bei der kleinsten Ausführung kann es sich z. B. um eine Version handeln, die in einem 8-poligen Gehäuse untergebracht ist und nur einige hundert Befehlsworte an Software speichern kann. Auf der anderen Seite befinden sich die Mikrocontroller höchster Leistung, wie sie z. B. in der Motorelektronik zu finden sind (32 Bit Wortbreite, einige 100 KByte an Speicher).

In dem Bereich dazwischen ist die Typenvielfalt am Markt fast unübersehbar. Eines haben sie allerdings alle gemeinsam: Sie müssen für den rauen Betrieb in einem Kraftfahrzeug ausgelegt sein, Das betrifft in erster Linie den Temperaturbereich, aber auch die elektromagnetische Verträglichkeit (EMC).

8.1.1 Grundstruktur eines Mikrocontrollers

Vom Prinzip her handelt es sich bei einem Mikrocontroller zunächst um einen Mikroprozessor, bei dem alle die Elemente zusätzlich integriert worden sind, um einen selbstständigen Betrieb in einer rauhen Umgebung zu gewährleisten. Oder anders ausgedrückt: Ein Mikrocontroller besteht aus einem Mikroprozessor mit Peripherie.

Die wichtigsten Grundelemente, aus denen ein Mikrocontroller zusammengesetzt ist, sind in folgendem Bild 8.1 dargestellt.

Mikrocontroller
Grundelemente
(schematisch)

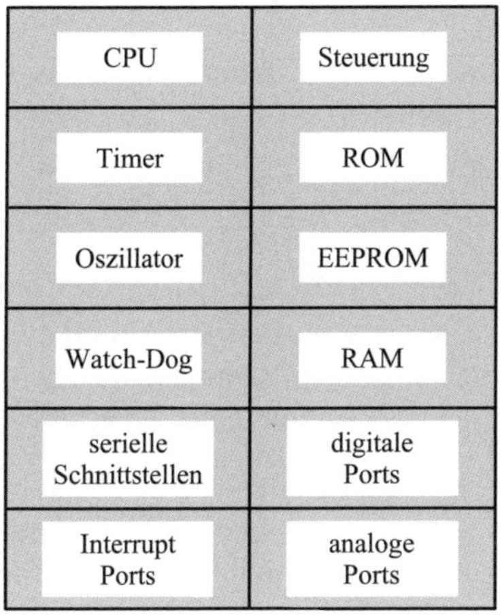

CPU	Steuerung
Timer	ROM
Oszillator	EEPROM
Watch-Dog	RAM
serielle Schnittstellen	digitale Ports
Interrupt Ports	analoge Ports

Bild 8.1 Grundstruktur eines Mikrocontrollers

- **CPU:** Central Processing Unit (CPU), zentraler Mikroprozessor. Bei modernen Mikrocontrollern sind oft mehrere CPU vorhanden, sog. Multi-Core-Mikrocontroller.

- **Steuerung:** Steuerwerk, mit dem sämtliche Abläufe auf dem Halbleiter IC gesteuert werden.

- **Timer:** In der Regel mehrere Zeitgeber, mit denen Zeitabläufe synchronisiert und zeitabhängige Steuerungen überhaupt erst durchgeführt werden können.

- **Oszillator:** Meist ein Quarzoszillator, der als zentraler Taktgeber für das gesamte System verwendet wird.

- **ROM:** Programmspeicher, kann in verschiedenen Ausführungsformen vorliegen; z.B. als Masken-ROM, OTP (One-Time-Programmable) oder auch Flash-ROM.

- **EEPROM:** Nicht flüchtiger Speicherbereich, zum Ablegen von Diagnosedaten, Systemzuständen und Systemparametern.

- **RAM:** Random-Access-Memory, Arbeitsspeicher, in dem Daten abgelegt werden können. In der Regel wird dieser Speicher beim Abschalten der Betriebsspannung wieder gelöscht.

- **Watch-Dog:** Spezieller einfacher Oszillator, meist realisiert unter Verwendung eines Widerstandes mit einem Kondensator, um einen internen Watch-Dog-Zähler aufzubauen. Mittels dieses Watch-Dog-Zählers ist es möglich, den korrekten Programmablauf zu überwachen. Diese Möglichkeit ist eine Ergänzung des Hardware-Watch-Dogs, dessen

Signal vom Spannungsregler (Funktionsblock 1) ausgewertet wird (siehe auch Abschnitt 8.2.2). Serielle Schnittstellen Schnittstellen zu anderen Systemen im Kraftfahrzeug, Übertragung mittels K-Line, LIN-Bus, CAN-Bus oder anderen.

- **Interrupt Ports:** Spezielle Eingänge, mit denen der Programmablauf unmittelbar unterbrochen werden kann.

- **Digitale Ports:** Mittels dieser Leitungen können digitale Signale ausgegeben oder aber auch ausgewertet werden.

- **Analoge Ports:** Hierbei handelt es sich um analoge Eingänge. Die Auflösung ist abhängig vom Typ des Mikrocontrollers, typische Werte sind 8 Bit, 10 Bit oder neuerdings auch 12 Bit.

Ein Mikrocontroller ist also ein komplettes Computersystem, bestehend aus Mikroprozessor, Speicher und peripheren Schnittstellen. Aus diesen Gründen ist ein Mikrocontroller das ideale Steuerungs- und Regelungselement im Zentrum einer Kraftfahrzeugelektronik.

Dennoch darf in diesem Zusammenhang nicht vergessen werden, dass ein Mikrocontroller in der Regel einen hochkomplizierten integrierten Schaltkreis darstellt, bei dessen Einbau in eine Kraftfahrzeugelektronik besondere Schutzmaßnahmen erforderlich sind. Alle bisher gemachten Bemerkungen zum Thema EMC-Schutz im Kraftfahrzeug (siehe Kapitel 4) sind in diesem Zusammenhang unbedingt zu beachten.

8.1.2 Verwendung eines Mikrocontrollers (Prinzip)

Das Bild 8.2 zeigt die Grundbeschaltung eines Mikrocontrollers für den Einsatz in einer Kraftfahrzeugelektronik.

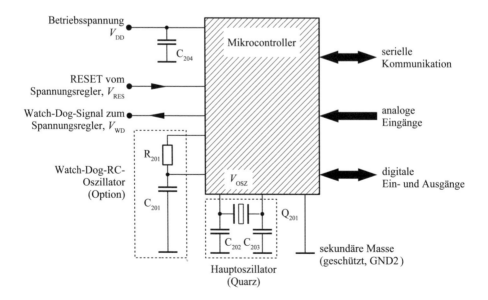

Bild 8.2 Der Mikrocontroller in einer Kraftfahrzeugelektronik

Die grundsätzlichen Schutzmaßnahmen, die ergriffen werden müssen, um einen Mikrocontroller vor den Einflüssen des Bordnetzes zu schützen, sind bereits in Kapitel 7 ausführlich dargestellt worden.

Hier werden nun die schaltungstechnischen Details gezeigt, die in unmittelbarer Nähe des Mikrocontrollers vorzusehen sind. In diesem Zusammenhang bedeutet unmittelbare Nähe, dass die entsprechenden Bauelemente auf der Leiterkarte wirklich so dicht wie möglich an dem Mikrocontroller-Chip platziert werden. Dieses kann in der Praxis eine recht schwierige Forderung darstellen, da die Platzverhältnisse auf den Leiterkarten in einer Kraftfahrzeugelektronik gelegentlich sehr eng sind.

Dennoch ist es eine Grundforderung. Das Verlassen dieses Prinzips (z. B. Entfernung des Haupt-Quarzoszillators vom Mikrocontroller-Chip) führt meistens zu erheblichen EMC-Problemen. Besonders die Empfindlichkeit gegenüber eingestrahlter Hochfrequenz-Energie (Störfestigkeit) oder Probleme bei der gestrahlten oder leitungsgebundenen Störaussendung werden verschärft.

Das Layout auf der Leiterkarte in unmittelbarer Nähe zu einem Mikrocontroller ist in vielen Fällen der entscheidende Schlüssel, der über ein erfolgreiches Funktionieren oder einen Misserfolg eines Layouts entscheidet.

Wie bereits bei allen anderen Schaltungen ist auch hier nur ein **Beispiel** gezeigt.

Die Funktion der Bauelemente bzw. elektrischer Signale:

- V_{DD}: Betriebsspannung vom Spannungsregler

- V_{RES}: RESET-Signal vom Spannungsregler

- V_{WD}: Watch-Dog-Signal zum Spannungsregler

- GND2: Massesignal, geschützt vom Spannungsregler (siehe auch Massebaum)

- C_{204}: Kleiner, hochfrequenzgeeigneter Kondensator, um mögliche Störbeeinflussungen zum Mikrocontroller oder aus dem Mikrocontroller heraus zu minimieren.

- C_{202}, C_{203}, Q_{201}: Stellen die Außenbeschaltung für den Hauptoszillator unter Verwendung eines Schwingquarzes dar. Die hier gezeigte Schaltung ist eine typische Applikation, die bei vielen Mikrocontrollern verwendet wird. Dennoch ist sie nur ein Beispiel. Im Einzelfall ist bei der Beschaltung des Hauptoszillators immer auf die Aussagen in den technischen Datenblättern des entsprechenden Mikrocontrollers zurückzugreifen.

- R_{201}, C_{201}: Ein einfacher RC-Oszillator, mit dem intern im Mikrocontroller eine zweite Zeitbasis aufgebaut werden kann, die als Watch-Dog-Zeitgeber verwendet wird. Diese Möglichkeit ist bei einigen Mikrocontrollern eine Option, die gegebenenfalls verwendet werden kann.

Zusatzbemerkungen: Wie bereits beschrieben, besteht im obigen Fall der Hauptoszillator aus zwei Kondensatoren und einem Quarz. Gelegentlich ist zusätzlich die Verwendung von ein oder zwei Widerständen erforderlich. Das hängt von dem internen Aufbau des Oszillatorverstärkers im Mikrocontroller ab.

Diese Art von Quarzbeschaltung (Colpitts-Oszillator) ist eine sehr stabil arbeitende Lösung. Gelegentlich wird in den technischen Datenblättern zu Mikrocontrollern vorgeschlagen, nur mit einem Kondensator nach Masse zu arbeiten (C_{202} oder C_{203}). Ist dies bei einem speziellen Mikrocontroller der Fall, so sollte vor dem Einsatz in eine Kraftfahrzeugelektronik der Bauteilehersteller kontaktiert und eine entsprechende Hauptoszillatorschaltung genau hinterfragt bzw. definiert werden. Es hat sich gezeigt, dass andere Schaltungen als die hier dargestellte gelegentlich Probleme im Temperaturbereich, der für Kraftfahrzeugelektroniken üblich ist, haben. Das gilt besonders für tiefe Temperaturen (– 40 °C bis – 20 °C).

Ein in diesem Zusammenhang beobachteter Effekt ist, dass ein mit nur einem Kondensator aufgebauter Quarzoszillator in einem engen Temperaturbereich unter ungünstigen Umständen von der Grundschwingung auf eine Oberwellen-Schwingung springen kann, was zum Ausfall des Steuergerätes führt.

In einigen Fällen ist es nicht erforderlich, dass der Mikrocontroller mit einer extrem genauen Zeitbasis arbeitet. Dann kann im Hauptoszillator anstatt eines relativ teuren Schwingquarzes auch ein sog. Resonatorbauteil verwendet werden. In der Regel verändert sich die Schaltung bis auf die Dimensionierung der Kondensatoren dadurch nicht. Die weiteren Bemerkungen gelten ebenfalls.

8.1.3   Startphase eines Mikrocontrollers

Schaltet man einen Mikrocontroller ein, so beginnt die Programmabarbeitung in der Regel bei einer in den Datenblättern genau definierten Startadresse. Diese Startadresse befindet sich in vielen Fällen bei 0, das bedeutet: Der Programmzähler innerhalb des Mikrocontrollers beginnt seine Softwareverarbeitung nach dem Einschalten bei der Adresse 0. Bis es jedoch soweit ist, müssen einige elektrotechnische Randbedingungen erfüllt sein, damit ein korrekter Softwarestart überhaupt erfolgen kann.

Wie bereits in Abschnitt 7.2.4 dargestellt, ist es z. B. sehr wichtig, zum richtigen Zeitpunkt über ein RESET-Signal vom Spannungsregler aus den Softwarestart einzuleiten. Die einzelnen Phasen werden nun im Bild 8.3 näher erläutert.

Im Wesentlichen sind beim Start eines Mikrocontrollers vier Spannungssignale wichtig:

- V_{DD}: Betriebsspannung

- V_{OSZ}: Spannung am Quarzoszillator

- V_{RES}: RESET-Signal

- V_{WD}: Watch-Dog-Signal vom Mikrocontroller zum Spannungsregler

Die zeitliche Reihenfolge dieser Signale ist in dem o. g. Bild dargestellt und soll nun näher erläutert werden.

V_{DD}: Zum Zeitpunkt t_0 wird die Fahrzeugelektronik eingeschaltet. Das bedeutet, die gesamte Elektronik erhält elektrische Energie. Innerhalb der ersten Zeit nach t_0 müssen nun die vorhandenen großen Elektrolyt-Kondensatoren vor dem Spannungsregler bzw. dahinter zunächst erst aufgeladen werden. Als Folge daraus ergibt sich für die Spannung V_{DD}, dass sie nicht plötzlich auf ihren Endwert springen kann, sondern mehr oder weniger mit einer Rampenfunktion ansteigt. Auf dieses Verhalten ist bereits in Abschnitt 7.2.4 hingewiesen worden, als es darum ging, ein korrektes RESET-Signal für den Mikrocontroller zu generieren.

Nach einer bestimmten Zeit wird zum Zeitpunkt t_1 die Schwelle überschritten, an der die interne Betriebsspannung für den Mikrocontroller als gültig zu betrachten ist. Je nach Ausführungsform sind für die Nennspannungen Abweichungstoleranzen von ±5% bis ±10% zulässig. Während dieser gesamten Zeit ist es wichtig, dass das RESET-Signal (V_{RES}) die Softwareverarbeitung im Mikrocontroller anhält.

V_{OSZ}: Bei dieser Spannung handelt es sich nicht um ein logisches Signal, sondern diese Darstellung soll nur dazu dienen zu verdeutlichen, wann der Quarzoszillator anschwingt, bzw. wann er einen stabilen Zustand eingenommen hat.

Wie aus dem Bild 8.3 ersichtlich, kann es durchaus eine gewisse Zeit dauern, bis ein Quarzoszillator anzuschwingen beginnt und bis diese Schwingung einen amplitudenmäßig stabilen Zustand einnimmt.

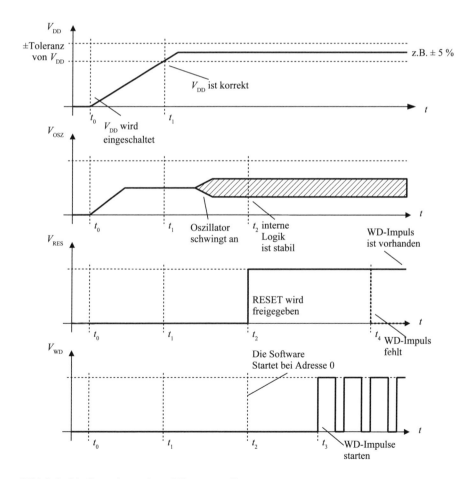

Bild 8.3 Die Startphase eines Mikrocontrollers

Ist das geschehen, ist der erste Zeitpunkt erreicht, in dem innerhalb des Mikrocontrollers die Steuerungslogik und die Ausgangsleitungen einen definierten Zustand annehmen können. Meist sind für die Einnahme dieses Grundzustandes einige hundert bis einige tausend korrekte Oszillatortakte erforderlich, so dass nach Aufbau einer stabilen Oszillatorfrequenz noch eine gewisse Zeit verstreichen muss, bis der Mikrocontroller bereit ist, die Software zu starten. In dem Bild 8.3 ist das bei t_2 der Fall.

V_{RES}: Zum Zeitpunkt t_2 kann also die Software gestartet werden. Das geschieht, indem das RESET-Signal am Mikrocontroller vom Spannungsregler aus freigegeben wird.

V_{WD}: Ist in dem System eine Watch-Dog-Funktion vorhanden bzw. vorgesehen, dann muss innerhalb einer maximalen Wartezeit (t_4) ein Watch-Dog-Signal seitens des Mikrocontrollers generiert werden.

Dieses Signal kann zum einen extern an den Spannungsregler geleitet werden (externer Hardware-Watch-Dog), der dann die weitere Auswertung durchführt.

Das bedeutet: Die Wartezeit $t_4 - t_2$ muss durch geeignete Kondensatoren am Spannungsregler, die zur Generierung einer Watch-Dog-Zeitkonstanten verwendet werden, genau auf diese Wartezeit abgestimmt werden.

Im Bild 8.3 findet die Aufnahme der Watch-Dog-Impulse durch die Software im Mikrocontroller zum Zeitpunkt t_3 statt. Es ist wichtig, dass der Zeitpunkt t_3 auch im Worst-Case (Temperaturbereich Exemplarstreuungen usw.) immer deutlich vor dem Zeitpunkt t_4 liegt, da im anderen Fall ein RESET ausgelöst würde und die Softwareverarbeitung gestoppt wird.

Wird der interne Watch-Dog-Oszillator verwendet (siehe Bild 8.1.2.1), gilt im Prinzip dasselbe. Die Bestätigung des Watch-Dog-Impulses geschieht jedoch in vielen Fällen softwaremäßig durch Programmierung zweier spezieller Assembler-Befehle unmittelbar hintereinander. Dadurch kann eine gewisse Verbesserung der Funktionszuverlässigkeit eines internen Watch-Dog-Signals erreicht werden.

Zusatzbemerkungen: Das Thema Watch-Dog-Impulse bzw. Watch-Dog-Signale ist immer wieder Gegenstand von Diskussionen. Daher wird in Abschnitt 8.2.2 noch einmal ausführlicher auf diesen Aspekt eingegangen.

■ 8.2 Mikrocontroller: Grundlegende Überlegungen zur Software

Wie bereits dargelegt, ist die Softwareerstellung für Mikrocontroller kein Schwerpunkt dieses Buches. Dennoch ist es wichtig, einige hardwarenahe Aspekte auch bei der Programmierung zu beachten. Das betrifft insbesondere die Generierung eines Watch-Dog-Signals, die Entprellung von digitalen und analogen Signalen sowie die Strukturierung einer dynamisch arbeitenden Software, um EMC-Einflüssen zu begegnen. Diese Inhalte sind Gegenstand der nächsten Abschnitte.

8.2.1 Dynamische Softwaregrundstruktur

Ein Mikrocontroller stellt zunächst ein digital arbeitendes Bauteil dar. Das bedeutet, dass sämtliche Vorgänge innerhalb dieses Bausteins durch die eindeutige Abfolge von digitalen Signalen deterministisch festgelegt werden. Dieser Determinismus bewirkt normalerweise, dass die Abarbeitung der vom Entwickler festgelegten Programmsequenzen (programmierte Befehlsreihenfolge) ohne Fehler hintereinander perfekt ausgeführt wird.

Unter einem **Softwarefehler** wäre in diesem Zusammenhang zu verstehen, dass diese programmierte Befehlssequenz fehlerhaft ist, und somit nach außen der Eindruck entsteht, das digital arbeitende Bauteil (Mikrocontroller) macht Fehler. Das ist jedoch in der Regel nicht der Fall, da die nach außen sichtbaren Fehler meist Programmierfehler seitens des Entwicklers darstellen (klassische Softwarefehler).

Diese Sichtweise der digitalen Signalverarbeitung ist im Allgemeinen immer dann erlaubt, wenn von einer korrekten Abarbeitung der programmierten Befehle innerhalb des Mikrocontrollers ausgegangen werden kann.

Als Konsequenz stellt sich die Frage, ob es Bedingungen gibt oder geben kann, die diesen o. g. Determinismus in Frage stellen. Dieses kann in der Tat immer dann auftreten, wenn besondere Umweltbedingungen vorliegen. Eine derartige Situation in einer Kraftfahrzeugelektronik wäre eine extreme Belastung durch EMC-Einflüsse. Es hat sich in der Praxis gelegentlich ergeben, dass auf Grund z. B. sehr hoher eingestrahlter Störfelder in eine elektronische Schaltung der korrekte Programmablauf innerhalb eines Mikrocontrollers signifikant gestört worden ist.

Als Resultat erhält man in den meisten Fällen Fehlfunktionen oder den Abbruch der kontrollierten Programmverarbeitung. Speziell bei sicherheitskritischen Anwendungen im Kraftfahrzeug ist es daher unbedingt erforderlich, geeignete Maßnahmen zu ergreifen, um derartige Störfälle zu erfassen bzw. zu verhindern.

Bezüglich der Reduktion der externen Einflüsse (z. B. durch EMC) werden in Abschnitt 8.4.5 noch einige weitergehende Erläuterungen gegeben. Hier sollen zunächst einige Überlegungen angestellt werden, wie man durch eine geschickte Verwendung der mikrocontrollerinternen Ressourcen die Funktionssicherheit auch unter extremen Umweltbedingungen verbessern kann. Ein sehr grundsätzliches Beispiel in diesem Zusammenhang ist der Umgang mit digitalen Ausgangsleitungen, sog. Ports.

Digitale Mikrocontroller-Ports

In vielen Fällen besteht ein Port aus acht digitalen Leitungen, an denen die Aktuatorik über entsprechende Verstärkerstufen angeschaltet wird.

Die logische Belegung dieser Ports (binäres Bitmuster) geschieht meistens innerhalb des Mikrocontrollers unter Verwendung entsprechender Befehle zum Abspeichern des gewünschten Bitmusters in die Port-Struktur. Normalerweise würde das einmalige Einspeichern eines derartigen Bitmusters ausreichen, um eine Aktuator-Gruppe für eine längere Zeit bezüglich ihrer Ein- oder Aus-Zustände festzulegen.

Es hat sich jedoch in der Praxis gezeigt, dass es in extremen Situationen (EMC) vorkommen kann, dass ein einmal beschriebener Port-Anschluss völlig unvermittelt seinen logischen Zustand wechselt und damit auch den Schaltzustand des Aktuators ändert.

Speziell innerhalb einer Kraftfahrzeugelektronik ist es offensichtlich, dass ein derartiges Verhalten in keinem Fall akzeptierbar ist. Als Lösung bietet sich an, sämtliche verwendeten Ports innerhalb einer Kraftfahrzeugelektronik ständig dynamisch zu beschreiben, wie in folgendem Bild 8.4 dargestellt.

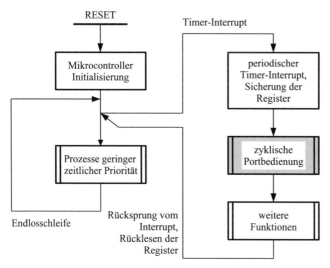

Bild 8.4 Dynamische Softwaregrundstruktur

Im linken Teil des Bildes ist dargestellt, dass der Mikrocontroller nach dem Softwarestart (RESET-Leitung ist freigegeben worden) zunächst eine Initialisierung aller verwendeten peripheren und internen Elemente durchführt, um anschließend in einer Endlosschleife die Prozesse zu bedienen, die eine geringe zeitliche Priorität haben.

Unter Verwendung eines internen Zeitgebers (Timers) wird nun in periodischen Abständen dieser Vorgang unterbrochen und zyklisch die berechneten bzw. vorliegenden Bitmuster der Port-Belegung auf die Ausgänge gegeben.

Im Zuge der Abarbeitung dieses Timer-Interrupts sind natürlich auch Aufrufe an weitere Funktionen möglich. Der zeitliche Abstand dieser wiederholten Ausgaben ist systemabhängig und muss je nach Applikation optimiert werden.

Als Ergebnis erhält man eine sehr stabile Ansteuerung der Aktuatorik, die auch im Falle von erhöhten EMC-Einflüssen wesentlich sicherer funktioniert, da eventuell umgekippte Port-Leitungen innerhalb des nächsten Refresh-Zyklus wieder den korrekten logischen Pegel annehmen.

Diese Methode wird hier mit **zyklischer Port-Bedienung** bezeichnet und sollte bei Kraftfahrzeugelektronik grundsätzlich immer angewandt werden.

8.2.2 Erzeugung eines Watch-Dog-Signals

Wie bereits in Abschnitt 8.1 dargestellt, besteht die Möglichkeit, durch Verwendung eines geeigneten logischen Signals den Programmablauf innerhalb eines Mikrocontrollers zumindest vom Grundsatz her zu überwachen (das sog. Watch-Dog-Signal).

Die Grundidee dabei ist, dass jede Software für die Verarbeitung von verschiedenen Funktionen grundsätzlich eine bestimmte Zeit benötigt. Wenn es möglich ist, innerhalb dieser Software einen oder mehrere wichtige Funktionspunkte zu definieren, so kann man diese Punkte dazu verwenden, an einem genau definierten Ausgangs-Port-Pin einen logischen Pegelwechsel herbeizuführen.

Dieser Pegelwechsel würde dann von einer geeigneten externen Hardware erkannt werden, die entscheidet, ob die Frequenz dieses Kontrollsignals noch innerhalb eines gültigen Bereiches liegt oder nicht. Wie bereits in Abschnitt 7.1 dargestellt, wird diese extern benötigte Hardware oft in den Spannungsregler-Baustein mit integriert. Der Spannungsregler-Baustein ist dann seinerseits in der Lage, gegebenenfalls über die RESET-Leitung zum Mikrocontroller die Softwareverarbeitung zu unterbrechen.

Die entscheidende physikalische Eigenschaft dieser Taktleitung (Watch-Dog-Signal) ist folgende:

Innerhalb eines vorgegebenen Zeitrahmens *muss* ein **Flankenwechsel** an den Spannungsregler gesendet werden. Dabei ist wirklich wichtig, dass es sich um ein dynamisches Signal handelt. Sollte die Watch-Dog-Leitung durch einen gravierenden Softwarefehler innerhalb des Mikrocontrollers *statisch* auf logisch High oder auf logisch Low verbleiben, so würde *beides* zu einer Auslösung des RESET-Signals und damit zum Rücksetzen der Software führen.

Auf diese Weise ist es möglich, den Ablauf der Software innerhalb eines Mikrocontrollers zumindest im Groben zu überwachen, wie in folgendem Bild 8.5 gezeigt.

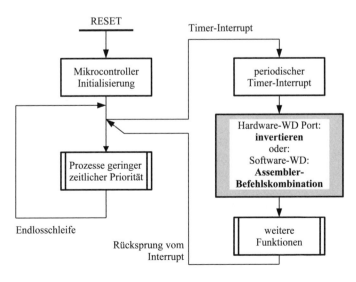

Bild 8.5 Einfache Watch-Dog-Signalerzeugung

Im Bild 8.5 ist zu erkennen, dass analog zur Struktur aus dem letzten Abschnitt während des Zeitgeber-Interrupts in einer entsprechenden Softwarefunktion der Hardware-Watch-Dog-Port invertiert wird.

Als Konsequenz erhält man bei jedem Timer-Interrupt eine elektrische **Flanke** am Watch-Dog-Port, die vom auswertenden Spannungsregler als gültig gewertet wird, sofern die Periodendauer zwischen diesen Flanken nicht zu groß wird.

Sollte nun einmal eine derartig intensive EMC-Störung vorliegen, dass dieser Timer-Interrupt ausbleibt, d. h. die interne Mikrocontroller-Steuerung läuft nicht mehr korrekt, dann würde auch die Invertierung des Watch-Dog-Ports entfallen und wie bereits beschrieben der Spannungsregler die Mikrocontroller-Software über den RESET-Eingang zurücksetzen.

Wie bereits erwähnt, setzt das hier beschriebene Prinzip des externen Hardware-Watch-Dogs die Verwendung eines geeigneten Spannungsreglers mit Watch-Dog-Eingang voraus. Um diesen Prozess hardwaremäßig zu vereinfachen, ist seitens der Halbleiterindustrie bei vielen Mikrocontrollern eine zusätzliche kleine Oszillatorschaltung eingebaut worden, die in der Lage ist, ebenfalls intern im Mikrocontroller einen RESET der Software durchzuführen. Man spricht in diesem Zusammenhang von dem **Software-Watch-Dog**.

Im Abschnitt 8.1.2 wurde dargestellt, dass dieser kleine interne Oszillator aus Kostengründen oft aus einem sehr einfachen RC-Oszillator besteht. Die Funktion ist häufig sehr ähnlich zu dem in Bild 8.5 dargestellten externen Hardware-Watch-Dog: Sollte eine Störung der Software vorliegen, so würde dieser interne Zeitgeber bei Ablauf einen RESET auslösen.

Da in diesem Fall zum Zurücksetzen dieses Software-Watch-Dogs kein Hardware-Port-Pin verwendet werden kann, ist eine andere Strategie erforderlich: Oftmals werden zum Zurücksetzen des internen Watch-Dog-Zählers zwei oder mehrere spezielle Mikrocontroller-Befehle (Assembler-Befehle) programmiert, die den Watch-Dog-Zähler zurücksetzen, sofern sie innerhalb des Programmablaufes unmittelbar hintereinander ausgeführt werden. Das ist im Bild 8.5 mit Assembler-Befehlskombination gekennzeichnet.

Die Auswirkung auf die Verbesserung der Softwaresicherheit unter extremen Bedingungen ist vergleichbar mit der eines Hardware-Watch-Dog in der bisher geschilderten Ausführung.

Zusatzbemerkung: Wird die Software in einer Hochsprache (z. B. C) geschrieben, so muss innerhalb des Quellcodes des C-Compilers für das Programmieren der o. g. Assembler-Befehlskombination lokal innerhalb des C-Quelltextes auf eine Assembler-Programmierung umgestellt werden.

Verbesserung des Watch-Dogs

Obwohl die bisher beschriebene Methode, Softwarefehler zu entdecken, bereits eine erhebliche Verbesserung der Sicherheit eines Systems hervorruft, hat die praktische Erfahrung gezeigt, dass die Verwendung eines einfachen Software-Watch-Dogs oder eines invertierten Port-Ausganges in einigen Fällen Softwarefehler, wie sie hier zu Grunde gelegt werden, nicht erkennen kann. Bei der Verwendung eines externen Hardware-Watch-Dogs ist jedoch durch Nutzung einer erweiterten Strategie zur Erzeugung des Watch-Dog-Signals eine deutliche Verbesserung möglich:

Die Grundidee ist die, den Hardware-Watch-Dog-Port nicht zu invertieren, sondern ihn in einem Teil der Software *statisch auf High* zu schalten und in einem anderen, völlig getrennten Softwareteil *statisch auf Low* (s. Bild 8.6).

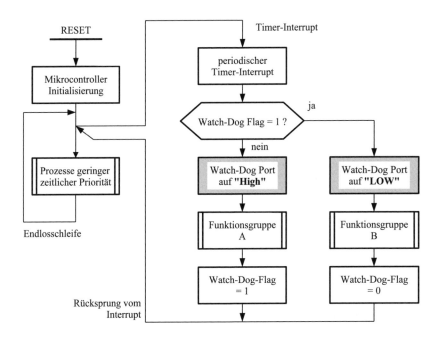

Bild 8.6 Verbesserung der Hardware-Watch-Dog-Signalerzeugung

Wie in Bild 8.6 gezeigt, gibt es innerhalb der Software zwei wichtige Funktionsgruppen:

- Funktionsgruppe A

- Funktionsgruppe B.

Die Aufspaltung der kompletten Software in derartige Gruppen sollte so erfolgen, dass ein korrekter Ablauf der wichtigsten Funktionen innerhalb des elektronischen Systems nur dann gegeben ist, wenn beide Funktionsgruppen alternativ zueinander aufgerufen werden. Anders ausgedrückt: Würde nur die Funktionsgruppe A **oder** die Funktionsgruppe B ausgeführt, läge ein gravierender Softwarefehler vor.

Wie in dem Bild 8.6 offensichtlich, werden nun beide Funktionsgruppen von einem Watch-Dog-Flag gesteuert alternativ aufgerufen und in jedem Datenpfad der Watch-Dog-Port entweder statisch auf High gelegt (Gruppe A) **oder** auf Low (Gruppe B).

Am Ausgang des Watch-Dog-Ports ergeben sich also nur **Impulse** (elektrische Flankenwechsel), wenn **beide** Funktionsgruppen alternativ verarbeitet werden.

Wie bereits angedeutet gilt: Sollte nur eine Funktionsgruppe durch einen Fehler ausgeführt werden, bliebe der Watch-Dog-Port statisch entweder auf logisch High oder auf logisch Low. Beides würde in jedem Fall zu einer Auslösung des RESET-Signals seitens des verwendeten Spannungsreglers führen.

Es hat sich gezeigt, dass die Erkennung von Software-Verarbeitungsfehlern durch die Verwendung von *statisch geschalteten* Watch-Dog-Ports erheblich verbessert werden kann.

Bewertung

Es ist offensichtlich, dass ein Mikrocontrollersystem ganz *ohne Watch-Dog-Funktionalität* das höchste Risiko aufweist, im rauen Alltagsbetrieb im Kraftfahrzeug Fehlfunktionen zu produzieren, die unter Umständen gefährlich werden können.

Daher ist es in der Kraftfahrzeugelektronik inzwischen zum Standard geworden, alle Mikrocontroller gesteuerten Systeme mit einer Watch-Dog-Funktion auszustatten.

Zusammenfassung externer Watch-Dog mit invertiertem Port bzw. interner Watch-Dog: Beide Versionen überwachen vom Prinzip her gesehen einen strategisch wichtigen Softwarepunkt und können bei richtiger Programmierung bzw. Dimensionierung der Bauteile die Zeitabstände zwischen den wiederholten Aufrufen dieses Softwarepunktes auswerten und gegebenenfalls darauf reagieren.

Das stellt, wie bereits erwähnt, eine erhebliche Verbesserung der Funktionssicherheit bzw. der Verhinderung kritischer Systemzustände im Vergleich zu Systemen ganz ohne Watch-Dog dar.

Externer Watch-Dog durch Auswertung alternativer Funktionsgruppen: Vom Prinzip her gesehen ist dieser Watch-Dog in der Lage, zwei für das System wichtige Softwarepunkte zu überwachen.

Erst beim alternativen Aufruf beider Funktionsgruppen entsteht überhaupt ein Watch-Dog-Signal. Das bedeutet, dass das Ausbleiben des Watch-Dog-Signals in diesen Fällen auf eine gravierende Softwarestörung hinweist. Von den drei hier gezeigten Beispielen wäre diese dritte Möglichkeit die sicherste. Allerdings ist in diesem Fall auch ein gewisser zusätzlicher Hardwareaufwand erforderlich (spezieller Spannungsregler).

8.2.3 Verarbeitung digitaler Signale

Digitale Signale für Kraftfahrzeugsteuerungen können aus den verschiedensten Quellen stammen. Im Allgemeinen sind es entweder Signale von Schaltern, von Relais oder Überwachungsleitungen zu einer Aktuatorik (siehe Abschnitt 7.5.6).

Ein Mikrocontroller ist im Allgemeinen in der Lage, eine Vielzahl von digitalen Leitungen einzulesen und die sich daraus ergebenden digitalen internen Signale weiterzuverarbeiten. Die Anzahl dieser digitalen Eingänge wird in der Regel gruppiert zu je acht (ein Port). Das Einlesen eines derartigen Ports kann innerhalb des Mikrocontrollers sehr einfach durch einen entsprechenden Eingabebefehl durchgeführt werden.

Da es sich jedoch in den allermeisten Fällen bei den digitalen Signalen, die einem Mikrocontroller zugeführt werden, nicht um logisch eindeutige Signale handelt, sondern um Signale, die über zum Teil recht lange Leitungen einem Steuergerät zugeführt werden, ist in der Praxis mit dem Auftreten von Störimpulsen zu rechnen.

Beispiel

Bei einem eingeschalteten Schalter von der Klemme 15, der normalerweise vom Mikrocontroller-Port als logisch 1 wahrgenommen wird, kann ein hoher negativer leitungsgebundener Störimpuls (siehe Abschnitt 0) kurzzeitig (für ein bis zwei Millisekunden) an dem entsprechenden Port-Pin ein Low-Signal generieren.

Auf Grund der meist recht hohen Verarbeitungsgeschwindigkeit könnte das aus Sicht des Mikrocontrollers bedeuten, dass der entsprechende Schalter geöffnet worden ist mit einer adäquaten Reaktion darauf. Die Folge wären Fehlentscheidungen innerhalb der Software.

Beim Schließen eines Schalters gibt es ein ähnliches Problem: Ein mechanisch betätigtes Schaltelement tendiert dazu, nicht sofort komplett durchzuschalten, sondern durch die Federwirkung der mechanischen Komponenten im Schalter zunächst zu „prellen", d. h. es erfolgt in schneller Folge ein ständiges Ein- und Ausschalten über zum Teil mehr als 20 Phasen. Auch hier ist seitens des Mikrocontrollers zunächst abzuwarten, wie sich der logische Pegel am Eingang letztendlich darstellt.

Zusammengefasst kann festgestellt werden: Jeder digitale Eingang muss mehrfach eingelesen werden. Das bedeutet, der Wechsel eines logischen Pegels am digitalen Eingang ist nicht sofort auszuwerten, sondern es muss zunächst eine so genannte „Entprellung" durchgeführt werden.

Entprellung eines Port-Pin

Das Bild 8.7 zeigt ein Flussdiagramm, mit dem eine derartige Entprellung durchgeführt werden kann.

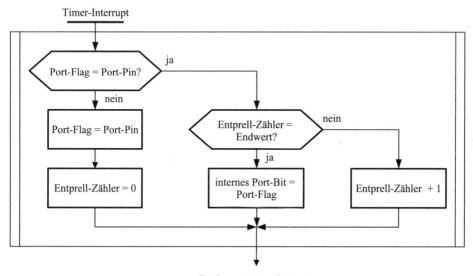

Bild 8.7 Die Entprellung eines digitalen Signals (Beispiel)

Bedeutung der Variablen

- **Port-Flag:**   ein Zwischenspeicher, in dem der letzte Zustand des Port-Eingangs-pins abgelegt wird

- **Port-Pin:**   direkter hardwaremäßiger Eingang

- **Entprell-Zähler:**   ein Zähler, der die Anzahl der bereits ausgewerteten Entprell-Zyklen zählt

- **Endwert:**   Endwert der Entprellung

- **Internes Port-Bit:** Ergebnis der Entprellung

Funktionsweise

Wird am Eingang eines digitalen Ports ein Pegelwechsel erkannt, so wird dieser Pegelwechsel zunächst in dem Port-Flag gespeichert und der Entprell-Zähler auf 0 gesetzt.

Ist beim nächsten Zeitgeberdurchlauf (Timer-Interrupt) immer noch der gleiche Pegel vorhanden, wird geprüft, ob der Entprell-Zähler bereits seinen Endwert erreicht hat, wenn nein, wird er inkrementiert.

Erreicht der Entprell-Zähler seinen Endwert, so bedeutet das, dass sich der logische Pegel des Port-Pins über die vom Endwert vorgegebene Anzahl der Zeitgeberzyklen nicht mehr verändert hat. Damit kann das Port-Flag als Ergebnis auf das interne Port-Bit umgespeichert werden. Dieses interne Port-Bit dient dann weiteren Softwarefunktionen als gültiger Port-Zustand.

Eine kurzzeitige Unterbrechung der Spannung am Port-Pin bzw. ein Störimpuls würde das interne Port-Bit nicht beeinflussen. Somit ist also das digitale Eingangssignal am Port-Pin entprellt worden.

Die zeitlichen Abstände und die Anzahl der maximal abzuwartenden Prellvorgänge ist abhängig vom verwendeten Schalter bzw. den elektrischen Eigenschaften der auszuwertenden Leitung.

Zusatzbemerkung: Die Abfragen bzw. die logischen Operationen in der hier gezeigten Methode zur Entprellung sind recht einfach und verleiten dazu, mehrere Eingangsleitungen gleichzeitig zu verarbeiten. Beispielsweise ist versucht worden, das Port-Flag nicht als einzelnes Flag zu realisieren, sondern als ganzes Byte, um so einen gesamten Port (8 Leitungen) gleichzeitig zu entprellen.

Selbstverständlich wurde dann auch nur ein Entprell-Zähler aus Speicherplatz-Gründen verwendet. Dieses Verfahren funktioniert gut, solange sich zu einem Zeitpunkt nur ein Eingangssignal ändert, während sich alle anderen in Ruhe befinden.

Würde in dieser Situation ein Eingang mit einem periodischen Störsignal beaufschlagt, würde diese Entprellung niemals zu einem Ende gelangen und den weiteren internen Softwarefunktionen keine gültigen Daten anbieten.

Oder anders ausgedrückt: Durch die Störung eines Einganges wird verhindert, dass alle anderen eingelesen werden können (!).

Ein derartiges Verhalten ist natürlich nicht tolerierbar. Es ist also unbedingt erforderlich, jeden Port-Pin einzeln zu entprellen, und zwar mit einem eigenen Port-Flag und einem eigenen Entprell-Zähler.

8.2.4 Verarbeitung analoger Signale

Auch bei den analogen Signalen ist in der Regel eine mathematische Vorverarbeitung erforderlich, bevor die gemessenen Daten weiterverarbeitet werden können. Auf analogen Leitungen im Kraftfahrzeug sind in der Regel Störspannungen den Messsignalen überlagert, die eine Steuerung stören können.

Eine nahe liegende Methode, diese Störungen zu verringern, ist die Mittelwertbildung. Dabei muss bedacht werden, dass dadurch eine Verzögerung der analogen Signale erfolgen kann, bis ein gültiger Wert vorliegt. In einigen Anwendungsfällen kann das zu Problemen führen, wenn sehr schnelle analoge Messwerterfassungen erforderlich sind.

Auch hier ist dann ein Kompromiss zwischen Entstörung und Geschwindigkeit der Messwerterfassung zu wählen.

Bei der Mittelwertbildung ist es zunächst wichtig, die Anzahl der Messwerte zu definieren, über die eine Mittelung erfolgen soll. Typische Werte sind 2 oder 4, bei sehr langsamen Signalen auch mehr. Dabei ist zu beachten, dass für jeden Eingabewert im Mikrocontroller ein Zwischenspeicher vorzusehen ist. Man erhält somit eine Mittelwertbildung mit gleichgewichteten Messwerten über n Werte. Messwerte, die länger zurückliegen als n Messungen, haben keinen Einfluss mehr auf das Ergebnis.

Mittelwertbildung mit n Messwerten gleicher Wichtung

$$ADAusgabe = \frac{1}{n} \cdot \sum_{index=0}^{n-1} ADWert(\text{index})$$

- *ADWert (n):* Hilfsarray zum Zwischenspeichern der analogen Daten

- *Index:*   Laufvariable, maximal zu speichernder Wert: n (in diesem Beispiel ist $n = 4$)

- *ADAusgabe:* Analoger Wert, der den weiteren internen Funktionen zur Verfügung gestellt wird.

Ein logisches Flussdiagramm zur Realisation einer derartigen Funktion ist im Bild 8.8 wiedergegeben (Beispiel).

Dieses Verfahren kann unter Umständen einen erheblichen Speicherplatz beanspruchen. Eine andere Möglichkeit ist, die Wichtung der gemessenen analogen Werte nicht gleichmäßig auszuführen, sondern gewichtet. Das heißt, der Einfluss der vorherigen Messwerte bricht nicht abrupt nach n Werten ab, sondern verringert sich allmählich, je weiter sie in der Vergangenheit liegen.

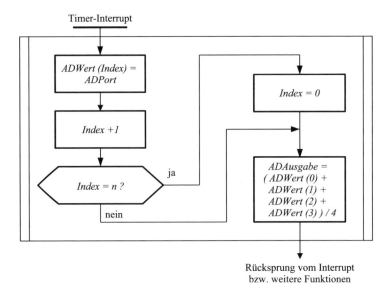

Bild 8.8 Flussdiagramm zur gleichgewichteten Mittelung mit n = 4

Ein mögliches Verfahren ist sehr einfach: Der neue gültige analoge Messwert ergibt sich aus dem vorherigen, addiert mit dem aktuell gemessenen und dividiert durch 2 (Bild 8.9).

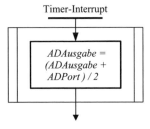

Bild 8.9 Gewichtete Mittelung

Die sich ergebende mathematische Formel ist:

$$ADAusgabe = \frac{ADPort_0}{2^n} + \sum_{i=1}^{n} \frac{ADPort_i}{2^{(n-i+1)}}$$

ADPortx: Eingelesener analoger Port-Wert zum Zeitpunkt x

ADAusgabe: Analoger Wert, der den weiteren internen Funktionen zur Verfügung gestellt wird

Bei dieser Auswertung werden die zuletzt eingelesenen Analogwerte höher gewichtet als die älteren. n ist der Index des eingelesenen Analogwertes und steigt mit der Zeit je Timer-Interrupt um 1 an. Das heißt, der zahlenmäßige Anteil der älteren Eingabewerte nimmt ständig mit jedem neuen ab. Bei einem analogen Eingang eines Mikrocontrollers mit der

Auflösung von m Bits (typische Werte: m = 8, 10, 12) ergibt sich, dass Werte, die älter als m Eingabezyklen sind, keinen Einfluss mehr auf das Ergebnis haben.

Das Verfahren ist sehr einfach und speicherplatzsparend im Binär-Zahlensystem zu implementieren. Man benötigt nur das Ausgaberegister (1 Speicherwert). Die Division durch 2 ist eine Bitverschiebung nach rechts um 1 Bit.

Erfahrungen mit der hier beschriebenen gewichteten Mittelung sind sehr positiv. Es konnten auch sehr unruhige und mit vielen Störeinflüssen behaftete analoge Signale zuverlässig ausgewertet werden. Allerdings ist die Auswertung auf Grund der Einflüsse der älteren Werte etwas langsamer als die gleichgewichtete Mittelwertbildung.

8.2.5   Betriebssysteme für Mikrocontroller

Obwohl es sich bei einem Mikrocontroller nur um ein relativ kleines Computersystem handelt (kleine Speicherbereiche für Programme und Daten), ist es erforderlich, die gesamte Software für diesen Mikrocontroller so zu strukturieren, dass eine weitgehend optimale Nutzung der gegebenen Möglichkeiten stattfindet. Neben den zur Verfügung stehenden Speicherbereichen kann als wichtigste Ressource auf einem Mikrocontroller die Zeit bzw. die Verarbeitungsgeschwindigkeit angesehen werden.

Aus diesem Grunde ist es im Allgemeinen erforderlich, auch bei einem Mikrocontroller eine Softwaregrundstruktur einzusetzen, die in der Lage ist, für die einzelnen zu verarbeitenden Prozesse entsprechende Zeitscheiben und Zugriffe auf die Peripherie zur Verfügung zu stellen. Diese Struktur wird im Allgemeinen mit einem Betriebssystem bezeichnet.

Die Notwendigkeit, ein derartiges Betriebssystem für Mikrocontroller speziell für den Fahrzeugeinsatz zu definieren, hat dazu geführt, dass es inzwischen für verschiedene Mikrocontroller-Typen standardisierte Betriebssysteme gibt. Ein Beispiel ist das OSEK.

Im weiteren Verlauf dieses Buches soll nun nicht im Detail auf die Funktionsweise dieses Betriebssystems näher eingegangen werden, dazu sei auf die entsprechende Literatur verwiesen (z. B. [22]). Man kann jedoch feststellen, dass das OSEK-Betriebssystem bereits eine Vielzahl wichtiger Grundfunktionen bereitstellt und außerdem die Schnittstellen zu höheren Kommunikationsebenen definiert hat.

Nicht in jedem Anwendungsfall jedoch ist es erforderlich, ein derartig mächtiges Betriebssystem wie das OSEK zu verwenden. Eine Vielzahl von heute eingesetzter Fahrzeugelektronik basiert auf relativ kleinen Mikrocontrollern, deren Rechenleistung unter Umständen durch den Einsatz eines OSEK-Betriebssystems überfordert wäre.

In diesen Fällen ist es sinnvoll, eine individuelle Grundstruktur zu definieren, die ebenfalls in der Lage ist, die Hardwareressourcen eines kleineren Mikrocontrollers sinnvoll zu verwalten.

Wie bereits erwähnt, besteht die Hauptressource in diesen Fällen aus der Zeit. Das bedeutet, die für eine Funktionalität im Fahrzeug notwendigen Softwareunterprogramme müssen bezüglich ihrer Laufzeit und ihrer Aufruffrequenz aufeinander abgestimmt werden. Dazu ist es erforderlich, diese Unterfunktionen in einzelne Klassen aufzuteilen, die jeweils einer speziellen Aufruffrequenz zugeordnet werden.

Innerhalb des Mikrocontrollers kann dann durch Programmierung eines entsprechenden Zeitgebers (Timers) erreicht werden, dass diese Routinen zum gewünschten Zeitpunkt aufgerufen werden. Die Grundidee dabei ist, die Funktion, die von ihrer Laufzeit her gesehen die geringste Rechenzeit beansprucht und gegebenenfalls auch am häufigsten aufgerufen werden muss, einem primären Zeitgeber-Interrupt (Timer-Interrupt) zuzuordnen.

Durch Verwendung zusätzlicher Zählvariablen ist es nun möglich, weitere Zeitschleifen zu definieren, in denen die Funktionen verarbeitet werden, die eine geringere Priorität haben bzw. auch mehr Rechenzeit beanspruchen. Man erhält somit eine Struktur, deren Grundprinzip in folgendem Bild 8.10 wiedergegeben ist.

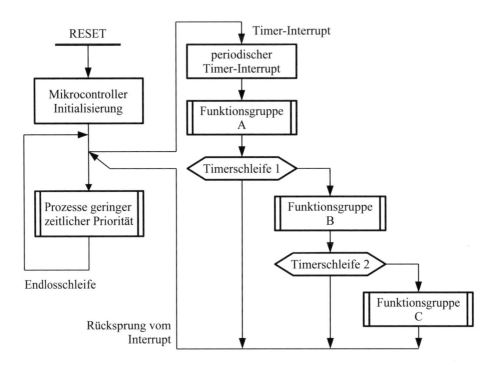

Bild 8.10 Ein einfaches Betriebssystem für kleine Mikrocontroller

Die Anzahl der zu programmierenden Zählerschleifen ist selbstverständlich abhängig von der Art der zu programmierenden Funktionen und deren dynamischem Verhalten.

Es ist außerdem zu erkennen, dass im eigentlichen Hauptprogramm nur noch die Funktionen verbleiben, deren zeitliche Priorität gering ist und die nicht mit anderen Prozessen synchronisiert zu werden brauchen.

Obwohl die im Bild 8.10 gezeigte Grundstruktur sehr einfach ist, hat sich in der Praxis gezeigt, dass besonders bei Applikationen kleinerer und mittlerer Komplexität, die den Einsatz eines umfangreichen Betriebssystems wie z.B. des OSEK nicht erfordern bzw. erlauben, eine derartige Struktur zielführend ist im Sinne von Speicherplatzoptimierung und sinnvollem Ausnutzen der Rechenkapazität.

8.2.6 Verarbeitung relativ langsamer Ereignisse

Beim in Abschnitt 8.2.5 beschriebenen kleinen Betriebssystem gibt es das grundsätzliche Problem, dass die Verarbeitungszeit der Interrupt-Routinen immer sehr klein sein muss. Es ist sonst denkbar, dass während der Laufzeit der Funktionen B oder C bereits ein erneuter Timer-Interrupt erfolgt. Das würde dazu führen, dass für das Hauptprogramm keine Rechenzeit mehr zur Verfügung stehtt, was zu fehlerhaftem Verhalten führt.

In der Praxis ist jedoch in vielen Fällen die Situation gegeben, dass die Reaktion auf einen Interrupt schon recht schnell erfolgen soll, jedoch nicht absolut unmittelbar, also eine Verzögerung im ms-Bereich tolerierbar ist. Das ist häufig immer dann der Fall, wenn Anzeigen ausgegeben werden oder Schaltvorgänge abgefragt werden sollen. Der Mensch (Fahrer) ist nicht in der Lage, derartige kurze Verzögerungen wahrzunehmen.

In diesen Fällen ist es sinnvoll, die Interruptverarbeitung im Mikrocontroller durch eine Flag-Steuerung zu ergänzen.

Ein einfaches Beispiel für eine derartige Steuerung ist in Bild 8.11 gezeigt.

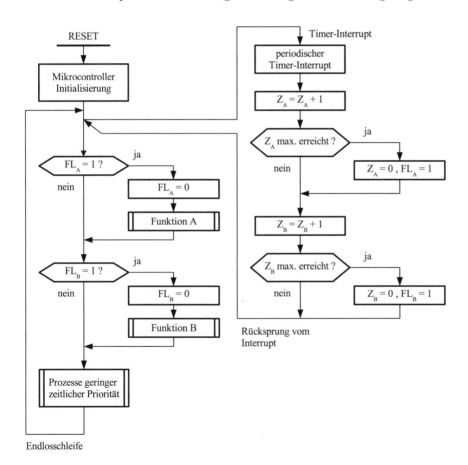

Bild 8.11 Interrupt-Flagsteuerung mit 2 Funktionsgruppen (Beispiel)

Beschreibung der Variablen:

- Z_A Zähler zur Erzeugung der Aufrufzeit Funktionsgruppe A

- FL_A Steuerflag zum Aufruf der Funktionsgruppe A

- Z_B Zähler zur Erzeugung der Aufrufzeit Funktionsgruppe B

- FL_B Steuerflag zum Aufruf der Funktionsgruppe B.

Innerhalb der Interrupt-Routine werden je nach abgelaufener Zeit nur die beiden Flags FL_A (für den Aufruf der Funktionsgruppe A) und FL_B (für den Aufruf der Funktionsgruppe B) gesetzt. Das geschieht sehr schnell und erfordert keine umfangreichen Interrupt-Routinen.

Im Hauptprogramm werden nun die Flags A und B nacheinander abgefragt. Sollten sie gesetzt sein, dann wird verzweigt und das entsprechende Flag (A oder B) erst zurückgesetzt und dann die dazugehörige Funktionsgruppe (A oder B) aufgerufen. Auf diese Weise wird die Interrupt-Routine zeitlich sehr entlastet. Allerdings vergeht vom Setzen der Flags bis zum Aufruf der entsprechenden Funktion im Hauptprogramm eine gewisse Zeit. Wie bereits erwähnt, ist diese Zeit selbst auf kleinen Mikrocontrollern meist so klein, dass sie von einem Menschen nicht bemerkt wird (Schalterabfrage oder Anzeige).

Das Verfahren kann als Handschake zwischen Interrupt und Hauptprogramm bezeichnet werden und führt bei konsequenter Anwendung zur Vermeidung der Situation, dass ein Timer-Interrupt innerhalb eines bereits laufenden Timer-Interrupts aufgerufen wird. Das ist speziell für kleine, wenig leistungsfähige Mikrocontroller immer ein Programmrisiko und sollte nach Möglichkeit vermieden werden.

■ 8.3 Entwicklungswerkzeuge

In diesem Abschnitt wird dargestellt, welche Entwicklungswerkzeuge für die Erstellung von Mikrocontroller-Softwareprogrammen typischerweise angewandt werden und welche Vor- bzw. Nachteile die einzelnen Methoden aufweisen. Dabei soll kein spezielles Werkzeug näher erläutert werden, sondern nur die Grundfunktionalität.

8.3.1 Ausführungsformen eines Mikrocontrollers

Bevor ein Mikrocontroller in eine Kraftfahrzeugelektronik serienmäßig verbaut werden kann, muss zunächst die Software erstellt werden, die in diesem Mikrocontroller für die gewünschte Funktionalität sorgt. Auf dem Wege dahin werden in der Regel verschiedene Ausführungsformen eines Mikrocontrollers eingesetzt.

ROM-LESS-Microcontroller (Mikrocontroller ohne eigenen Programmspeicher): Bei diesem Typ von Mikrocontrollern muss zur Ausführung eines Programms ein externer Programmspeicher unter Verwendung einer speziellen Hardwareschnittstelle an diesen Rechner angeschaltet werden. Die zu überprüfende Software würde sich dann extern befinden. Diese Ausführungsform wird derzeit nur noch selten angewandt.

EPROM-Mikrocontroller (Electrical-Programmable-Read-Only-Memory-Mikrocontroller): Hierbei handelt es sich um einen Mikrocontroller mit einem internen Programmspeicher, der mittels starker ultravioletter Strahlung durch ein Quarzglasfenster wieder gelöscht werden kann. Diese Ausführungsform wurde in der Anfangszeit als Entwicklungsrechner verwendet. Durch Einsatz eines speziellen Programmiergerätes wurde die auf einem Entwicklungssystem erzeugte Software in den EPROM-Speicher des Mikrocontrollers programmiert, der Mikrocontroller dann in die Zielhardware gesteckt (unter Verwendung eines speziellen Stecksockels) und das System getestet.

Durch Bestrahlung dieses Mikrocontrollers mit einer starken ultravioletten Lichtquelle für eine längere Zeit (zum Teil größer 15 Minuten) kann der Speicherinhalt wieder komplett gelöscht werden. Diese Ausführungsform wird heute nur noch sehr selten eingesetzt.

Piggy-Back-Mikrocontroller: Hier wird ein externer Programmspeichers verwendet, jedoch nicht abgesetzt auf einer Leiterkarte, sondern direkt montiert auf einen ROM-LESS-Mikrocontroller unter Verwendung eines zweiten Stecksockels auf der Rückseite des Gehäuses.

Die zu prüfende Software kann in einen wieder löschbaren Speicher (EPROM oder EEPROM) programmiert werden und wird dann oben in den dafür vorgesehenen Sockel auf dem ROM-LESS-Mikrocontroller aufgesteckt.

OTP-Mikrocontroller (One-Time-Programmable, der einmal programmierbare Mikrocontroller): Verzichtet man bei der Herstellung eines EPROM-Mikrocontrollers auf ein teures Keramikgehäuse mit einem Quarzglasfenster zum Löschen des EPROM, so erhält man einen Baustein, der genau einmal programmiert werden kann. Derartige Ausführungsformen sind bereits für eine Serienfertigung in kleinen bis mittleren Stückzahlen geeignet.

EEPROM-Mikrocontroller (Electrical-Erasable-Programmable-Read-Only-Memory-Mikrocontroller): Bei dieser Ausführungsform wird einer weitere Verbesserung dadurch erreicht, dass elektrisch löschbare Programmspeicher verwendet werden. Man erhält so einen Mikrocontroller mit einem EPROM, das *elektrisch* löschbar ist.

In der Regel kann ein derartiger Rechner wesentlich schneller programmiert bzw. gelöscht werden als in der ursprünglichen Form unter Verwendung von ultraviolettem Licht. Allerdings sind diese Bausteine oft kostenintensiver als ein OTP, da sie über eine umfangreichere Logik zum Löschen der Programmzellen verfügen.

Es ergibt sich jedoch in einigen Fällen die Möglichkeit, die Programmierung der Software nicht mehr auf einem getrennten Programmiergerät durchführen zu müssen, sondern von dem Mikrocontroller selbst erledigen zu lassen.

Dazu ist es erforderlich, dass sich im Mikrocontroller ein sog. BOOT-Loader-Programm befindet. Im Falle einer Neuprogrammierung der Software wird beim Start dieses BOOT-Loader-Programms über eine parallele oder serielle Schnittstelle die zu programmierende Software von einem externen Rechner übertragen.

FLASH-Mikrocontroller (Verwendung der FLASH-Speicher-Technologie): Normalerweise werden Programmzellen unter Verwendung der EPROM- bzw. der EEPROM-Technologie einzeln programmiert bzw. gelöscht. Durch Verbesserung der Strukturen auf den integrierten Schaltkreisen ist es inzwischen möglich, nicht nur eine Zelle zu einem Zeitpunkt zu programmieren, sondern eine ganze Speicherzellengruppe (einen Block). Außerdem konnte die Programmierzeit drastisch verkürzt werden.

Als Resultat erhält man einen Mikrocontroller, der in sehr kurzer Zeit komplett über eine serielle oder parallele Schnittstelle programmiert werden kann, ohne dass er dazu auf ein spezielles Programmiergerät gesteckt werden muss.

Diese Bauteile werden mit FLASH-Mikrocontroller bezeichnet. Sie sind derzeit sehr weit verbreitet, da sie kostenmäßig nur noch unwesentlich teurer sind als die sog. Masken-Mikrocontroller, die im nächsten Abschnitt beschrieben werden.

Ein wesentlicher, sehr bestechender Vorteil der Verwendung von FLASH-Mikrocontrollern ist die Möglichkeit, mit diesen Bauteilen zum ersten Mal Steuergeräte zu entwickeln, deren Software über eine **externe** Schnittstelle verändert bzw. komplett ausgetauscht werden kann. Damit kann der Fahrzeughersteller im Falle eines Softwarefehlers oder einer Funktionsergänzung in einer geeigneten Werkstatt die Software durch eine korrigierte Version ersetzen, ohne dass auch nur ein Steuergerät getauscht bzw. ausgebaut zu werden braucht.

Heute werden diese Möglichkeiten bei modernen Fahrzeugen in großem Umfang genutzt, um Programmfehler bei Fahrzeugen im Feld zu korrigieren (Werkstattbesuch).

Masken-Mikrocontroller: Eine der ältesten und auch heute noch aktuelle Form eines Mikrocontrollers ist der Masken-Mikrocontroller. Es handelt sich hier um eine Version, bei der die Software direkt und unveränderbar in den Progammspeicherbereich eines Mikrocontrollerchips unter Verwendung eines halbleitertechnischen Herstellungsverfahrens einprogrammiert wurde.

Um eine derartige Lösung zu realisieren, wird für die Herstellung dieses Mikrocontrollers ein spezieller Maskenbelichtungssatz in der Halbleiterfertigungsfabrik hergestellt.

Als Resultat erhält man bei großen Stückzahlen ein preisoptimales Bauteil. Jedoch ist die zeitliche Vorlaufphase durch die Notwendigkeit, einen kompletten Maskensatz erstellen zu müssen, sehr lang (ein halbes bis ein Jahr). Außerdem sind die Kosten für die Erstellung des Maskensatzes erheblich. Natürlich sind nachträgliche Softwareänderungen dann ausgeschlossen.

Fasst man alle diese Punkte zusammen, so ist der Einsatz eines Masken-Mikrocontrollers nur dann sinnvoll, wenn sehr große Stückzahlen benötigt werden und die Software eine ausreichend lange Erprobungsphase erfolgreich absolviert hat.

8.3.2 Assembler/Compiler/IDE

Verwendung eines Assemblers

Die wohl älteste Methode, einen Mikrocontroller zu programmieren, ist die Verwendung eines Assembler-Programms oder kurz Assembler. Ein Assembler ist zunächst vom Prinzip her gesehen nichts anderes als ein Hilfsprogramm, das die binären Mikrocomputerbefehle unter Verwendung einer etwas einprägsameren Abkürzungssprache für den Menschen leichter überschaubar macht. Diese Abkürzungssprache wird mit mnemonischer Code bezeichnet.

Die ursprüngliche Vorgehensweise war die, den Assembler-Quelltext zunächst mit einem Editor zu erfassen und diesen Text dann durch das Assembler-Programm direkt in einen ausführbaren binären Code für den Mikrocontroller zu übersetzen (Bild 8.12).

Entwicklungssystem

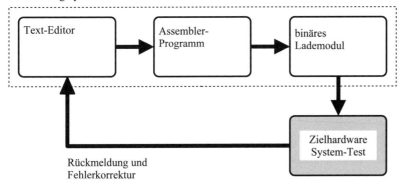

Bild 8.12 Softwareerstellung mittels eines Assemblers

Der so entstandene Mikrocontroller-Code (binäres Lademodul) konnte dann in ein Zielsystem geladen werden, wo der Test der Software stattfand.

Die Erstellung einer komplizierteren Software unter Verwendung eines Assemblers ist im Allgemeinen recht aufwändig und erfordert große Erfahrung seitens des Entwicklers. Dennoch hat diese Methode eine wichtige technische Eigenschaft, die bei der Verwendung von Compilern z. B. in dieser Form nicht mehr vorliegt:

Ein Assembler ist vom Prinzip her gesehen nichts anderes als ein Hilfsprogramm, um den Maschinencode für den Menschen besser lesbar zu machen (ergänzt durch einige weitere technische Features). Das bedeutet, dass das daraus entstehende Mikrocontroller-Programm eindeutig vom Programmierer in allen Punkten definiert ist und der Speicherinhalt des Programmspeichers an *jeder Stelle* genau von dem Entwickler festgelegt wird.

Oder anders ausgedrückt: Der Programmierer bestimmt allein über jedes Byte im Programmspeicher.

Verwendung eines Compilers

Derzeit ist es üblich, Mikrocontroller in einer Hochsprache zu programmieren (meist C), was die Verwendung eines C-Compilers erfordert (Bild 8.13).

Ein C-Compiler kann vom Prinzip her gesehen einmal direkt ein Mikrocontroller-Programm erzeugen, aber auch je nach Ausführungsform einen Quelltext für ein Assembler-Programm, das zwischenzuschalten ist.

Der wesentliche Unterschied zur reinen Assembler-Programmierung besteht in den meisten Fällen darin, dass bei einer Compilerprogrammierung noch eine Vielzahl von **Bibliotheksfunktionen** hinzugefügt werden, die in Verbindung mit dem Programm, das vom Entwickler stammt, erst das komplette Mikrocontroller-Programm darstellen (Linken).

Entwicklungssystem

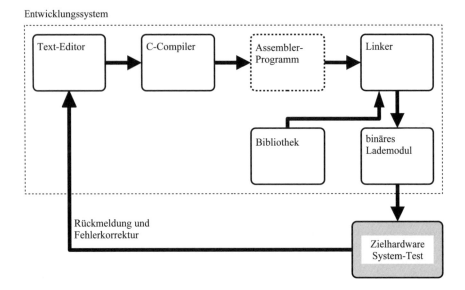

Bild 8.13 Softwareerstellung mittels eines Compilers

Das ist im Bild 8.13 gezeigt. Danach kann dann das so entstandene Programm (Lademodul) in die Zielhardware geladen und dort einem Test unterzogen werden.

An dieser Stelle wird ein signifikanter Unterschied zu einer Assembler-Programmierung sehr deutlich:

Durch die Verwendung von Bibliotheksfunktionen, die bei einem Compiler in der Regel mitgeliefert werden, hat der Entwickler meist keinen Einfluss mehr darauf, wie seine Software in Gänze programmiert worden ist. Außerdem muss er sich darauf verlassen (können), dass in den beigestellten Bibliotheksfunktionen keine Fehler vorhanden sind.

Dieses stellt einen gewissen Nachteil einer Programmierung unter Verwendung eines Compilers dar. Obwohl die bereits genannten Bibliotheksfunktionen sehr intensiv getestet worden sind, kommt es dennoch in der Praxis gelegentlich vor, dass eine aus einer Bibliothek entnommene Funktion nicht so fehlerfrei funktioniert wie angenommen.

Tritt ein derartiger Fall auf, so ist der Entwickler auch heute noch gezwungen, in dem vom C-Compiler erstellten Programmcode durch Analyse der erzeugten Assembler-Programmierung einem Fehler auf die Spur zu kommen, sofern die Firma, die den Compiler hergestellt hat, keine schnelle Lösung hat.

Integreated-Development-Environment (IDE)

Ein weiteres Hilfsmittel zur schnelleren Erstellung von Softwareprogrammen ist die so genannte integrierte Entwicklungsumgebung (Integreated Development Environment), IDE genannt. Es handelt sich hierbei um ein Programm auf dem Entwicklungsrechner (meist einem Personalcomputer), das die Bedienung von Compilern, Assemblern oder Softwaresimulatoren (siehe Abschnitt 1.3.3) wesentlich erleichtert.

Es sind derzeit verschiedene IDE-Entwicklungsumgebungen am Markt verfügbar, die im Prinzip alle folgende Funktionalitäten bereitstellen:

- Erfassung des Programmquelltextes mit einem Texteditor, der meistens auch sofort die Syntax überprüft (Syntax-Highlighting)

- Einstellung aller Prozessparameter, die für einen korrekten Compiler-/Assembler-Start notwendig sind

- Aufruf des Compilers per Knopfdruck

- Übertragung der so entstandenen Software auf das Zielsystem und Start dieser Software

- Simulation der Software durch einen Softwaresimulator

- umfangreiche Fehlersuchmöglichkeiten (Debugging)

- Versionsverwaltung der Softwarestände

- in einigen IDEs vorhanden: Struktogrammgeneratoren.

Eine integrierte Entwicklungsumgebung ist also eine erhebliche Arbeitserleichterung und stellt heutzutage die softwaremäßige Basis auf einem Entwicklungsrechner dar, mit der der Entwickler alltäglich umzugehen hat. Vom Prinzip her gesehen ist sie nicht unbedingt erforderlich, da alle Compiler-, Linker- oder Programmieraufrufe auch durch den Softwareentwickler direkt erfolgen könnten.

8.3.3 Überprüfung eines Mikrocontroller-Programms durch Einsatz eines Softwaresimulators

Die Grundidee hierbei ist, einen beliebigen Mikrocontroller auf einem Entwicklungsrechner per Software nachzubilden. Das bezieht sich nicht nur auf die Bereitstellung der vom Mikrocontroller beherrschten Befehle, sondern auch auf die Simulation von Ein- bzw. Ausgabeleitungen und serieller Schnittstellen (Bild 8.14).

Als Ergebnis erhält man so ein Werkzeug, das in der Lage ist, ein einmal erstelltes Programm für einen Mikrocontroller vorzuprüfen, ohne dass eine konkrete Hardware bereits vorliegt.

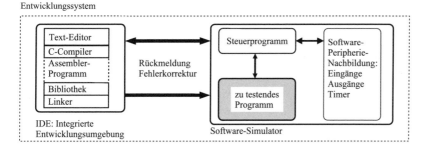

Bild 8.14 Der Softwaresimulator

Diese Methode wird als **Softwaresimulation eines Mikrocontrollers** bezeichnet und ist in der Regel Bestandteil moderner Entwicklungsumgebungen (IDE). Natürlich hat diese Verfahrensweise Vor- und Nachteile.

Vorteile:

■ sehr schnelle Überprüfung einzelner Softwareteile möglich

■ Verfolgung des Programmablaufes in Hochsprache möglich (High-Level-Debugging)

■ durch Setzen verschiedener Unterbrechungspunkte im Programm (Break-Points) kann die Software an jedem Punkt gestoppt und alle dazugehörigen internen Variablen und Register angezeigt werden.

Nachteile:

■ ein Softwaresimulator erfordert in der Regel eine erhebliche Rechenleistung auf dem Entwicklungsrechner

■ der Betrieb in der Software in Echtzeit ist in der Regel nicht möglich

■ die Simulation von Eingangs- bzw. Ausgangssignalen ist oft umständlich, langsam und meist nicht vollständig.

Zusammenfassend kann festgestellt werden, dass ein Softwaresimulator nur dann sinnvoll eingesetzt werden kann, wenn es um die Überprüfung mathematischer Algorithmen oder komplizierter logischer Abfragen bzw. Zusammenhänge geht.

Die Qualität der verfügbaren Softwaresimulatoren in den integrierten Entwicklungsumgebungen ist in der praktischen Anwendung höchst unterschiedlich. Speziell die Anwendung oder die Simulation externer Signale, die über die Port-Leitungen in den Mikrocontroller geführt werden, ist bei vielen heute verfügbaren Programmen oft unzureichend bzw. instabil.

8.3.4   In-Circuit-Emulator unter Verwendung des Original-Mikrocontrollers (In-Circuit-Debugger (ICD))

Wie oben schon erwähnt, ist es mit der reinen Softwaresimulation nicht möglich, Prozesse in Echtzeit zu untersuchen. Dieses ist nur realisierbar, wenn der ausgewählte Mikrocontroller in der Zielhardware mit der Original-Taktgeschwindigkeit arbeitet, wie sie für die spätere Applikation vorgesehen ist.

Wie bereits in den vorherigen Abschnitten dargestellt, kann das erreicht werden, indem man die fertig gestellte Software in einem Prototypen-Mikrorechner programmiert (EPROM-, EEPROM- oder FLASH-Mikrocontroller). Damit ist zwar der Start und der Betrieb des Zielsystems in Echtzeit möglich, jedoch ist der direkte Bezug zur integrierten Entwicklungsumgebung mit den dort vorhandenen Möglichkeiten (Break-Points, High-Level-Debugging usw.) verloren gegangen.

Ein erster Schritt ist, die Software im Zielsystem unter Verwendung eines kleinen zusätzlichen Monitorprogramms und einer Interface-Einrichtung wieder an die Entwicklungsumgebung anzubinden (Bild 8.15).

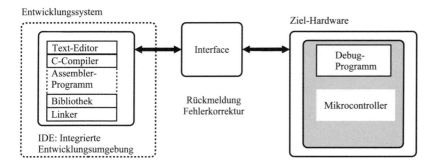

Bild 8.15 In-Circuit-Emulation unter Verwendung des Original-Mikrocontrollers

Die Zielhardware wird unter Verwendung eines geeigneten Interfaces an den Entwicklungsrechner angekoppelt, auf dem ein spezielles Programm zur Verfolgung der Software auf dem Zielsystem abläuft. Man erhält so die Möglichkeit, auf dem Zielsystem in gewissen Grenzen die Inhalte von Variablen zu beobachten und auch den Programmablauf zu kontrollieren. Es ist z. B. möglich, einen speziellen Programmteil in Echtzeit auf dem Zielsystem ablaufen zu lassen und danach zu kontrollieren, ob die internen Datenspeicher im Mikrocontroller die erwarteten Werte aufweisen.

Damit überhaupt eine gezielte Programmunterbrechung stattfinden kann, wird im Allgemeinen auf der Zielhardware ein kleines Zusatzprogramm benötigt, das diese Funktionalität bereitstellt, wie bereits erwähnt. Dieses Zusatzprogramm bindet natürlich Ressourcen auf dem Zielsystem. Oder anders ausgedrückt: Die Software auf dem Zielsystem entspricht nicht zu 100 % der Software, die später einmal in dem Steuergerät verwendet werden wird.

Damit ist ein zusätzliches Fehlerrisiko verbunden. Außerdem ist die Möglichkeit, die Software auf dem Zielsystem zu beobachten, durch diese Methode sehr eingeschränkt. In der Regel wird man wenig mehr als ein bis zwei Programm-Unterbrechungspunkte (Break-Points) verwenden können.

Ein weiteres Problem ist oft die Anbindung des Kommunikations-Interfaces zum Entwicklungsrechner. Dazu muss auf der Zielhardware ein spezieller Mikrocontroller-Kommunikations-Port oder ein Parallel-Port ausschließlich dazu verwendet werden, diese genannte Kommunikation aufzubauen. Diese Ports stehen natürlich für eine weitere Verwendung im Steuergerät nicht mehr zur Verfügung. Die Folge ist also eine gewisse hardwaremäßige Einschränkung.

Beurteilung

Vorteile:

- Verwendung eines preiswerten Original-Mikrocontrollers

- relativ preiswerte Hardware und Software.

Nachteile:

- sehr begrenzte Debug-Möglichkeiten

- nur eine geringe Anzahl von Break-Points möglich

- der Mikrocontroller in der Zielhardware wird zusätzlich softwaremäßig belastet

- die hardwareseitigen Möglichkeiten des Mikrocontrollers können nicht komplett ausgeschöpft werden, da mindestens ein Port für die Kommunikation zum Entwicklungsrechner benötigt wird

- die getestete Software entspricht nicht dem späteren Stand, der im Fahrzeug verbaut werden wird.

8.3.5   In-Circuit-Emulator (ICE) unter Verwendung eines Bond-Out-Chips

Eine optimale Möglichkeit, Mikrocontroller-Programme zu überprüfen und Fehler zu beseitigen, wäre, einen Mikrocontroller in der Zielhardware einzusetzen, der auf der einen Seite ohne Einschränkung die vollständige Funktionalität des gewünschten Mikrorechners beinhaltet, auf der anderen Seite aber auch eine komplette Überwachung sämtlicher Software- und Hardwarevorgänge ermöglicht.

Um das zu realisieren, ist der Einsatz eines speziellen Mikrocontrollers erforderlich, der zusätzlich zu den standardmäßig vorhandenen Hardwarefunktionsblöcken auf dem Chip einige logische Schaltungen enthält, die über zusätzliche Anschlüsse den kompletten Zugriff auf den Adress-, Daten- und Steuer-Bus in Verbindung mit allen Speichern und Hilfsregistern ermöglichen.

Dieser Mikrorechner hätte dann also wesentlich mehr Anschlussleitungen als der für die Original-Zielhardware vorgesehene.

Man bezeichnet diesen Mikrocontroller, der ausschließlich als Entwicklungswerkzeug für die Fehlersuche in Programmen erstellt worden ist, als **Bond-Out-Chip**. Der Bond-Out-Chip verhält sich exakt so, wie der Rechner für die Zielhardware, jedoch ist er völlig transparent bezüglich sämtlicher internen Vorgänge.

Verbindet man den Bond-Out-Chip nun auf der einen Seite über einen Stecksockel mit der Zielhardware und auf der anderen Seite über ein geeignetes Verbindungskabel mit einer Steuereinheit, so erhält man einen In-Circuit-Emulator, mit dem sämtliche Vorgänge innerhalb der Zielhardware transparent dargestellt werden können (Bild 8.16).

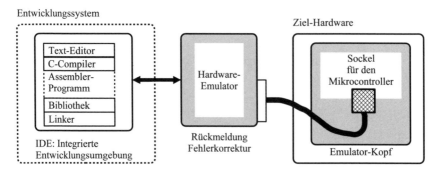

Bild 8.16 In-Circuit-Emulator unter Verwendung eines Bond-Out-Chips

Die prinzipielle Funktionsweise des In-Circuit-Emulators ist folgende:

Auf dem Entwicklungsrechner läuft eine geeignete Entwicklungsumgebung, die mit dem Steuersystem für den Bond-Out-Chip zusammenarbeitet. Das Steuersystem, das auch mit In-Circuit-Emulator bezeichnet wird, besteht prinzipiell aus zwei Teilen:

- eine zentrale Steuerung mit Programm- und Datenspeicher für den Bond-Out-Mikrocontroller

- ein Emulatorkopf, auf dem sich der Bond-Out-Chip befindet.

Die beiden Teile sind in der Regel durch ein flexibles Kabel miteinander verbunden. Die Software, die zu untersuchen ist, befindet sich in dem Emulatorsteuerteil. Die Adress- und Datenleitungen werden über das flexible Kabel an den Emulatorkopf weitergeleitet, wo der Bond-Out-Chip die gewünschte Funktionalität bereitstellt.

Auf der anderen Seite kann man über ein entsprechendes Interface vom Entwicklungsrechner aus völlig transparent auf sämtliche Speicherstellen, Port-Leitungen, Zeitgeber (Timer) und viele andere interne Strukturen des Bond-Out-Chips zugreifen.

So ist es z. B. möglich, eine sehr große Anzahl von Break-Points zu setzen und sogar während des Programmablaufes in Echtzeit eine gewisse Anzahl von Hardwareereignissen parallel dazu zu überwachen.

Selbstverständlich ist hier die Möglichkeit des sog. High-Level-Debugging gegeben. Gemeint ist damit, dass auf dem Entwicklungsrechner unter Verwendung der Funktionalitäten im Hardwareemulator sogar auf der Hochsprachenebene (C-Code) der Programmablauf verfolgt und gegebenenfalls eingegriffen werden kann.

Es sind fast alle Fehlererkennungsmöglichkeiten eines Software-Simulators vorhanden, jedoch mit der Möglichkeit, die Programme in Echtzeit und in der Original-Hardware zu untersuchen.

Von allen Möglichkeiten, die es gibt, eine Software für den Mikrocontroller bezüglich ihrer korrekten Funktion zu untersuchen, ist der hier vorgestellte Hardware-In-Circuit-Emulator unter Verwendung eines Bond-Out-Chips die wirkungsvollste.

Bewertung

Vorteile:

- volle Echtzeitfähigkeit in der Zielhardware

- fast beliebig viele Softwareunterbrechungspunkte (Break-Points)

- High-Level-Debugging-Möglichkeit

- völlig transparenter Zugriff auf alle Daten des Mikrocontrollers in der Zielhardware.

Nachteile:

- In der Zielhardware ist ein geeigneter Sockel zu platzieren, auf den der Emulatorkopf gesteckt werden kann. Dieser Emulatorkopf baut in der Regel mechanisch recht hoch auf, so dass dieses System meist nicht für den Einsatz in einem Fahrzeug geeignet ist.

- Ein Hardware-In-Circuit-Emulator ist in der Regel eine kostenintensive Investition, da der Bond-Out-Chip als Sonderproduktion in kleinsten Stückzahlen extrem teuer ist.

- Die Bedienung eines In-Circuit-Emulators erfordert umfangreiche Spezialkenntnisse seitens des Softwareentwicklers.

8.3.6 Kombinationsmethoden (Hardware in the Loop)

Alle bisher dargestellten Möglichkeiten beziehen sich auf die Situation, dass die Software für einen Mikrocontroller direkt zu überprüfen ist. Selbst der Einsatz eines In-Circuit-Emulators unter Verwendung eines Bond-Out-Chips setzt voraus, dass die Software prinzipiell bereits vorhanden ist.

In der heutigen Zeit sieht man sich bei der Entwicklung von Software für Kraftfahrzeuganwendungen immer häufiger in der Situation, dass Teile der Hardware bereits vorhanden sind oder aber von einem bereits vorhandenen System übernommen werden können, während die dazugehörigen Regel- und Steueralgorithmen angepasst werden müssen bzw. noch gar nicht existieren.

Für die eigentliche Optimierung von Steuerungen oder Regelungen gibt es heute bereits sehr mächtige Simulationswerkzeuge, die es erlauben, auf einem Entwicklungsrechner umfangreiche Funktionalitäten objektorientiert nachzubilden und zu simulieren. Beispiele hierfür sind: MATLAB/SIMULINK.

Diese oder ähnliche Programmsysteme erlauben es, selbst umfangreiche und komplizierte lineare oder nicht lineare Regelungen nachzubilden und zu simulieren.

Allerdings besteht auch hier die Einschränkung, dass diese Simulationen meist nicht in Echtzeit abgewickelt werden können, da die Rechenleistung der zur Zeit verfügbaren Entwicklungsrechner dazu nicht ausreicht.

Hinzu kommt ein weiteres Problem, das gelegentlich die komplette Simulation auf einem Rechner verhindert: Viele in der Kraftfahrzeugtechnik hardwaremäßig vorhandene Steuer- bzw. Regelstrecken verhalten sich in der Praxis derartig kompliziert, dass eine geschlossene mathematische Beschreibung oder ein Beschreibungsmodell nur sehr schwer zu finden ist. Aus der Notwendigkeit heraus, auch diese Systeme zu erfassen, entstammt die Idee, diese Hardwareteile in die Softwareentwicklungsumgebung mit zu integrieren (Bild 8.17).

Seitens des Entwicklungsrechners werden unter Verwendung einer entsprechenden Steuereinheit Motivationsdaten für die zu untersuchende Zielhardware generiert. Die Zielhardware wird dann in einer geeigneten Weise darauf reagieren und die entsprechenden Ergebnisse werden über ein anderes Interface in den Entwicklungsrechner und damit in die Simulationsumgebung zurückgemeldet. Dieser Vorgang läuft dann in Echtzeit ab. Es kann sich hierbei sowohl um digitale als auch um analoge Daten handeln.

Innerhalb des gesamten Modells befinden sich also auf der einen Seite mathematische Objekte, die per Software innerhalb einer Simulation nachgebildet werden, und auf der anderen Seite die originale Zielhardware, sofern sie für die Regelung von Interesse ist.

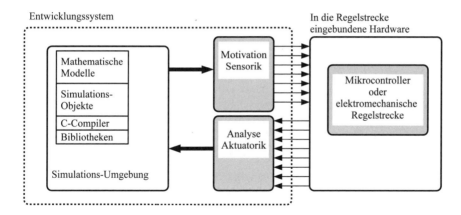

Bild 8.17 Hardware in the Loop

Diese Methode wird mit **Hardware in the Loop** bezeichnet. Sie stellt heutzutage eine sehr wirkungsvolle und sehr mächtige Methode dar, komplizierte Regelalgorithmen zu definieren, zu optimieren und auszutesten, ohne dass für die eigentliche Aktuatorik im Kraftfahrzeug ein komplettes und geschlossenes mathematisches Modell existieren muss.

Zusatzbemerkung: Ein wichtiger Vorteil dieses Verfahrens ist, dass parallel zur Entwicklungstätigkeit in der Regel fast ohne zusätzlichen manuellen Aufwand eine komplette Dokumentation der realisierten Regelstrategie erzeugt wird.

Ein weiteres Ziel ist es, diese bereits definierten und untersuchten Regelalgorithmen ohne weiteren manuellen Eingriff in ein für einen Mikrocontroller verwertbares Programm umzusetzen, so dass davon ausgegangen werden kann, dass die spätere Zielhardware sich genauso verhält wie die Hardware in der In-the-Loop-Simulation zur Entwicklungsphase.

Um das zu erreichen, wird heutzutage als Zwischenstufe zur Erstellung der Software für das Zielsystem oft die Programmiersprache C verwendet. Der automatisch erstellte C-Code wird unter Verwendung eines klassischen C-Compilers in ein verwertbares Programm für den angedachten Mikrocontroller umgesetzt.

Es gibt jedoch noch die Einschränkung, dass ein automatisch erzeugter C-Code bezüglich des Speicherplatzverbrauches oftmals nicht den Anforderungen entspricht, die für die Erstellung einer kompakten und optimierten Software auf einem kleineren Mikrocontroller erforderlich wären. Daher können derzeit die hier beschriebenen Methoden nur auf Mikrocontrollern mit höherem Speicherbereich eingesetzt werden. Bei kleinen Mikrocontrollern wird man auf diese Entwicklungsmethode noch verzichten müssen. Es ist jedoch zu erwarten, dass in naher Zukunft auch dieses Problem gelöst sein wird.

8.3.7 Prüfung von Softwarefunktionen

Die in den letzten Abschnitten dargestellten Einrichtungen dienen dazu, Softwarefunktionen auf Fehler hin zu untersuchen. Für diese Überprüfungen gibt es verschiedene Möglichkeiten, von denen hier die wichtigsten kurz dargestellt werden. Im Prinzip kann man die Funktionen in zwei Gruppen aufteilen:

- Funktionen, die Steuerungsaufgaben durchführen (digitale Steuerungen)

- Funktionen, die Berechnungen durchführen (mathematische Funktionen).

Die Vorgehensweise für einen Softwaretest ist im Prinzip relativ einfach:

Jeder Funktion wird ein Satz von Eingangsdaten vorgegeben und das jeweils berechnete Ergebnis mit dem verglichen, was sich theoretisch ergeben müsste. Bei digitalen Steuerungen mit wenigen Eingängen müsste man also mindestens alle möglichen Eingangskombinationen anlegen und die Reaktionen darauf abfragen und auf Korrektheit überprüfen. Bei kleinen Einzelfunktionen ist das in der Praxis in der Regel einfach.

Eine andere Situation liegt vor, wenn es sich um mathematische Funktionen handelt (inkl. Regelalgorithmen). Die Anzahl der möglichen Kombinationen bei der Verwendung von üblichen Variablengrößen wächst sehr schnell auf extreme Werte an. Es ist dann nicht mehr möglich, alle Kombinationen vollständig zu überprüfen. Das gilt auch für die Situation, dass unter der Test Verwendung von Testrechnern durchgeführt wird.

Allein schon bei der Verarbeitung von zwei Eingangsvariablen (keine Gleitkommazahl) von Typ „Word", also 16 Bit Wordbreite, ergibt sich eine Kombinationsmöglichkeit von 2^{32} (größer als 4 Milliarden), was nicht mehr komplett getestet werden kann.

Als Ausweg ergibt sich die Möglichkeit, nur einige ausgewählte Datensätze zu prüfen. Wenn diese Ergebnisse stimmen, wird in der Praxis davon ausgegangen, dass die anderen auch in Ordnung sind.

Allerdings ist bei der Auswahl dieser Test-Datensätze darauf zu achten, dass z. B. nicht nur einige Messwerte überprüft werden, sondern auch Sonderfälle, die in der Praxis in der Vergangenheit sehr oft zu schwerwiegenden Softwarefehlern geführt haben.

Aufstellung der Testdaten, die für eine Softwarefunktion mindestens überprüft werden müssen:

Daten aus dem Arbeitsbereich

- Einige „normale" Daten aus dem Arbeitsbereich. Das könnten Messdaten eines Sensors sein. Diese Messdaten müssen natürlich korrekt verarbeitet werden und sollten zuerst geprüft werden. Die Anzahl richtet sich nach der Applikation und ist sehr unterschiedlich. Dabei sollten nicht nur Werte aus den Randbereichen der Messwerte verwendet werden, sondern auch einige aus dem mittleren Bereich, um z. B. die Linearität zu überprüfen.

Daten aus den Randbereichen der verwendeten Variablen (Beispiele)

- Bei einem Byte ohne Vorzeichen, Testwerte: 0, 1, 2, 3, 253, 254, 255

- Bei einem Byte mit Vorzeichen, Testwerte: −128, −127, −126, 125, 126, 127

- Bei einem Word ohne Vorzeichen, Testwerte: 0, 1, 2, 3, 65633, 65534, 65535

- Bei einem Word mit Vorzeichen, Testwerte: −32768, −32767, −32766, 32765, 32766, 32767

- Bei längeren Wortbreiten entsprechend.

Nulldurchgänge

Dies ist ein Fall, der oft zu Problemen führt. Besonders bei Funktionen, die intern Divisionen verwenden, da die Division durch 0 softwaremäßig besonders abgefangen werden muss, um Fehlfunktionen zu vermeiden.

- Testwerte: −4, −3, −2, −1, 0, 1, 2, 3, 4

Damit lässt sich die Anzahl der vorzusehenden Testdurchläufe stark reduzieren, jedoch verbleibt immer noch eine recht hohe Zahl, die in der Praxis meist nur durch Rechnereinsatz (automatisierter Test) zu lösen ist.

Beispiel: Bei einer Funktion mit 3 Eingangsvariablen und jeweils 8 Testdurchläufen (nur um die Überläufe und Nulldurchgänge zu prüfen) ergäbe sich eine Zahl von 8^3 = 512 Testdurchläufen. Das ist in einer automatisierten Testumgebung zu leisten.

Wie bereits erwähnt, handelt es sich hier um Beispiele, die in der Praxis den dann vorliegenden Gegebenheiten angepasst werden müssen.

◼ 8.4 Einbindung eines Mikrocontrollers in eine EMC-kritische Umgebung

Wie bereits in Kapitel 4 dargestellt, ist die elektrische Umgebung in einem Kraftfahrzeug für eine empfindliche elektronische Steuerung als kritisch zu betrachten. Das betrifft auf der einen Seite die externen elektromagnetischen Einflüsse in diese Elektronik hinein (Störfestigkeit), auf der anderen Seite aber auch die Störungen, die von dieser Elektronik erzeugt werden (Störaussendung). Beide Problembereiche sind als sehr wichtig zu betrachten und müssen bei der Entwicklung einer Kraftfahrzeugelektronik unbedingt intensiv beachtet werden.

Im folgenden Abschnitt wird nun dargestellt, wie ein Mikrocontroller beispielhaft in eine derartige Elektronik integriert werden kann. Es gibt beim Verbau eines Mikrocontrollers einige thematische Schwerpunkte, die im Folgenden näher erläutert werden sollen.

8.4.1 Hauptoszillator

Ein zentrales Bauteil innerhalb eines Mikrocontrollers ist der Hauptoszillator, von dem sämtliche internen Takt- bzw. Steuersignale abgeleitet werden. Die Arbeitsgeschwindigkeit des entsprechenden Mikrocontrollers hängt also in erster Linie von der Grundfrequenz des Hauptoszillators ab. Bei den meisten Mikrocontrollern wird die Grundfrequenz des Oszillators noch durch entsprechende digitale Stufen heruntergeteilt, so dass die eigentliche Arbeitsgeschwindigkeit im Mikrocontroller deutlich geringer ist als die externe Taktrate.

Die Folge davon ist, dass die Grundfrequenz dieses Oszillators bei modernen Mikrocontrollern höherer Leistung bereits im Bereich oberhalb von 10 ... 20 MHz liegt.

Einige Mikrocontroller arbeiten intern so schnell, dass es schwierig ist, einen externen Quarzoszillator zu finden, der die entsprechende Verarbeitungsgeschwindigkeit direkt bereitstellt. In diesen Fällen wird eine erhöhte interne Frequenz unter Verwendung einer sog. PLL-Schaltung (Phase-Locked-Loop) erzeugt.

Alle die bisher aufgeführten Bemerkungen führen zu der Tatsache, dass heutzutage die Oszillatoren von Mikrocontrollern hochfrequente Signalquellen darstellen, die intern durch entsprechende Signalumwandlungen digital weiterverarbeitet werden.

Für den Verbau im Kraftfahrzeug ergeben sich daraus zwei Problemfelder:

▪ Der Hauptoszillator wird durch eine starke elektromagnetische Einstrahlung gestört und führt damit zu Fehlern im Programmablauf.

▪ Durch die schnellen Taktflanken und die hohen Frequenzen wird durch den Oszillator ein Linienspektrum erzeugt (schmalbandige Störaussendung), dessen hochfrequente Anteile bis in den Gigahertzbereich hineinreichen können.

Im ersten Fall wird der Mikrocontroller also als Störsenke, im zweiten Fall als Quelle angesehen.

Betrachtung als Störsenke

Durch eine entsprechend hohe elektromagnetische Störspitze kann der Hauptoszillator eines Mikrocontrollers gestört werden. Dieses mögliche Verhalten wird in dem Fall noch verstärkt, wenn sich die notwendigen externen Bauelemente des Hauptoszillators nicht in unmittelbarer Nähe zu den entsprechenden Anschlussleitungen des Mikrocontrollers befinden (Bild 8.18).

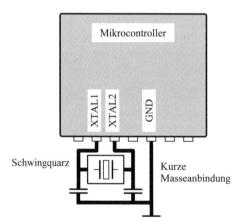

Bild 8.18 Anbindung der elektronischen Bauteile des Hauptoszillators

Die von den Anschlussleitungen aufgespannte Fläche wirkt in diesem Fall als Empfangs-Rahmenantenne, die in der Lage ist, gestrahlte Störeinflüsse aufzufangen und in asymmetrische Zusatzimpulse innerhalb des Hauptoszillators zu verwandeln. Sind diese Störungen stark genug, so kann das, wie die Praxis gezeigt hat, in extremen Fällen dazu führen, dass die Softwareverarbeitung innerhalb des Mikrocontrollers gestört wird und er dann über ein evtl. vorhandenes Watch-Dog-Signal zurückgesetzt wird.

Der Hauptoszillator als Störquelle

Ein in der Praxis weit häufiger vorkommender Fall ist, dass der beschriebene Oszillator in Verbindung mit den steilen Flanken der internen digitalen Signale als Sender wirkt (Störabstrahlung).

Ein periodisches elektrisches Signal bestimmter Frequenz erzeugt bekanntlich im Spektralbereich ein Linienspektrum. Wird dieses periodische Signal intern im Mikrocontroller in Form von steilflankigen digitalen Signalen weitergeleitet, so entsteht eine Vielzahl von Oberwellen (Harmonische). Diese Oberwellen können auf der einen Seite abgestrahlt werden, auf der anderen Seite aber auch über Versorgungsleitungen, Ein- und Ausgabeleitungen und andere Leiterbahnen auf ein Layout in das Bordnetz eines Kraftfahrzeuges zurückgespeist werden (leitungsgebundene Störaussendung).

Damit ergibt sich ein Einfluss auf alle weiteren elektronischen Systeme im Fahrzeug. Besonders gefährdet sind natürlich empfindliche Empfänger (Radio, Telefon).

Für die Minimierung dieser Störaussendung können folgende grundsätzliche Überlegungen herangezogen werden:

- möglichst dichte Positionierung der Oszillatorbauteile an den Mikrocontroller, um eine Minimierung der abstrahlenden Fläche auf der Leiterkarte zu erreichen.

- direktes Verschalten der Versorgungsleitungen des Mikrocontrollers nach Masse unter Verwendung eines oder mehrerer hochfrequenzgeeigneter Kondensatoren, um die hochfrequenten Spektralanteile direkt nach Masse kurzzuschließen.

- Verschaltung entsprechender Kondensatoren ebenfalls auf die Ein- und Ausgangsleitungen des Mikrocontrollers.

Zusatzbemerkung: Sollten bei der Untersuchung der Störaussendungen eines elektronischen Systems unter Verwendung eines schmalbandigen Messgerätes zu hohe Störspitzen (harmonische Oberwellen der Hauptoszillator-Grundfrequenz) festgestellt werden, so gibt es inzwischen bei einigen Mikrocontrollertypen die Möglichkeit, den Hauptoszillator mit einem kleinen Frequenz-Jitter zu versehen, um die Breite der spektralen Anteile zu vergrößern. Da sich die Grundenergie des Oszillators und damit auch seiner Oberwellen in diesem Fall nicht verändert, sinkt die absolute Amplitude dieser jetzt verbreiterten Frequenzanteile entsprechend ab. Man bezeichnet dieses Verfahren als **Spread-Spektrum.**

8.4.2 Versorgungsleitungen

Wie bereits in Abschnitt 8.4.1 dargestellt, ist es möglich, dass über die Versorgungsleitungen zu einem Mikrocontroller Störspannungen aufgenommen werden, die unter Umständen den Mikrocontroller stören können.

Auch hier sollte durch Verwendung entsprechend geeigneter Kondensatoren eine direkte Ableitung der möglichen hochfrequenten Energie in unmittelbarer Nähe des Mikrocontrollers erfolgen. Außerdem wird hier noch einmal darauf hingewiesen, dass die masseseitige Anbindung des Mikrocontrollers unbedingt hinter den Spannungsregler erfolgen sollte (siehe Abschnitt 7.2.3, Massebaum).

8.4.3 Ein-/Ausgangsleitungen

Auch hier gilt ein ähnliches Prinzip wie bei der Entstörung des Hauptoszillators. Hochfrequente Störungen sollten in unmittelbarer Nähe zum Mikrocontroller durch entsprechende Kondensatoren direkt nach Masse abgeleitet werden. Das führt ebenfalls dazu, dass mögliche Störaussendungen aus den Anschlussleitungen (Ports) des Mikrocontrollers heraus verringert werden.

An dieser Stelle jedoch noch eine Zusatzbemerkung: Wie sich in der Praxis gezeigt hat, ist es extrem schwierig, Mikrocontroller zu entstören, die die internen Taktsignale mit der maximalen Geschwindigkeit ohne weitere interne Maßnahme an die Port-Leitungen weiterleiten. Die so entstehenden sehr hohen Flankensteilheiten erzeugen elektromagnetische Spektralanteile, die über sehr weite Frequenzbereiche zu erheblichen Störungen führen können. Deshalb ist es in jedem Fall günstig, einen Mikrocontroller zu verwenden, dessen Signal-Flankensteilheit an den Ausgängen durch geeignete interne Maßnahmen auf einen geringeren Wert begrenzt wird, so dass ein wesentlich reduziertes Frequenzspektrum erzeugt wird (z. B. durch Verwendung von Stromquellen an den Ausgängen, sog. Soft-Clipping).

Der Hardwareaufwand, der nötig ist, um Mikrocontroller mit einer derartigen Eigenschaft zu entstören, ist in der Praxis deutlich geringer.

8.4.4 Verwendung externer Speicher

In den meisten heutzutage verbauten Kraftfahrzeugelektroniken werden Mikrocontroller eingesetzt, deren Programmspeicher sich direkt auf dem verbauten Mikrocontroller-Chip befindet (Masken-, OTP-, EEPROM- oder Flash-µC). Damit hat man eine optimale Anbindung des Programmspeichers an die eigentliche CPU, nämlich die Kombination auf einem integrierten Schaltkreis.

Dennoch kann es in einigen Fällen notwendig werden, einen externen Programmspeicher an einen Mikrocontroller anzubinden. Um diese Funktionalität zu erreichen, ist es notwendig, sämtliche Adress- und Datenleitungen des externen Speichers über die Leiterkarte zu führen und so den Mikrocontroller mit dem entsprechenden Speicher elektrisch zu verbinden.

Da die so über die Leiterkarte geführten Verbindungen auf der einen Seite als Empfangs- und auf der anderen Seite als Sendeantennen wirken, ist die Kombination unter dem Gesichtswinkel der elektromagnetischen Verträglichkeit im Kraftfahrzeug als sehr kritisch zu betrachten.

Um die Verarbeitungsgeschwindigkeit des Mikrocontrollers nicht reduzieren zu müssen, werden diese Verbindungsleitungen zum externen Speicher mit der maximalen Taktgeschwindigkeit und mit sehr steilflankigen Signalen betrieben. Als Folge erhält man eine sehr starke Störabstrahlung.

In der Praxis hat sich gezeigt, dass diese Kombination nur dann in ein Fahrzeug mit Erfolg verbaut werden kann, wenn sowohl der Mikrocontroller mit seinem Hauptoszillator als auch der externe Speicher elektrisch abgeschirmt werden. Dazu muss sowohl von der

Ober- als auch von der Unterseite auf das Layout jeweils ein abschirmender Metalldeckel verbaut werden, die sog. **Tuner-Box** (Bild 8.19).

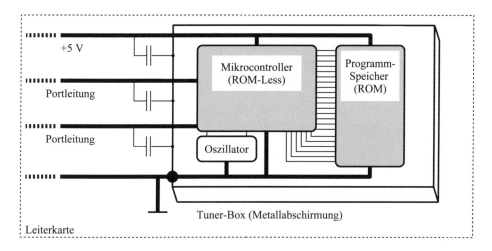

Bild 8.19 Tuner-Box

In vielen Fällen ist der einfache Verbau einer Tuner-Box nicht ausreichend. Es werden noch zusätzlich sämtliche Eingangs- und Ausgangsleitungen mit kleinen, hochfrequenztauglichen Kondensatoren nach Masse abgeblockt, damit die in der Tuner-Box entstandene Sendeenergie nicht über die Versorgungsleitungen bzw. die Eingangs- oder Ausgangsleitungen weiter nach außen verteilt wird.

Es ist offensichtlich, dass diese Lösung einen erheblichen Hardwareaufwand mit sich bringt. Zusätzlich ist zu beachten, dass eine derartige Tuner-Box in der Regel innerhalb einer Fertigungslinie nicht automatisch verbaut werden kann und somit zusätzliche Fertigungsschritte erforderlich werden (ggf. Handbestückung).

Zusammenfassend kann festgestellt werden, dass die Verwendung einer Tuner-Box auch in einer Großserienfertigung technisch möglich ist, jedoch in der Regel einen erheblichen kostenmäßigen Nachteil gegenüber der Verwendung von Mikrocontrollern mit integriertem Speicher aufweist.

Durch die Verwendung moderner FLASH-Mikrocontroller (siehe Abschnitt 8.3.1) ist die Notwendigkeit, eine Tuner-Box aufbauen zu müssen, heutzutage nur noch auf ganz wenige Ausnahmefälle begrenzt.

8.4.5 Layout der Leiterkarte

Ohne ein geeignetes Layout auf einer Leiterkarte kann natürlich keine elektronische Schaltung für eine Kraftfahrzeuganwendung hergestellt werden. Das Layout verbindet auf der einen Seite die notwendigen elektronischen Bauelemente untereinander, stellt aber auf der anderen Seite auch den mechanischen Träger dar, auf dem diese Bauteile befestigt werden.

Wie bereits in Abschnitt 7.2.2 beschrieben, stellt jede Leiterbahn auf einem Layout außerdem ein elektronisches Bauteil dar, das mit parasitäres Element bezeichnet wird:

- einen ohmschen Widerstand auf Grund seiner Länge, seines Querschnittes und seines Materials

- einen Induktivitätsbelag (μH pro Meter)

- einen Kapazitätsbelag (pF pro Meter).

Je kürzer die Verbindung zwischen den elektronischen Bauteilen nun ausfällt, desto geringer sind diese parasitären Effekte, die durch eine Leiterbahnverbindung erzeugt werden. Daher sollte es ein zentrales Ziel sein, diese Verbindungen möglichst kurz zu halten, wie bereits häufiger erwähnt.

Es kann also festgestellt werden, dass es sich beim Layout für eine elektronische Schaltung um ein sehr wichtiges, elektronisches Bauteil handelt, das zum Gelingen einer Entwicklung entscheidend beiträgt.

Bei der Erstellung eines Layout (Bauteileplatzierung und Entflechtung der Leiterbahnen, Routing) ist in den meisten Fällen ein umfangreiches Spezialwissen aus den Bereichen Elektronik, elektromagnetische Verträglichkeit und Mechanik erforderlich. Daher sollten bei der Definition und auch während der Erstellung des Layouts die entsprechenden Spezialisten hinzugezogen werden.

Im Folgenden nun werden einige grundlegende Überlegungen dargestellt, die die Qualität eines Layouts entscheidend beeinflussen bzw. verbessern können:

- Verwendung kurzer Leiterbahnverbindungen (wie bereits erwähnt)

- Verwendung von parasitären kapazitiven Elementen als Entstörkondensatoren.

Parasitäre Elemente als Entstörbauteile

Die Idee hinter dieser Vorgehensweise ist die, dass eine beidseitige Fläche auf einem Layout (Ober- und Unterseite liegen sich gegenüber) vom Prinzip her gesehen einen Plattenkondensator darstellt. Der Plattenkondensator hat als Dielektrikum das Material, aus dem die Leiterkarte besteht (Epoxidharz oder Ähnliches). Der Abstand dieser „Kondensatorplatten" beträgt in der Praxis je nach Ausführungsform zwischen 0,5 und 1,3 mm. Die elektronischen Eigenschaften dieses Kondensators sind bis in den Gigahertzbereich hinein relativ optimal (Bild 8.20).

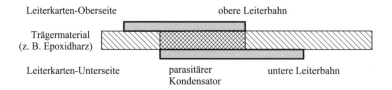

Bild 8.20 Parasitäre Elemente einer doppelseitigen Leiterkarte

Diese Eigenschaft kann nun dazu verwendet werden, Störeinflüsse zu minimieren (sowohl abgestrahlte als auch eingestrahlte).

Eine Möglichkeit dazu ist, z. B. alle nicht benötigten Flächen auf der Oberseite einer Leiterkarte mit der Plusverbindung hinter dem Spannungsregler zu belegen, die gegenüberliegenden entsprechenden Flächen auf der Unterseite mit der sekundären Masse (siehe Abschnitt 7.2.4). Durch die sich so bildenden parasitären Kapazitäten zwischen Ober- und Unterseite kann eine erhebliche Reduktion der Störaussendungen erreicht werden, wie Ergebnisse aus der Praxis gezeigt haben.

Verwendung einer Multilayer-Leiterkarte

Auf Grund der extrem engen Platzverhältnisse in moderner Kraftfahrzeugelektronik ist es in der Regel heute bereits erforderlich, eine sog. Multilayer-Leiterkarte zu verwenden, die mehr als zwei Verdrahtungsebenen ermöglicht (4 oder 6 Layer).

Auch hier ist es möglich, innen liegende Layer so zu verschalten, dass sie auf Grund ihres kapazitiven Verhaltens zueinander parasitäre Kondensatoren bilden, die zur Entstörung genutzt werden können (Bild 8.21). Diese zusätzlichen Verdrahtungsebenen werden also auf der einen Seite zur eigentlichen Verbindung der Bauelemente untereinander verwendet, auf der anderen Seite aber auch zur Ableitung von hochfrequenten Störungen.

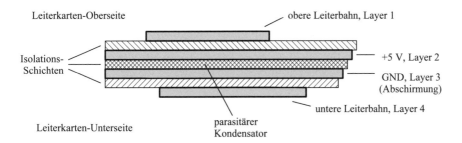

Bild 8.21 Parasitäre Elemente einer Multilayer-Leiterkarte

In einigen Fällen hat es sich in der Praxis als günstig bzw. als notwendig erwiesen, unterhalb eines sehr schnell arbeitenden Mikrocontroller-Chips durch Verwendung einer Multilayer-Leiterkarte und Anwendung des o. g. Prinzips die Störaussendung des Mikrorechners derart zu reduzieren, dass eine wahrscheinlich notwendig gewordene Tuner-Box entfallen konnte.

Zusammenfassend kann festgestellt werden, dass die Leiterkarte einer Kraftfahrzeugelektronik (und das damit verbundene Layout) in der Praxis oft das entscheidende Bauteil darstellt, das sehr großen Einfluss auf das EMC-Verhalten des sich ergebenden Gesamtproduktes darstellt. Nur durch eine intensive Zusammenarbeit zwischen den Entwicklern, den EMC-Spezialisten und den Konstrukteuren kann bezüglich des Layouts einer Leiterkarte ein optimales Ergebnis erzielt werden.

9

Diagnoseschnittstelle und Kommunikation in Fahrzeugen

Betrachtet man den elektrischen und elektronischen Aufbau moderner Fahrzeuge, so kommunizieren heutzutage eine Vielzahl von elektronischen und elektromechanischen Systemen miteinander im Fahrzeug.

Diese Kommunikation geschieht durch eine oder mehrere Datenschnittstellen zwischen den Systemen (Bussysteme). Es kann ohne Übertreibung festgestellt werden, dass die Realisation der vielfältigen Funktionen in Kraftfahrzeugen, wie sie derzeit am Markt verfügbar ist, ohne eine derartige Kommunikation nicht möglich wäre.

Obwohl diese Kommunikationsform bereits sehr große Ausmaße angenommen hat, stehen wir erst am Anfang dieses Prozesses. Während heutzutage alle Systeme noch mehr oder weniger autark für sich allein arbeiten bzw. arbeitsfähig sind, ist abzusehen, dass in naher Zukunft ein weiterer Schritt hin zu vernetzten Funktionen stattfinden wird.

Das bedeutet, dass eine Funktion nicht unbedingt geschlossen aus einer Hardware (Steuergerät) mit der dazugehörigen integrierten Software bestehen muss. Vielmehr ist denkbar, dass sich in einem Fahrzeug eine Vielzahl von intelligenten (d. h. Mikrocontroller gesteuerten) Steuer- oder Regeleinrichtungen befindet, deren gesamte Funktionalität durch ein übergeordnet arbeitendes Softwaresystem bereitgestellt wird. Dieses System wird dann über schnelle und sichere Bussysteme miteinander vernetzt.

Für das Gesamtverständnis der heutigen Situation ist es jedoch erforderlich, die Entwicklungsschritte mit zu betrachten.

- Betrachtung der Diagnoseschnittstelle

- Betrachtung der Kommunikation mit anderen Systemen innerhalb eines Fahrzeuges

- Betrachtung der Kommunikation mit anderen Systemen außerhalb des Fahrzeuges.

Das Bild 9.1 zeigt das Beispiel eines fiktiven Fahrzeuges, in dem versucht wird, eine aktuelle Situation für ein Mittelklassefahrzeug darzustellen.

Es kann davon ausgegangen werden, dass in einem solchen Fahrzeug heutzutage bis zu fünfzig verschiedene elektronische Steuergeräte verbaut werden. In Kapitel 2 sind die meisten dieser Systeme bereits erwähnt worden. Die Tendenz ist steigend.

Es ist offensichtlich, dass fast alle Systeme als selbstständige Einheiten funktionieren. Das bedeutet, sie mit einem eigenen leistungsfähigen Mikrocontroller inkl. eigener Energieversorgung und elektronischer Schutzmaßnahmen gegen die im Kraftfahrzeug möglichen Umwelteinflüsse ausgestattet sein müssen.

Im Bild 9.1 sind diese Systeme grob dargestellt. Nur in einigen wenigen Ausnahmen ist relativ einfache Elektronik, sog. „intelligente Sensoren und Aktuatoren" verbaut, wie z. B. im Klimabereich.

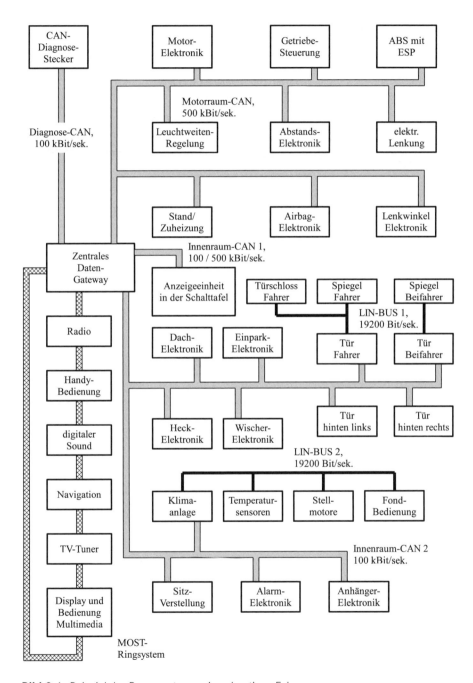

Bild 9.1 Beispiel der Busvernetzung eines heutigen Fahrzeuges

In dem Bild 9.1 ist eine gewisse Schwerpunktbildung bereits erkennbar, z. B.:

- Motorraum

- Chassis-Basisfunktionen

- Fahrzeug-Grundfunktionen

- Infotainment-Funktionen.

In diesem Kapitel soll nun kurz dargestellt werden, um welche Kommunikations-Bussysteme es sich dabei handelt. Schwerpunkt dabei sind die grundsätzlichen Eigenschaften und die wichtigsten Hardwaregrundlagen.

Die für die Übertragung der Daten erforderlichen Kommunikationsprotokolle werden hier nicht weiter erläutert. Dazu sind im Literaturverzeichnis Hinweise auf weiterführende Literatur zu finden.

Nachdem kurz auf die so genannte K-LINE und den Diagnose-CAN-Bus als Schnittstelle zu den Werkstatt-Diagnosetestern eingegangen worden ist, werden folgende Bussysteme kurz angesprochen:

- CAN-Bus

- LIN-Bus

- FlexRay-Bus

- MOST-Bus.

9.1 Diagnoseschnittstelle

Ein modernes Fahrzeug besteht aus einer Vielzahl von elektronischen Systemen mit einer noch weit größeren Anzahl von Sensoren und Aktuatoren. Nur das perfekte Zusammenspiel aller beteiligten Komponenten garantiert eine stabile und dauerhafte korrekte Funktion des Fahrzeuges.

Daraus resultiert jedoch ein grundsätzliches Problem: Im Falle des Versagens eines Sensors oder eines Aktuators ist es für das Servicepersonal in den Werkstätten inzwischen extrem schwierig geworden, diese Fehlerursachen direkt zu lokalisieren und entsprechende Abhilfemaßnahmen zu ergreifen. Im Falle der Reparatur eines Unfallfahrzeuges ist die Situation noch weit komplizierter.

Diese Problematik ist bereits bei der Einführung der ersten Mikrocontroller gesteuerten Systeme in Fahrzeugen vor vielen Jahren erkannt worden. Zusammen mit der Einführung dieser Mikrocontroller wurden schon die ersten Funktionalitäten in die Steuergeräte integriert, die es ermöglichten, defekte Sensoren und Aktuatoren zu erkennen und entsprechende Fehler zu melden.

Die Vorgehensweise bei der Detektion derartiger Fehler ist bereits in Abschnitt 7.5.6 ausführlich dargestellt worden.

Das Hauptproblem, das sich zur damaligen Zeit ergeben hat, war, die angefallene Diagnoseinformation dauerhaft zu speichern und dann auf Anforderung in der Werkstatt dem Werkstattpersonal zugänglich zu machen.

Die einfachste Form einer derartigen Selbstdiagnose war, bei Auftreten eines Fehlers diesen über eine einfache Ausgangsleitung und unter Verwendung eines sehr langsam laufenden sog. „Blinkcodes" dem Werkstattpersonal mitzuteilen (z. B. unter Verwendung einer Prüflampe). Der Blinkcode bestand aus einer übersichtlichen Folge von kurzen und langen Blinkimpulsen, aus denen das entsprechende Fehlerbild anhand einer kleinen Tabelle leicht festzustellen war.

Obwohl es sich hierbei um ein sehr primitives Verfahren gehandelt hat, waren die Vorteile einer Generierung von Diagnoseinformationen mit anschließender Bereitstellung offensichtlich.

Als Folge davon wurde in den darauf folgenden Jahren eine einfache Schnittstelle zur Übertragung von Diagnoseinformationen international definiert, die sich möglichst einfach und kostensparend in die Steuergeräte integrieren ließ.

Die Grundidee war, vorhandene Kommunikationseinrichtungen im Mikrocontroller dazu zu verwenden, eine Diagnoseinformation an ein Prüfgerät in der Werkstatt zu übertragen (den sog. Werkstatt-Tester).

Ein Kommunikationsmodul, das in fast jedem Mikrocontroller zu finden ist, ist die *asynchrone serielle Schnittstelle* zur Übertragung von acht Datenbit. Diese Schnittstelle besteht aus zwei physikalischen Anschlussleitungen:

- Sendeleitung (TXD)

- Empfangsleitung (RXD).

Für die Werkstattdiagnose hätte das bedeutet, im Steuergerät einen getrennten Sende- und Empfangsbaustein vorsehen zu müssen, um die logischen Pegel, die ein Mikrocontroller verarbeiten kann, an die rauen Werkstattumgebungen anzupassen.

Um den Hardwareaufwand zu reduzieren, wurde auf die Möglichkeit verzichtet, beide Datenrichtungen (Diagnosegerät zum Mikrocontroller und zum Diagnosegerät zurück) gleichzeitig zu nutzen (unidirektionaler Betrieb). Durch Verwendung von nur einer Übertragungsrichtung zu einer bestimmten Zeit konnte erreicht werden, dass zum einen die Mikrocontroller softwaremäßig entlastet und zum anderen die Verwendung einer einzigen Datenleitung zur Kommunikation möglich wurde.

Vor diesem Hintergrund wurde die sog. K-Line definiert, die auch heute noch bei vielen Systemen im Einsatz ist.

9.1.1   K-(L)-Line

Die K-Line im Kraftfahrzeug ist eine bidirektionale Datenleitung zur Übertragung von Diagnoseinformationen zwischen dem Fahrzeug und einem Diagnose-Tester in Werkstätten.

Die Definition sieht noch eine zweite Kommunikationsleitung vor, die sog. L-Leitung. Sie wurde ausschließlich dazu verwendet, die Kommunikation mit einem speziellen Steuergerät zu initialisieren. Das folgende Bild 9.2 zeigt eine derartige Initialisierungsphase.

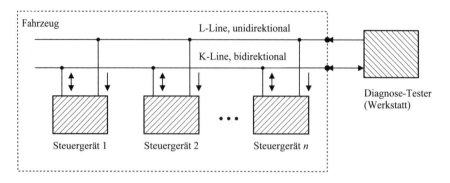

Bild 9.2 Initialisierung mittels der L-Line

Nach der Initialisierungsphase wird die L-Leitung nicht weiter verwendet. Natürlich führt das zu einem erheblichen hardwaremäßigen Mehraufwand, da eine zweite Diagnoseleitung zu jedem Steuergerät gelegt werden muss.

Durch die Einführung verbesserter Datenprotokolle auf der K-Line ist es heute nicht mehr erforderlich, die L-Line weiter zu verwenden. Daher wird bei heutigen Systemen ausschließlich die K-Line zur Diagnoseinformationsübertragung eingesetzt.

Bevor auf diese Möglichkeit näher eingegangen wird, zunächst noch einige grundsätzliche technische Eigenschaften der K-Line, wie sie auch in den Normenwerken beschrieben ist. Das folgende Bild 9.3 zeigt die erlaubten physikalischen Spannungspegel der K-Line.

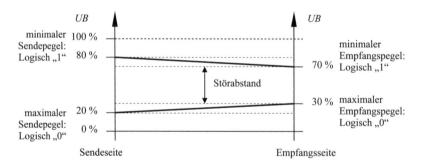

Bild 9.3 Die Spannungspegel auf der K-Line

Es handelt sich hierbei also um eine Datenübertragung, deren Pegel zwischen fast 0 V und der Bordnetzspannung liegt.

Durch diese relativ hohen Spannungsunterschiede zwischen einem logischen L-Pegel und einem logischen H-Pegel erreicht man auf der einen Seite einen relativ großen Stör-

spannungsabstand, auf der anderen Seite jedoch nur eine relativ langsame Geschwindigkeit.

Die maximal vorgesehene Geschwindigkeit auf einer K-Line beträgt 10 400 Bit pro Sekunde.
Die Ursache für diese relativ geringe Datenrate sind die prinzipbedingt immer vorhandenen Kapazitätsbeläge der Verbindungsleitungen und die parasitären Kapazitäten innerhalb der Steuergeräte, wie in Bild 9.4 gezeigt.

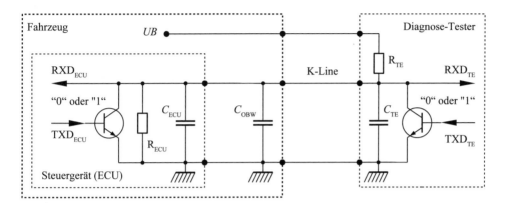

Bild 9.4 Die kapazitive Belastung der K-Line

- C_{TE}: Kapazität im Diagnose-Tester
- C_{OBW}: Parasitäre Kapazität der Verkabelung
- C_{ECU}: Parasitäre Kapazität innerhalb eines Steuergerätes

Seitens der Norm sind folgende Grenzwerte festgelegt, die bei einer maximalen Geschwindigkeit von 10 400 Bit/s nicht überschritten werden dürfen (s. Tabelle 9.1).

Tabelle 9.1 Grenzwerte der kapazitiven Belastungen der K-Line

	CECU + COBW	CTE
12-V-Bordnetz	≤ 7,2 nF	≤ 2 nF
24-V-Bordnetz	≤ 5,0 nF	≤ 2 nF

Weitere technische Spezifikationen sind in der entsprechenden Norm zu finden (siehe
Anhang Verweise auf Normen, ISO 14 230, Part 1).

Bei der schaltungstechnischen Realisation wird in den meisten Fällen eine Schaltung mit
einem speziellen K-Line-Treiber-IC verwendet, da so eine einfache und kostenoptimale
Lösung erreicht werden kann.

Das folgende Bild 9.5 zeigt beispielhaft die Anbindung einer K-Line an einen Mikrocontroller.

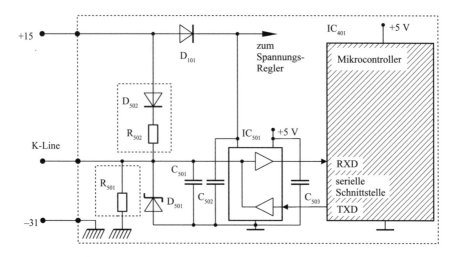

Bild 9.5 Anbindung einer K-Line an einen Mikrocontroller

Die Funktion der Bauelemente:

- IC_{501}:   K-Line-Treiber-IC

- C_{501}, C_{502}, C_{503}: Entstörkondensatoren zur Reduktion der EMC-Einflüsse

- D_{501}:   Schutzdiode vor positiven und negativen Störspitzen

- R_{502}:   der in der Norm vorgesehene Pull-Up-Widerstand im Steuergerät

- R_{501} (Option) Wird von einigen Fahrzeugherstellern gefordert, um die Kompatibilität mit dem verwendeten Diagnose-Tester zu verbessern

- D_{502}:   verhindert die Belastung der K-Line über R_{502} bei ausgeschaltetem Steuergerät

Verwendung der K-Line

Die ursprüngliche Idee war, jedes Steuergerät mit einer eigenen Diagnoseleitung zu versehen und alle Diagnoseleitungen des Fahrzeuges an einem zentralen Punkt zusammenzuführen und dort an einem mehrpoligen Stecker bereitzustellen.

Über diesen zentralen Diagnosestecker waren dann alle Steuergeräte individuell ansprechbar. Es konnten also nacheinander (im Prinzip auch gleichzeitig) von allen Steuergeräten die Diagnoseinformationen über diese getrennten K-Line-Verbindungen ausgelesen werden.

Es ist offensichtlich, dass diese Lösung einen erheblichen Hardwareaufwand mit sich bringt, da ja für jedes Steuergerät eine eigene K-Line im Kabelbaum bis zu diesem Diagnosestecker vorzusehen war.

Diesem hardwaretechnischen Nachteil stand jedoch der Vorteil gegenüber, dass die Initialisierung des Diagnosebetriebes in den Steuergeräten relativ einfach war, da nur eine individuelle Verbindung zwischen dem Tester und dem Steuergerät ohne Störung durch andere Systeme existierte (Bild 9.6).

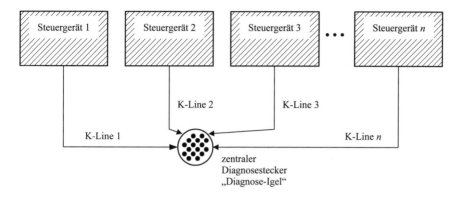

Bild 9.6 Die individuelle K-Line („Diagnose-Igel")

Die entsprechende Spezifikation der Schnittstelle, der Initialisierung und des Datenaustausches ist in der ISO 9141 beschrieben.

Die nächste (und bis jetzt noch aktuelle) Idee ist die, alle K-Line-Anschlüsse der Steuergeräte zu einem Bussystem zusammenzufassen. Man erhält somit eine einzige K-Line, die an allen Steuergeräten vorbeiführt und somit auch nur einen Anschlusspin in einem kleinen Diagnosestecker belegt. Damit erreicht man einen erheblichen Kostenvorteil gegenüber der ersten Version (Bild 9.7).

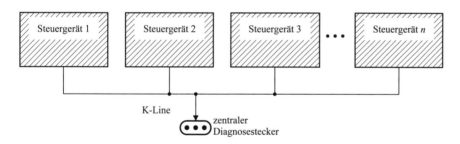

Bild 9.7 Die K-Line als Bussystem

Der systembedingte Nachteil dieser Lösung ist, dass die einzelnen Steuergeräte nun nicht mehr eine individuelle Verbindung zu einem Diagnose-Tester aufbauen können, sondern gegebenenfalls von anderen Steuergeräten während der Datenübertragung gestört werden könnten.

Um dieses Problem zu lösen, ist es erforderlich, das Diagnoseprotokoll zu erweitern und jedem Steuergerät eine softwaremäßig eindeutige individuelle Kennung (Adresse) zuzuweisen.

Das Verfahren, das eine derartige Lösung ermöglicht, ist beschrieben in der Norm ISO 14230 (KWP 2000).

Während sich die physikalischen Eigenschaften der Diagnoseleitung prinzipiell nicht geändert haben, ist die Initialisierungsphase deutlich komplizierter geworden.

Die komplette Definition der KWP 2000 besteht aus drei Teilen, die jeweils eine der ISO-OSI-Kommunikationsschichten beschreiben. Hier soll auf die umfassende Beschreibung dieses Modells verzichtet werden, da es in seiner vollständigen Ausprägung im Kraftfahrzeug nicht angewendet wird. Es existieren darüber hinaus in der Literatur ausreichend Informationen zu diesem Modell.

Von den maximal 7 möglichen Schichten verwendet die KWP-2000-Diagnose nur drei:

- Teil 1: Physical Layer (OSI-Schicht 1)

- Teil 2: Communication (OSI-Schicht 2)

- Teil 3: Implementation (OSI-Schicht 7).

Diese drei Schichten sind für eine Diagnose völlig ausreichend, da die anderen Schichten Protokolle beschreiben, die im Kraftfahrzeug keine Bedeutung haben. Beispielsweise wird es im Kraftfahrzeug keine Informations-Router geben, da die Signalwege immer konstant und festgelegt sind.

Im weiteren Verlauf sollen die datentechnischen Besonderheiten dieser Diagnose nicht weiter erläutert werden. Die entsprechende sehr umfangreiche Beschreibung ist in der Norm zu finden (siehe Literaturverzeichnis).

Festzustellen ist jedoch, dass diese Diagnoseübertragung unter Verwendung einer K-Line mit dem KWP-2000-Protokoll inzwischen weltweit akzeptiert worden ist und von vielen Fahrzeugherstellern verwendet wird.

Leider muss auch in diesem Fall wie bei vielen anderen Normen gesagt werden, dass diese Norm an einigen wichtigen Stellen relativ viele Freiheitsgrade offen lässt. Das hat in diesem Fall dazu geführt, dass verschiedene Fahrzeughersteller vom Grundsatz her gesehen zwar ähnliche, jedoch nicht identische Protokolle verwenden.

Oder anders ausgedrückt: Ein Diagnose-Tester des Fahrzeugherstellers X funktioniert meistens nicht mit einem entsprechenden Gerät des Fahrzeugherstellers Y.

Diese Situation ist ein erhebliches Problem für die Werkstätten, die Fahrzeuge verschiedener Hersteller warten wollen oder müssen.

Der nächste Schritt: der Diagnose-Gateway

Wie bisher beschrieben, ist es selbst bei Verwendung der KWP-2000-Diagnoseschnittstelle erforderlich, ein eigenes Diagnosesystem (K-Line-Bus) in das Fahrzeug zu verbauen.

Wie im weiteren Verlauf noch näher ausgeführt wird, ist es jedoch heutzutage so, dass fast alle elektronischen Steuergeräte inzwischen über ein anderes Kommunikationssystem miteinander Daten austauschen. Diese Daten könnten naturgemäß auch Diagnosedaten sein.

Also wäre es ausreichend, in ein zentrales Steuergerät ein K-Line-Interface zu integrieren und die Diagnoseinformationen aller Steuergeräte zentral über dieses Steuergerät mit der dort vorhandenen K-Line an den Diagnosetester weiterzuleiten. Das wird als Gateway-Funktion bezeichnet. Man spart auf diese Weise eine zusätzliche Parallelverkabelung im Fahrzeug (s. Bild 9.8).

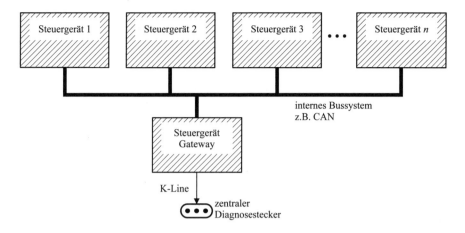

Bild 9.8 K-Line-Diagnose-Gateway

9.1.2 Diagnose-CAN

Wie bereits erwähnt, muss bei modernen Systemen ein zusätzliches Kommunikationssystem im Fahrzeug vorhanden sein, will man ein K-Line-Gateway in einer sinnvollen Weise realisieren.

Dieses zusätzliche Kommunikationssystem ist derzeit der sog. CAN-Bus (Controller-Area-Network), der im nächsten Abschnitt noch etwas ausführlicher beschrieben werden wird.

Die wesentlichste Eigenschaft dieses CAN-Busses im Vergleich zur K-Line ist die, dass wesentliche höhere Datenraten übertragen werden können und dass eine Kommunikation **zwischen Steuergeräten** ermöglicht wird.

In der Praxis hat es sich nun gezeigt, dass es schon heute mit der K-Line oft ein Problem ist, in relativ kurzer Zeit die Informationen aus allen Steuergeräten auszulesen. Hinzu kommt, dass die zentralen Diagnoseschnittstellen auch dazu verwendet werden, systeminterne Informationen (wie z.B. Sensorwerte, Betriebszustände oder Aktuatorstellungen) zu diagnostizieren bzw. zu analysieren.

Die Folge ist die Forderung nach einer schnelleren Übertragung der Diagnosedaten. Dazu wird heute in einigen Fällen bereits ein speziell für diese Funktion bereitgestellter CAN-Bus verwendet (der *Diagnose-CAN*, s. Bild 9.9).

Obwohl dadurch die technischen Anforderungen an die Diagnosegeräte in den Werkstätten (und damit auch an die Qualifikation des Bedienpersonals) erheblich ansteigen, ergeben sich durch die erhöhte Datentransferrate einige Möglichkeiten, die zum Teil heute schon unter Verwendung der K-Line genutzt werden, aber in Zukunft bei vermehrtem Einsatz des Diagnose-CANs noch weit häufiger zum Tragen kommen werden:

- Aktivierung bzw. Deaktivierung verschiedener Optionen in den Steuergeräten.

- End-of-Line-Programmierung verschiedener Steuergeräteparameter in der Fertigung und in den Werkstätten (siehe auch Abschnitt 10.3.2).

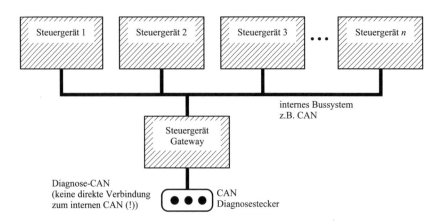

Bild 9.9 Der Diagnose-CAN

- Auswechseln der kompletten Software in den Steuergeräten bei festgestellten Softwarefehlern ohne die Steuergeräte ausbauen zu müssen.

- Ausgabe von aktuellen bzw. über einen längeren Zeitraum angesammelten Betriebsdaten aus den Steuergeräten, um spezielle Belastungssituationen der Fahrzeugtechnik besser beurteilen zu können und viele mehr.

Obwohl die hier angesprochenen Verwendungsmöglichkeiten des Diagnose-CAN technisch prinzipiell kein Problem darstellen, dürfte es noch einige Zeit dauern, bis sich derartige Vorgehensweisen flächendeckend durchgesetzt haben.

In diesem Zusammenhang muss noch eine Vielzahl rechtlicher Fragen vor allem aus dem Bereich der Produkthaftung und Garantiegewährung geklärt werden. Außerdem ist für die Durchführung derartiger Aktionen unbedingt speziell geschultes Werkstattpersonal erforderlich. Bei nicht korrekter Vorgehensweise kann es durchaus passieren, dass ein komplettes Fahrzeug auf Grund nicht freigegebener oder fehlerhafter Software, die fälschlich in ein Steuergerät programmiert wurde, nicht mehr startfähig ist.

■ 9.2 Kommunikation mit anderen Systemen innerhalb des Fahrzeuges

Die im letzten Abschnitt vorgestellte Kommunikation bezog sich auf den Datenaustausch von einzelnen Fahrzeugsystemen mit einem Diagnosegerät außerhalb des Fahrzeuges. Schon vor vielen Jahren ist erkannt worden, dass es bei der Betrachtung eines Fahrzeuges als Gesamtsystem durchaus Vorteile haben kann, eine Kommunikationsmöglichkeit zwischen den einzelnen elektronischen Systemen innerhalb eines Fahrzeuges herzustellen.

Die sich daraus ergebenden prinzipiellen Vorteile sind bestechend:

Informationen, die an einer Stelle innerhalb eines Fahrzeuges generiert worden sind, können über ein Kommunikationsnetzwerk allen anderen Systemen zur Verfügung gestellt werden. Damit hätten diese Systeme nicht mehr die Notwendigkeit, gegebenenfalls eine ähnliche Information neu generieren zu müssen. Klassische Beispiele für derartige Informationen sind:

- Geschwindigkeit

- Motordrehzahl

- Motortemperatur

- Außentemperatur

- eine Zeitinformation und viele mehr.

Dabei ist es offensichtlich, dass die Datenübertragungsgeschwindigkeit, wie sie bei der Diagnose-K-Line maximal zulässig ist (10400 Bit pro Sekunde), für die Kommunikation der Systeme in einem Fahrzeug untereinander bei weitem nicht ausreichend ist.

Vor dem geschilderten Hintergrund ist bereits vor vielen Jahren ein Kommunikations-Bus für die Vernetzung von elektronischen Systemen, die mit Mikrocontrollern gesteuert werden, definiert worden: das Controller-Area-Network (CAN). Dieser CAN-Bus hat sich inzwischen flächendeckend in fast allen Fahrzeugen in großem Umfang durchgesetzt und ermöglicht heutzutage Funktionalitäten, die unter Verwendung einer klassischen Bordnetzverkabelung unmöglich zu realisieren wären.

Dennoch hat sich innerhalb der letzten Jahre die Notwendigkeit ergeben, parallel zu einem relativ hochleistungsfähigen Netzwerk auch eine relativ einfache, langsame und nach Möglichkeit kostenneutrale Vernetzung von sehr kleinen, lokal eng begrenzten elektronischen Komponenten darstellen zu können.

Vor diesem Hintergrund ist das sog. Local-Interconnect-Network (LIN-Bus) definiert worden, dessen Verwendung derzeit stark ansteigt.

Das andere Extrem wäre eine Kommunikation zwischen relativ hochleistungsfähigen elektronischen Systemen im Kraftfahrzeug (meist im Motorraum unter Einbindung der Motorelektronik), die dann zusätzlich einige Funktionen bereitstellen muss:

- Gewährleistung einer fahrzeugweit eindeutigen und sehr genauen Zeitbasis

- sehr hohe Datenübertragungsgeschwindigkeit

- sehr sicherer Betrieb auch im Fall von Störungen.

Im weiteren Verlauf dieses Abschnitts werden die technisch wichtigsten Grundeigenschaften der in Fahrzeugen verwendeten Bussysteme hier kurz erläutert. Es ist nicht das Ziel, sämtliche technischen Feinheiten bis ins letzte Detail zu beschreiben. Dazu sei auf die entsprechende Fachliteratur verwiesen.

9.2.1 Controller Area Network (CAN)

Der CAN-Bus dient dazu, elektronische Fahrzeugsysteme miteinander über eine Kommunikationsleitung zu vernetzen. Das ist eine vollständig anders geartete Aufgabe als die im letzten Abschnitt beschriebene K-Diagnose-Leitung, die vom Prinzip her nur eine Punkt-zu-Punkt-Verbindung zwischen einem Fahrzeugsystem und dem Testgerät ermöglichte.

Beim CAN-Bus kann eine Vielzahl elektronischer Systeme miteinander kommunizieren und Daten austauschen (s. Bild 9.10).

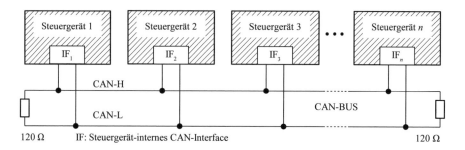

Bild 9.10 Datenübertragung über den CAN-Bus

Obwohl es durchaus praktische Ausführungen gibt, bei denen das CAN-Datenprotokoll über eine einzige Leitung abgewickelt wird, hat sich derzeit als Standard der CAN-Bus durchgesetzt, der mit zwei Datenleitungen arbeitet. Auf diese Weise ist eine zusätzliche Sicherheit gegeben, da der korrekte Betrieb des Datenaustausches auch funktioniert, wenn eine dieser beiden Leitungen defekt oder unterbrochen sein sollte.

Als ganz wesentliche Eigenschaft des CAN-Busses im Vergleich zu vielen anderen Netzwerken gibt es keine Geräteadressen oder Systemadressen. Vielmehr erhält jede **Nachricht** eine eindeutige **Identifikationsnummer** (den sog. **Nachrichten-Identifier, ID**). Dieser Identifier repräsentiert eine ganz bestimmte Nachricht, z. B. die Außentemperatur, die Motordrehzahl oder die Geschwindigkeit usw. Beim Standard-CAN sind bis zu 2048 verschiedene Identifier möglich, bei einer Extended-CAN-Version noch wesentlich mehr.

Die Kommunikation läuft vom Prinzip her gesehen folgendermaßen ab:

- Wird von einem Steuergerät eine spezielle Information benötigt, sendet dieses Steuergerät den Nachrichten-Identifier, der zu dieser Nachricht gehört, aus, und zwar in Verbindung mit einer Kennung, dass diese Information gewünscht wird.

- Dasjenige Steuergerät im System, das nun in der Lage ist, diese Information zu liefern, wird im Anschluss daran eine entsprechende Übertragung durchführen.

- Bei sehr wichtigen Informationen, die ständig von vielen Steuergeräten benötigt werden, wird typischerweise eine periodische Aussendung dieser Information durchgeführt.

Dieses ist grob beschrieben das Prinzip, das dem CAN-Bus als Idee zu Grunde liegt.

Durch zusätzliche Mechanismen, die eine Kollision der Datenbits auf dem CAN-Bus sicher verhindern, kann erreicht werden, dass die Datenübertragung auf den CAN-Bus fast ohne Verluste durchgeführt werden kann.

Die Gesamtheit aller bei einem CAN-Bussystem in einem Fahrzeug vorhandenen Nachrichten-Identifier stellt eine Datenbasis dar, die den kompletten Datentransfer der Steuergeräte innerhalb eines Fahrzeuges beschreibt, die an den entsprechenden CAN-Bus angeschlossen sind.

Bei heute am Markt verfügbaren Fahrzeugen werden oftmals mehrere CAN-Bussysteme parallel verwendet, um den unterschiedlichen Anforderungen bezüglich der Datengeschwindigkeit und Leitungslänge gerecht zu werden, z. B.:

High-Speed-CAN (Antrieb, Beispiel)

(ein CAN-Bus hoher Datengeschwindigkeit, meist 500 kBit pro Sekunde)

- Motorelektronik

- Getriebesteuerung

- Anti-Blockier-System (ABS)

- Airbag usw.

Low-Speed-CAN (Komfort, Beispiel)

(ein langsamerer CAN-Bus innerhalb der Fahrgastzelle, 50 bis 150 kBit pro Sekunde)

- Klimasteuergerät

- Armaturenbrett-Elektronik

- Wischer

- Dachmodul

- Zentralelektronik

- Türsteuergeräte

- Sitzsteuergeräte

- Heckfunktionen usw.

Bei modernen Fahrzeugen sind derzeit etwa zwischen 20 bis 60 vernetzte Steuergeräte vorhanden.

Die physikalische Ebene des CAN-Buses (Layer 1)

Typischerweise werden die beiden CAN-Leitungen mit CAN-High (CAN-H) und CAN-Low (CAN-L) gekennzeichnet (s. Bild 9.11).

Es handelt sich also bei dem CAN-Bus um ein System, dessen logische Pegel sich im Prinzip im Versorgungsspannungsbereich eines normalen Mikrocontrollers (typisch +5 V) befinden).

High-Speed CAN

Im Ruhezustand liegen beide CAN-Bus-Leitungen auf der halben Betriebsspannung (2,5 V). Dieser Pegel wird mit **rezessiv** bezeichnet und entspricht einer logischen 1. Im Falle einer logischen 0 liegt die CAN-Low-Leitung auf 1,5 V und die CAN-H-Leitung auf 3,5 V (**dominant**).

Die beiden Signalleitungen agieren also gegenphasig. Symmetrische Störungen von extern (EMC-Einflüsse) werden durch eine Differenzbildung im Empfangszweig wirkungsvoll herausgefiltert. Allerdings ist darauf zu achten, dass der CAN-Bus an seinen Anfangs- und

Endpunkten jeweils über einen Abschlusswiderstand verfügt, so dass Reflexionen an den Enden des Bussystems minimiert werden.

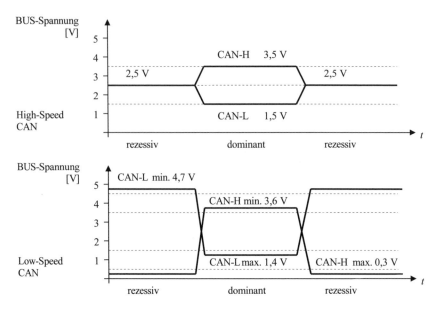

Bild 9.11 Signalpegel des CAN-Busses (High-Speed und Low-Speed)

Low-Speed CAN

Der Low-Speed CAN wird im Innenraum eingesetzt und bedient auch die Türsteuergeräte und Zentralelektronik. Bei Schließfunktionen (z. B. Funkschlüssel) muss der CAN-Bus selbst aus dem Ruhezustand heraus signalisieren können, dass Schaltfunktionen durchzuführen sind. Im Gegensatz zum High-Speed CAN benötigt der Low-Speed CAN eine „Aufweckfunktion".

Das wird erreicht, indem folgende Spannungspegel angenommen werden:

- CAN-Low: etwa der Bordnetzspannung entsprechend (10 V bis 12 V)

- CAN-High: etwa 0 V (Fahrzeugmasse)

Diese Pegel signalisieren allen angeschlossenen Steuergeräten, dass sich der Bus im Stand-By- oder Ruhezustand befindet. Sobald diese Pegel verlassen werden, starten die entsprechenden Steuergeräte.

Sowohl beim High-Speed- als auch beim Low-Speed CAN schalten die Pegel auf den Übertragungsleitungen gegensinnig. Auf beiden Leitungen gleichzeitig einwirkende Störbeeinflussungen haben eine, keine oder nur geringe Auswirkung.

Man erreicht auf diese Weise ein besonders günstiges Übertragungsverhalten der Datenbits. Erreicht wird das durch eine spezielle Struktur innerhalb des Treiber-ICs, der typischerweise für eine CAN-Bus-Anbindung zwischen Mikrocontroller und CAN-Daten-Bus geschaltet wird (s. Bild 9.12 Grundprinzip).

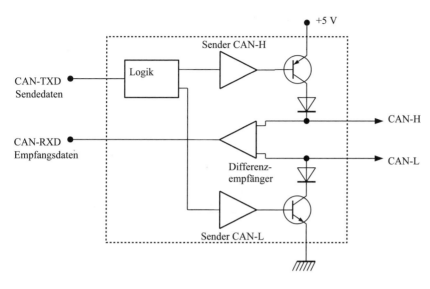

Bild 9.12 Prinzip eines CAN-Leitungstreibers

Durch zwei im Gegentakt betriebene Transistoren ist es möglich, die Leitungen CAN-H und CAN-L auf die entsprechenden Spannungspegel zu schalten. Ein Differenzverstärker überwacht sämtliche Pegelverhältnisse und kann auf diese Weise entscheiden, ob ein gesendetes Bit rezessiv oder dominant ist.

Das folgende Bild 9.13 zeigt eine prinzipielle Anbindung eines CAN-Busses innerhalb eines Steuergerätes, bestehend aus dem Mikrocontroller, dem Treiberbaustein und einer Anpassschaltung, an die der externe CAN-Bus angeschaltet wird.

Verwendet werden aus Kostengründen meist Mikrocontroller mit integriertem CAN-Steuerungsmodul, das alle notwendigen Abläufe zur korrekten Datenübertragung über das Bussystem übernimmt. Die CPU braucht nur noch die Steuerung des Dateninhaltes und das Fehlermanagement zu übernehmen. Die Verwendung externer CAN-Steuerbausteine ist allerdings auch möglich, jedoch meist zu kostenintensiv, wie bereits erwähnt.

Es ist an dieser Stelle nicht sinnvoll, komplette elektronische Lösungen für die Anbindung eines CAN-Busses im Detail darzustellen und zu besprechen. Obwohl in der Norm zu dem CAN-Bus sämtliche Spannungspegel und Flanken genau definiert worden sind, hat sich in der Praxis die Situation ergeben, dass fast alle Fahrzeughersteller bezüglich der Anbindung der CAN-Bus-Signale an ihre elektronischen Systeme eigene elektronische Detaillösungen bevorzugen.

Außerdem ergeben sich Hardwareunterschiede auch aus der Tatsache heraus, dass beim CAN-Bus auf der einen Seite sehr hohe Datengeschwindigkeiten möglich sind, auf der anderen Seite aber auch relativ geringe.

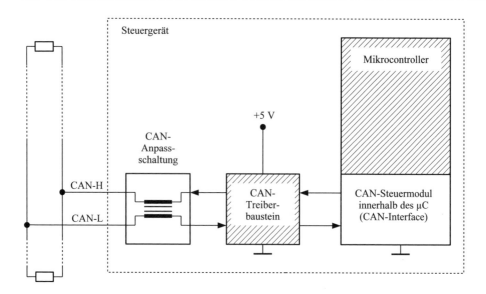

Bild 9.13 Prinzipielle Anbindung eines CAN-Busses (Beispiel High-Speed)

9.2.2 Local Interconnect Network (LIN-Bus)

Obwohl mit dem im letzten Abschnitt beschriebenen CAN-Bus bereits ein mächtiges Kommunikationsinstrument innerhalb eines Fahrzeuges zur Verfügung steht, gibt es an einigen Stellen im Fahrzeug die Notwendigkeit, relativ kleine elektronische Systeme, die zusammengenommen eine spezielle Funktionalität darstellen, zu vernetzen, ohne sogleich den relativ großen Hardwareaufwand für die Einführung eines CAN-Busses durchführen zu müssen.

Die sich hier anbietende Grundidee ist, die bei fast allen Systemen inzwischen vorhandene K-Line-Schnittstelle auch zum Datenaustausch von Fahrzeugsystemen oder Fahrzeugteilsystemen **untereinander** zu verwenden.

Ein Beispiel für eine derartige Situation ist die Anbindung der Temperatursensorik und -aktuatorik (Klappensteller) an eine Klimatronik. In diesem Fall sind die Stellmotoren jeweils mit einer kleinen Elektronik ausgestattet, die in der Lage ist, über eine „K-Leitung" eine im Vergleich zum CAN-Bus sehr einfache Datenübertragung durchzuführen. Damit würde ein erheblicher Verkabelungsaufwand zur zentralen Steuerung (in diesem Fall eine Klimatronik) vermieden.

Vor diesem Hintergrund wurde im Jahre 1999 damit begonnen, ein relativ einfaches Kommunikationsprotokoll zu definieren, das den oben beschriebenen Ansprüchen genügt. Das Ergebnis ist der sog. **LIN-Bus, Lokal-Interconnect-Network**. Es handelt sich dabei um ein kleines lokales Bus-System, mit dem bis zu 16 Teilnehmer miteinander vernetzt werden können (s. Bild 9.14).

Als Datenaustauschmedium wird die bereits in Abschnitt 9.1.1 dargestellte K-Line-Schnittstelle verwendet. Es gelten ebenfalls alle für die K-Line definierten Hardwarebesonderheiten, insbesondere auch die Definition der logischen Pegel und Datengeschwindigkeiten.

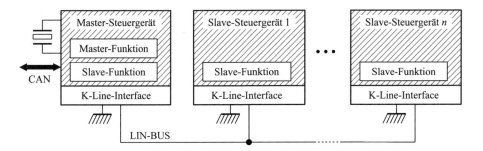

Bild 9.14 LIN-Bus-Vernetzung

Vom Grundkonzept her gesehen beinhaltet der LIN-Bus:

- einen Master, bis zu 15 Slaves

- Datenlänge pro Übertragungsrahmen: 2, 4, 8 Byte

- Datenabsicherung über Checksummen

- Erkennung defekter Knoten

- Betrieb mit einem preiswerten RC-Oszillator in den Slaves möglich.

Bezüglich des Datenaustausches ist der LIN-Bus nicht so flexibel wie der CAN, es liegt hier ein strenges Master-Slave-Protokoll vor. Das bedeutet, nur ein Steuergerät am LIN-Bus, genannt Master, ist in der Lage zu entscheiden, welches Slave-Steuergerät zu welcher Zeit mit einem anderen Slave-Steuergerät kommuniziert. Das gilt ebenfalls für die Nachrichtenübertragung zwischen einem Steuergerät und dem Master, der für diesen Fall ein Slave-Modul enthält. Man erreicht auf diese Weise eine relativ starke softwaremäßige Entlastung der Slave-Steuergeräte, so dass diese kostenoptimiert ausgeführt werden können.

Obwohl es sich bei dem LIN-Bus um ein relativ neues System handelt, ist er bereits heute in vielen Fahrzeugen eingesetzt. Eine weitergehende starke Verbreitung ist abzusehen.

9.2.3 Zeitsynchrone Sicherheitskommunikation

Obwohl sich der CAN-Bus inzwischen am Markt etabliert hat und in sehr vielen fahrzeugtechnischen und auch industriellen Anwendungen genutzt wird, hat er bezüglich einiger spezieller Anforderungen erhebliche Defizite. Diese Defizite beziehen sich hauptsächlich auf die maximale Datenübertragungsrate und auf den asynchronen Datenaustausch zwischen den Steuergeräten.

Daher wird seit einiger Zeit an weitergehenden Kommunikationsmöglichkeiten für Fahrzeuganwendungen intensiv gearbeitet, deren Einführung jetzt unmittelbar bevorsteht bzw. in einigen Fällen bereits stattgefunden hat.

Betrachtet man zukünftige Anforderungen an die Kommunikation vor allem vor dem Hintergrund der Sicherheit, so ist es offensichtlich, dass ein Kommunikationsmedium, auf dem z. B. Lenk- bzw. Bremsinformationen transportiert werden sollen, erheblich höheren Sicherheitsansprüchen genügen muss, als es derzeit noch bei dem einfachen CAN-Bus der Fall ist.

Außerdem ergibt sich die Notwendigkeit, gewisse Vorgänge innerhalb eines Fahrzeuges absolut zeitsynchron durchzuführen, um gefährliche Zustände zu verhindern. Diese Funktionalität kann der heute vorhandene CAN-Bus nicht leisten.

Inzwischen existieren bereits einige Verfahren, mit denen diese Anforderungen erfüllt werden können bzw. wahrscheinlich erfüllt werden können. Das Verfahren, das sich voraussichtlich durchsetzen wird, nämlich der FlexRay-Bus, wird hier kurz angesprochen.

9.2.3.1 FlexRay-Bus

Der im letzten Abschnitt beschriebene CAN-Bus wurde bereits Anfang der 1980er Jahre entwickelt. Vor dem Hintergrund der heutigen Anforderungen an eine Kommunikation in Fahrzeugen kann festgestellt werden, dass der CAN-Bus bereits an die Grenzen seiner Leistungsfähigkeit angelangt ist, wie bereits erwähnt.

Das bezieht sich zum einen auf die maximale Datenübertragungsgeschwindigkeit (typisch 500 000 Bit pro Sekunde), auf die maximale Netzausdehnung bei hohen Geschwindigkeiten und zuletzt auch auf gewisse Einschränkungen bezüglich des Übertragungsprotokolles selbst.

Damit ist in erster Linie gemeint, dass es während der so genannten Arbitrierungsphase beim CAN-Bus möglich sein muss, dass während der Laufzeit eines Datenbits auch die am weitesten entfernten Bus-Teilnehmer noch sicher antworten können. Dadurch wird die Netzausdehnung bei höheren Bitraten sehr eingeschränkt.

Außerdem ist es möglich, dass mehrere Teilnehmer gleichzeitig den Bus belegen wollen und somit ein Auswahlverfahren erforderlich ist (Arbitrierung). Es ist also von vorneherein nicht sicher, wann eine Nachricht letztendlich wirklich über den Bus übertragen wird.

Man kann sagen, dass beim CAN-Bus ein Nachrichtenrahmen zeitasynchron gesendet wird und sein Übertragungszeitpunkt nicht deterministisch festgelegt ist. Diese Eigenschaft ist vor dem Hintergrund der modernen Systeme und vor allem zukünftiger Systeme im Sicherheitsbereich (wie z. B. die voll elektrische Bremse) nicht mehr tolerierbar.

Neben der Forderung nach einer höheren Datenübertragungsrate ist es bei derartigen Systemen unbedingt erforderlich, den Zeitpunkt einer sicherheitsrelevanten Information deterministisch im Vorfeld genau festzulegen.

Vor dem Hintergrund dieser Forderungen ist der so genannte FlexRay-Bus entwickelt worden, der sich gerade in der Serieneinführung befindet. Der Begriff FlexRay ist ein Kunstwort, das sich zusammensetzt einmal aus der Silbe „Flex", was für Flexibilität steht, und „Ray" zu deutsch Rochen (ist auch im FlexRay-Logo wiederzufinden).

Hier soll nun nur das Grundprinzip dieses Busses bezüglich der Bitübertragung näher erläutert werden. Die genaue Protokolldarstellung ist in der entsprechenden Fachliteratur zu finden.

Die Grundidee beim FlexRay ist, alle Nachrichten in einem genau festgelegten Zeitfenster zeitsynchron zu übertragen. Das bedeutet, dass in einem speziellen Zeitfenster auch genau eine, systemweit bekannte Nachricht verschickt wird. Auf diese Weise ist es möglich, präzise vorherzusagen, wann eine spezielle Nachricht über den Bus übertragen wird.

Hinzu kommt, dass dieser Zeitschlitz exklusiv für diese Nachricht reserviert ist. Es findet also keine Arbitrierung statt wie beim CAN-Bus. Damit wird die Übertragungssicherheit drastisch erhöht und die Netzausdehnung ist nicht mehr durch die Laufzeit einzelner Bits begrenzt.

Das Bild 9.15 zeigt den prinzipiellen Ablauf einer zeitsynchronen Kommunikation. Die Gesamtheit der Zeitschlitze (Zyklen) ist in einzelne Zeilen geordnet, die sich zyklisch wiederholen (Basis-Zyklen). Es sind beim FlexRay bis zu 64 verschiedene Basis-Zyklen möglich (m = 0 bis 63). Innerhalb eines Basis-Zyklusses wird zwischen dem zeitsynchronen (statischen) und einem zeitasynchronen (dynamischen) Bereich unterschieden (Segmente). Im zeitsynchronen Bereich werden die zeitkritischen Nachrichten übertragen (Slots), im zeitasynchronen die ereignisgesteuerten Nachrichten. Es sind maximal 1024 verschiedene Slots vorgesehen (n = 0 bis 1023).

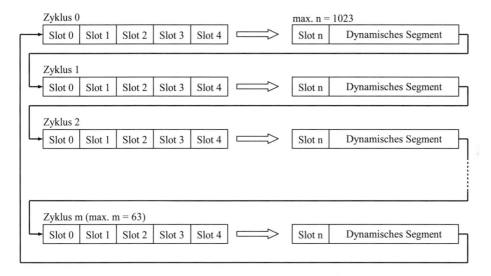

Bild 9.15 Prinzipielle Datenkommunikation beim FlexRay

Damit überhaupt eine korrekte Kommunikation möglich ist, muss die Struktur dieser Einteilung (Systemmatrix) in einem realen System in allen teilnehmenden Elektroniken genau und fehlerfrei bekannt sein.

Die grundsätzlichen Eigenschaften eines FlexRay-Busses sind:

- maximale Datenübertragungsrate 10 Megabit pro Sekunde pro Kanal

- maximal zwei parallele Kommunikationskanäle zu je zwei Datenleitungen

- maximal 1024 statische Slots (statisches Segment)

- maximal 64 Zyklen.

Von der Topologie her gesehen sind sowohl ein klassischer Bus als auch ein Sternsystem und Kombinationen davon möglich.

In einem Sternsystem werden so genannte Sternkoppler verwendet, die eine Signalaufbereitung vornehmen (aktiv oder passiv). Das Bild 9.16 zeigt ein Beispiel, bestehend aus aktiven und passiven Sternkopplern und klassischer Busstruktur.

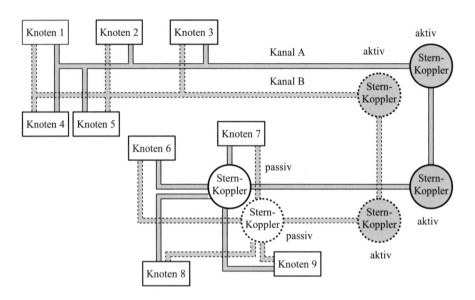

Bild 9.16 Beispiel einer FlexRay-Bustopologie

Aus Sicherheitsgründen findet die Kommunikation über zwei getrennte Kanäle statt. Die Knoten 1 bis 5 sind an eine klassische Busstruktur angeschlossen, die Knoten 6 bis 9 an einen Sternkoppler ohne Verstärkung (passiv). Die Verbindung beider Systeme erfolgt mittels aktiver Buskoppler (mit eigener Signalverstärkung).

Innerhalb der Steuergeräte, die an einen FlexRay-Bus angeschlossen sind, sind neben der Protokollzelle und den Leitungstreibern für den FlexRay-Bus noch zusätzliche Sicherheitseinrichtungen vorhanden, die den Zugriff auf den Bus regeln (so genannte Bus-Guardians). Diese geben den Bustreiber einer Elektronik erst dann frei, wenn der richtige Slot im richtigen Zyklus zeitlich erreicht ist. Damit ist sichergestellt, das im Falle eines Fehlers im Steuergerät der Bus nicht blockiert wird. Das Bild 9.17 zeigt prinzipell einen derartigen Steuergeräteaufbau.

Die Elektronik besteht also im Wesentlichen aus fünf Funktionseinheiten:

- Mikrocontroller
- FlexRay-Protokollzelle (wird wahrscheinlich zukünftig in den Mikrocontroller integriert)
- Bus-Guardian zur Überwachung des Bustreibers und der Protokollzelle
- FlexRay-Bustreiber mit den beiden Übertragungskanälen
- Stromversorgung.

Die zusätzlich meist vorhandene Sensorik und Aktuatorik ist nicht gezeichnet.

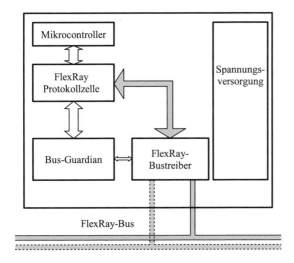

Bild 9.17 Grundstruktur einer Elektronik mit FlexRay-Schnittstelle

9.2.3.2 Physikalische Bitübertragung beim FlexRay

Das Bild 9.18 zeigt die physikalischen Spannungswerte zur Übertragung eines Datenbits „1" (Data_1) und eines Datenbits „0" (Data_0). Zusätzlich sind noch die Bus-Zustände Idle (kein Bit wird übertragen) und Idle_LP (das Bussystem ist ausgeschaltet) eingezeichnet.

Im Normalbetrieb, wenn keine Daten übertragen werden (Idle), liegt eine Spannung von 2,5 V an (Toleranzbereich 1,8 V bis 3,2 V). Im ausgeschalteten Zustand (alle Bustreiber befinden sich in einem Low-Power-Mode) ist der gültige Bereich – 0,2 V bis + 0,2 V.

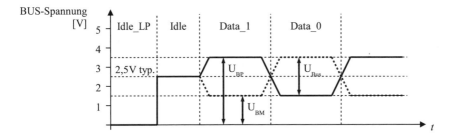

Bild 9.18 Signalspannungen auf dem FlexRay-Bus

Die Differenzspannung zwischen den zwei Leitungen eines Übertragungskanals (UBus) liegt sendeseitig zwischen 0,6 V und 2,0 V. Die beiden Übertragungsleitungen für einen Kanal (Data_1 und Data_0) schalten also gegensinnig. Damit ist die Verwendung von verdrillten Zweidraht-Leitungen für die Kommunikation möglich.

Obwohl für die reine Bitübertragung beim FlexRay ein Kommunikationskanal (mit zwei aktiven Leitungen) ausreichend ist, wird in der Realisation vorgesehen, einen zweiten, redundanten Kommunikationskanal zu verwenden (siehe Bild 9.16). Das bedeutet, dass beim kompletten Ausfall eines Kommunikationskanals, die Daten weiterhin sicher übertragen werden können.

Insgesamt erhält man also vier aktive Leitungen innerhalb eines Kommunikationsnetzwerkes unter Verwendung eines FlexRay-Busses. Das Bild 9.16 zeigt ein Beispiel.

Das obere Teilsystem wird unter Verwendung von aktiven Sternkopplern mit dem unteren Teilsystem verbunden. Auf diese Weise erhält man eine sehr sichere Kommunikation zwischen den einzelnen Systemen. Damit sind die zu Beginn dieses Kapitels aufgeführten Nachteile des CAN-Busses überwunden.

Zusatzbemerkung:

Die Definition der physikalischen Übertragungsebene beim FlexRay lässt neben der Verwendung von elektrischen Signalen auf Kupferleitungen auch die Anwendung von optischen Signalen unter Verwendung von Lichtleitfasern zu.

Welches dieser Übertragungsverfahren zukünftig zum Einsatz kommen wird, ist mit Sicherheit von Fall zu Fall unterschiedlich zu beurteilen.

Dennoch kann die Verwendung einer einfachen verdrillten elektrischen Leitung (so genannter Twisted-Pair-Leitungen) für Hochsicherheitsanwendungen kritisch gesehen werden. Praktische Erfahrungen mit verdrillten Leitungen haben gezeigt, dass sie in einem relativ eng begrenzten Frequenzbereich wirklich symmetrisch gehalten werden können. Darüber hinaus werden sie mehr und mehr asymmetrisch.

Das bedeutet, dass sie anfällig werden gegenüber kapazitiv eingekoppelten EMC-Einflüsse (z. B. schnelle Störimpulse 3a, 3b, wie in Abschnitt 4.2.1 beschrieben).

Eine Lösung dieses Problems wäre die Verwendung von abgeschirmten Leitungen, was jedoch einen erheblichen technischen und finanziellen Aufwand in den Fahrzeugen erfordern würde (besonders im Reparaturfall in den Werkstätten). Das wäre nicht praxisgerecht.

Auf die EMC-gerechte Verlegung von FlexRay-Kommunikationsleitungen sollte daher bei der Planung eines neuen Fahrzeugbordnetzes mit anschließender intensiver Überprüfung unbedingt geachtet werden. Unter Umständen kann sich zukünftig herausstellen, dass die Verwendung von optischen Übertragungskanälen für den FlexRay notwendig wird.

■ 9.3 Kommunikation im Entertainment-Bereich innerhalb des Fahrzeuges (MOST-Bus)

Eine ganz andere Aufgabe stellt sich für die Kommunikation in einem Fahrzeug, wenn es darum geht, vergleichsweise sehr große Datenmengen im Entertainment-Bereich auszutauschen.

Diese Daten könnten sein: Audiodaten zwischen einem CD-Player und einem Verstärker, Bilddaten oder andere, wie z. B. beim:

- Radio
- CD-Wechsler
- Navigationssystem

- Telefon

- Multimedia-Display

- TV-Tuner

- ggf. Sprachbedienung

- Internet-Zugang usw.

Viele der benötigten Daten werden extern drahtlos über eine Telematik-Einrichtung in das Fahrzeug hinein übertragen (siehe auch Abschnitt 2.5).

In einigen Fällen kommt es bei dieser Kommunikation weniger darauf an, eine extrem hohe Datensicherheit zu erreichen, sondern ausschlaggebend ist die maximale Datenübertragungsrate. Ein Beispiel für eine derartige Schnittstelle ist der **MOST-Bus** (**M**edia **O**riented **S**ystems **T**ransport), der bei einigen Fahrzeugen der Ober- und Mittelklasse bereits heute in Serien verbaut wird.

Es handelt sich dabei im Unterschied zu den bisher angesprochenen Kommunikationssystemen um ein sog. Ringsystem, bei dem die Datensignale nicht über Kupferleitungen, sondern optisch über Lichtleitfasern übertragen werden. Dabei werden alle beteiligten Geräte ringförmig verbunden. Bild 9.19 zeigt ein fiktives Beispiel.

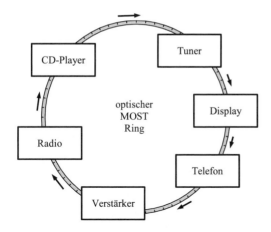

Bild 9.19 Optischer Most-Ring, Beispiel

Ähnlich wie beim FlexRay gibt es innerhalb eines Datenrahmens auch beim MOST-Bus statische, dynamische und Steuerbereiche. Auf das Datenprotokoll soll hier nicht weiter eingegangen werden.

Innerhalb eines Steuergerätes am MOST-Bus ist es also erforderlich, eine Sende- und eine Empfangseinrichtung für optische Signale aus Lichtleitfasern zu realisieren. Bild 9.20 zeigt das Prinzip.

Die optischen Signale aus den Lichtleitfasern werden im Eingang in elektrische umgewandelt (Fototransistor) und an das Gerät weitergegeben. Bei den Sendesignalen zur Lichtleitfaser geschieht eine entsprechende Einkopplung (Sende-Leuchtdiode).

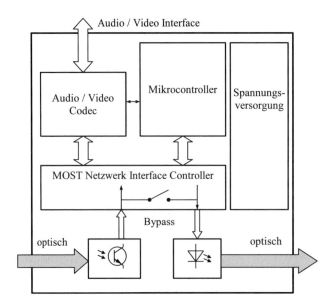

Bild 9.20 Prinzipaufbau eines MOST-Teilnehmers

Für den Fall, dass das Gerät eine schwere Störung hat und am Busverkehr nicht mehr teilnehmen kann, ist ein Bypass vorgesehen, der die Signale auf der elektrischen Seite am Gerät vorbeileitet. Im anderen Fall wäre der Ring unterbrochen, was zu einem Totalausfall der Kommunikation führen würde. Für eine erhöhte Funktionssicherheit ist natürlich der Verbau eines parallel arbeitenden MOST-Ringes möglich.

Die heute bereits eingesetzte Bitrate beträgt 25 MBit/s. Es ist allerdings eine Erweiterung auf 150 MBit/s in Vorbereitung.

Für die Datenübertragung werden Kunststoff-Lichtleitfasern verwendet, deren obere Grenztemperatur bei +85 °C liegt. Das ist für den Einsatz in der Fahrgastzelle ausreichend. Dennoch ist beim Verbau dieser Fasern erhöhte Vorsicht geboten. Zum einen darf ein bestimmter Biegeradius nicht unterschritten werden, zum anderen sind die Verbinder nach einer genau festgelegten Vorgehensweise zu behandeln.

Das ist beim Reparaturfall in den Werkstätten besonders zu beachten. Allerdings sind inzwischen für die Behandlung und Konfektionierung dieser Fasern spezielle Werkzeuge am Markt erhältlich, bei deren korrekter Anwendung eine fehlerfreie optische Verbindung leicht hergestellt werden kann.

■ 9.4 Ethernet im Fahrzeug

Es ist davon auszugehen, dass noch andere Kommunikationsformen für Fahrzeuge eingesetzt werden. Dazu gehört die Kommunikation unter Verwendung des Ethernets. Dabei geht es in erster Linie um die Übertragung von Daten aus dem Bereich der Umweltsensorik, Kameras, Internet usw.

Vorteilhaft hier ist, dass es in der Praxis große Erfahrungswerte mit dem Ethernet aus dem Bereich der Computer-Kommunikation gibt. Allerdings muss die hardwareseitige Anwendung im Fahrzeug die extremen Umweltbedingungen berücksichtigen (Kabel, Steckverbinder usw.).

Es ist von Vorteil, für eine Ethernet-Kommunikation die gleichen Kabelverbindungen zu verwenden, wie sie für den FlexRay-Bus oder CAN-Bus entwickelt wurden.

Die Kommunikation mit einer Ethernet-Übertragung ist zeitlich gesehen asynchron. Außerdem ist es bei der klassischen Ethernet-Übertragung nicht möglich, mit mehreren Teilnehmern gleichzeitig zu kommunizieren (ein Gerät sendet, viele empfangen). Es ist also nicht möglich, den Anspruch einer zeitsynchronen Kommunikation ähnlich wie beim FlexRay-Bus oder Mehrfachempfang wie beim CAN-Bus über eine Ethernet-Verbindung ohne Änderung des Übertragungsprotokolls zu realisieren. Derartige Anpassungen werden zurzeit erarbeitet.

Die klassische Ethernet-Verbindung stellt eine Punkt-zu-Punkt-Verbindung dar (Bild 9.21) und kein Bussystem, wie die bisher genannten Systeme. Außerdem sind für eine derartige Übertragung im Computerbereich vier verdrillte Adernpaare mit einer Abschirmung vorgesehen. Das ist für den Einsatz im Fahrzeug völlig unrealistisch und zu aufwändig. Das Ziel ist es, nur ein verdrilltes Adernpaar ohne Abschirmung zu verwenden. Das ist inzwischen realisiert worden und wird im Folgenden näher beschrieben.

Bild 9.21 Ethernet-Punkt-zu-Punkt-Verbindung

Die verdrillte Leitung ist massefrei, hat eine Impedanz von ca. 100 Ω, keine Abschirmung und darf maximal 15 m lang sein. Die Datenrate bei dieser Verbindung beträgt 100 MBit/s (brutto).

Die Datenübertragung auf der physikalischen Ebene wird im Folgenden näher erläutert.

- Die hexadezimalen Daten werden zunächst bitweise in 3-er-Gruppen aufgeteilt (4B3B-Codierung).

- Danach erfolgt eine Umsetzung dieser 3-er-Bit-Gruppen in 2-er-Triplets (3B2T-Codierung). Jedes Triplet hat drei Zustände: −1 V, 0 V, +1 V.

- Diese Triplets werden dann mittels einer Puls-Amplituden-Modulation mit 3 Pegeln (PAM-3) übertragen.

Es ergibt sich eine Triplet-Rate auf der Leitung von 66 MHz. Die Umsetzung der 3-er-Gruppen in die Triplets erfolgt nach Tabelle 9.2.

Tabelle 9.2 Umcodierung von 3 binären Bits in jeweils 2 Triplets (3B2T)

4B3B-Codierung	3B2T-Codierung	
	1. Triplet	2. Triplet
000	−1 V	−1 V
001	−1 V	0 V
010	−1 V	+1 V
011	0 V	−1 V
100	0 V	+1 V
101	+1 V	−1 V
110	+1 V	0 V
111	+1 V	+1 V

Da es sich um eine Punk-zu-Punkt-Verbindung handelt, ist ein bidirektionaler Betrieb des Datentransfers möglich, indem die gesendeten Triplets lokal rückgelesen und analysiert werden. Durch die Überlagerung eines gesendeten Triplets mit dem gerade von der Gegenstation empfangenen Triplet ergeben sich als Differenzspannung auf der Leitung fünf verschiedene elektrische Pegel: −2 V, −1 V, 0 V, +1 V, +2 V, wie im Bild 9.22 gezeigt:

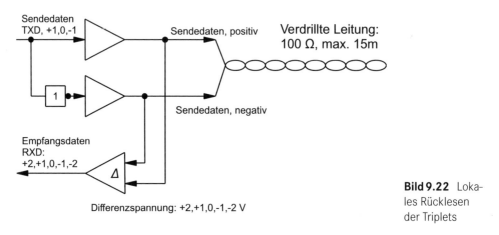

Bild 9.22 Lokales Rücklesen der Triplets

Das folgende Beispiel in Bild 9.23 zeigt beispielhaft eine Ethernet-Datenübertragung im Fahrzeug (ohne Laufzeiteffekte auf den Leitungen).

1	Sender A		Sende-Bits von Teilnehmer A											
2	Hexadezimal (Beisp.)		0x04, 0x04, 0x04, 0x0C											
3	Binär		0100 – 0100 – 0100 – 1100											
4	4B3B-Codierung		010		001		000		100		110		000	
5	Symbol-Codierung		-1	+1	-1	0	-1	-1	0	+1	+1	0	-1	-1
6	Empfangene-Bits		1001 – 0101 – 0110 – 1101											
7	4B3B-Codierung	4B3B	100		101		010		110		110		100	
8	RX-Symbole von B	3B2T	0	+1	+1	-1	-1	+1	+1	0	+1	0	0	+1
9		+2 V												
10	PAM-3	+1 V												
11	Bus-Differenz-	0 V												
12	Spannung (V)	-1 V												
13		-2 V												
14	RX-Symbole von A	3B2T	-1	+1	-1	0	-1	-1	0	+1	+1	0	-1	-1
15	4B3B-Codierung	4B3B	010		001		000		100		110		000	
16	Empfangene Bits		0100 – 0100 – 0100 – 1100											
17	Symbol-Codierung		0	+1	+1	-1	-1	+1	+1	0	+1	0	0	+1
18	4B3B-Codierung		100		101		010		110		110		100	
19	Binär		1001 – 0101 – 0110 – 1101											
20	Hexadezimal (Beisp.)		0x09, 0x05, 0x06, 0x0D											
21	Sender B		Sende-Bits vom Teilnehmer B											

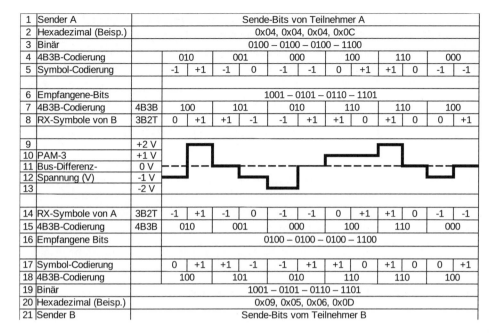

Bild 9.23 Beispiel einer Ethernet-Übertragung im Fahrzeug

Dazu folgende Erläuterungen der einzelnen Zeilen:

- Zeile 1 und 2: Sendedaten vom Teilnehmer A: 0 x 04, 0 x 04, 0 x 04, 0 x 0C (hexadezimal)

- Zeile 3: Sendedaten A, binär

- Zeile 4: 4B3B-Codierung, es ergeben sich sechs 3-er-Bit-Gruppen

- Zeile 5: 3B2T-Codierung, es ergeben sich 12 Triplets gemäß der Tabelle 9.2, die dann gesendet werden

- Zeile 21 und 20: Sendedaten vom Teilnehmer B: 0 x 09, 0 x 05, 0 x 06, 0 x 0D (hexadezimal)

- Zeile 19: Sendedaten B, binär

- Zeile 18: 4B3B-Codierung, es ergeben sich sechs 3-er-Bit-Gruppen

- Zeile 17: 3B2T-Codierung, es ergeben sich 12 Triplets gemäß der Tabelle 9.2, die dann gesendet werden

- Zeilen 9 bis 13: die sich durch Überlagerung ergebende Differenzspannung auf der Leitung

- Zeile 8, 7, 6: Durch das lokale Rücklesen kann Teilnehmer A die gesendeten Triplets des Teilnehmer B herausrechnen und dekodieren

- Zeilen 14, 15, 16: entsprechend für Teilnehmer B.

Damit steht nach der Dekodierung wieder die 100 MBit/s Datenübertragungsrate zur Verfügung. Für die Zukunft wird daran gearbeitet, derartige Übertragungen in Fahrzeugen bis zu 1 GBit/s zu erhöhen. Wie sich verschiedene Leitungslängen auswirken und welche elektrischen Effekte hinsichtlich der elektromagnetischen Verträglichkeit damit zusammenhängen, muss noch untersucht werden.

◼ 9.5 Zusammenfassung und Ausblick

In den vorherigen Abschnitten sind die wichtigsten Kommunikationsformen, die heute in Kraftfahrzeuge verbaut werden, kurz dargestellt worden. Im multimedialen Bereich setzt sich außerdem zusätzlich eine drahtlose Schnittstelle durch, die einfache Anbindungen von Telefonen und Fernbedienungen erlaubt, die Bluetooth-Technologie. Darauf soll in diesem Buch nicht weiter eingegangen werden.

Es folgt zunächst eine Übersicht über die hier angesprochenen Kommunikationsformen.

9.5.1 Übersicht über die Kommunikationsformen

Tabelle 9.3 zeigt zusammenfassend noch einmal die wichtigsten Eigenschaften der hier angesprochenen Kommunikationsformen.

Tabelle 9.3 Gegenüberstellung der Kommunikationsformen in Fahrzeugen

Netzwerk	Datenrate	Medium	Topologie	Anwendung	Bemerkung
LIN-Bus	19 200 Bit/s	Kupfer-leitung	Bus	Sensoren/Aktuatoren an größere Elektroniken	1 Draht
CAN- Bus	1 MBit/s	Kupfer-leitung verdrillt	Bus	Verbindung von elektronischen Systemen	CAN-L und CAN-H verdrillt
CAN-FD-Bus	8 MBit/s	Kupfer-leitung verdrillt	Bus	Verbindung von elektronischen Systemen	CAN-L und CAN-H verdrillt
FlexRay	10 MBit/s	Kupfer-leitung optisch	Bus und Stern kombiniert	Verbindung von Sicherheitselektroniken mit höheren Bitraten	2 Kanäle zu je 2 Leitungen, zeitsynchrone Nachrichten
MOST	25/150 MBit/s	optisch, Kunststoff-Lichtleiter	Ring	Audio-/Videodaten, Verbindung von Elektroniken	optisches Ringsystem, ggf. doppelt zur Sicherheit
Ethernet	100 MBit/s	Kupfer-leitung verdrillt	Punkt-zu-Punkt-Verbindung	Kameradaten und Umweltsensorik, Internetanbindung	Data L und Data H, verdrillt

9.5.2 Ausblick auf die Zukunft

Betrachtet man die Situation in modernen Fahrzeugen bezüglich der Datenkommunikation, so kann davon ausgegangen werden, dass jetzt und in der überschaubaren Zukunft die hier kurz angesprochenen Bussysteme verbaut werden:

- CAN-Bus

- LIN-Bus

- FlexRay-Bus

- MOST-Bus

- Ethernet für Fahrzeuge.

Wie bereits in einem früheren Abschnitt dargestellt, führt der Einsatz dieser Bussysteme in heutigen Fahrzeugen zu einer nahezu unüberschaubaren Situation bei der Vernetzung. Jedes Steuergerät bzw. jedes elektronische Fahrzeugsystem ist hierbei über ein oder mehrere Bussysteme mit anderen elektronischen Einrichtungen verbunden. Im Bild 9.1 ist diese Vielfalt beispielhaft grafisch dargestellt.

Es ist offensichtlich, dass es ein großes Problem ist, diese vielen unterschiedlichen Systeme aufeinander abzustimmen und während der Entwicklungsphase Fehler zu vermeiden.

Die Situation wird für einen Fahrzeughersteller zusätzlich komplizierter, indem verschiedene Systeme oft von verschiedenen Zulieferfirmen entwickelt werden. Seitens der Fahrzeughersteller ist es daher erforderlich, einen sehr großen Aufwand in die Fehlerdetektion bzw. Fehlerverhinderung zu stecken. Mittel- bis langfristig wird es daher nötig sein, einzelne lokal benachbarte elektronische Systeme zu größeren Funktionseinheiten zusammenzufassen. Diese sehr leistungsfähigen Funktionseinheiten (hier Controller genannt) können dann unter Verwendung von schnellen und sicheren Kommunikationsformen untereinander verbunden werden.

Als Kandidat für eine Kommunikation zwischen derartigen Controllern wird sich nach heutigem Stand der Entwicklung das Ethernet in den Fahrzeugen durchsetzen.

Kleinere Untersysteme bzw. einzelne Sensoren oder auch Aktuatoren würden in einer derartigen Struktur unter Verwendung eines LIN-, CAN- oder auch FlexRay-Busses an diese Controller angebunden. Bild 9.24 zeigt beispielhaft eine derartige Struktur.

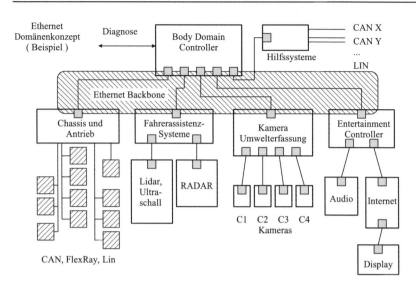

Bild 9.24 Domänenstruktur mit einem Ethernet-Backbone-System

In diesem Bild ist deutlich zu erkennen, dass es sich bei Ethernet-Verbindungen um reine Punkt-zu-Punkt-Verbindungen handelt. Bussysteme sind wie bereits erwähnt nicht möglich.

Die einzelnen Controller werden durch ein überlagertes zentrales Netzwerk verbunden, das „Ethernet-Backbone". Auf diese Weise ist die Anbindung der zukünftig erforderlichen Umweltsensorik für das autonome Fahren in Verbindung mit der Einbindung der Fahrzeuge in die Internet-Cloud möglich.

In der heutigen Situation ist es noch völlig unklar, wie viele derartige Controller für die Realisierung eines Mittelklasse- oder auch Oberklasse-Fahrzeuges notwendig bzw. sinnvoll sein werden. Schätzungen sprechen in diesem Zusammenhang von maximal acht bis zehn derartiger Controller.

Bei der Betrachtung dieser Situation ist es offensichtlich, dass diese Überlegungen eine völlig neue Denkweise sowohl beim Fahrzeughersteller als auch bei den Zuliefererfirmen erfordern wird.

Das heute in vielen Fällen noch vorherrschende „Einzel-System-Denken" auf funktionaler Basis muss dann durch globale Ansätze abgelöst werden. Damit ist gemeint, dass eine spezielle Funktion innerhalb des Fahrzeuges nicht wie bisher ausschließlich in einem exklusiv für diese Funktion entwickelten Steuergerät realisiert wird, sondern als Softwarefunktion in einem geeigneten Controller. Dabei ist es noch nicht einmal erforderlich, dass der am nächsten zur Aktuatorik bzw. Sensorik gelegene Controller für diese Funktion verwendet wird.

Durch die schnelle und sichere Datenverbindung zwischen den Controllern könnte eine Funktion auch von einem anderen Controller übernommen werden, der noch Rechenkapazitäten frei hat. Nur die direkte Verarbeitung der Sensorik bzw. Aktuatorik unter Verwendung eines untergeordneten Bussystems (FlexRay/CAN/LIN) würde dann in der Nähe der Sensorik bzw. der Aktuatorik stattfinden.

10

Spezialthemen der Kfz-Hardwareentwicklung

In diesem Kapitel werden einige zusätzliche Informationen über Besonderheiten in der Kraftfahrzeugelektronik näher erläutert. Die technischen Aussagen und die damit verbundenen Lösungen sind natürlich auch auf andere Systeme übertragbar, treten aber in dem hier beschriebenen Umfeld häufiger auf und werden in manchen Fällen für nicht besonders wichtig bzw. technisch schwierig realisierbar gehalten. Im weiteren Verlauf einer Elektronikentwicklung jedoch sind diese Sachverhalte in vielen Fällen bedeutsam.

10.1 Verpolschutz

Wie bereits in Abschnitt 3.3.8 dargestellt, kann es in einem Kraftfahrzeug vorkommen, dass ein oder mehrere elektronische Systeme mit einer verpolten Betriebsspannung in Berührung kommen. Beispiele dafür sind: die Verpolung eines Starthilfekabels bei völlig defekter Batterie im liegen gebliebenen Fahrzeug oder auch Fehler bei der Verkabelung, wenn ein elektronisches System in einer Werkstatt nachgerüstet wird.

Für alle Fälle ist zu fordern, dass durch eine Verpolung keinerlei Schädigung der elektronischen Steuergeräte und der dort evtl. angeschlossenen Aktuatoren und Sensoren erfolgen darf.

Für die elektronische Realisation ergeben sich verschiedene Möglichkeiten, die im Einzelfall spezielle Vor- bzw. Nachteile aufweisen. In den folgenden Abschnitten werden nun die wichtigsten Möglichkeiten näher erläutert.

10.1.1 Die Verpolschutzdiode

Die wohl einfachste Möglichkeit, einen sicheren Verpolschutz für ein elektronisches Steuergerät herzustellen, ist die, eine sog. Verpolschutzdiode in die Hauptversorgungsleitung zum elektronischen Steuergerät zu verbauen. Dieses ist im Bild 10.1 wiedergegeben.

Es ist offensichtlich, dass das elektronische Steuergerät nur dann mit Energie versorgt wird, wenn die Diode D_1, die hier als Verpolschutzdiode eingebaut worden ist, in Vorwärtsrichtung betrieben wird. Im Fall einer Verpolung sperrt diese Diode und trennt somit die Elektronik wirkungsvoll vom Bordnetz. Man erhält dann eine sehr preisgünstige und effektive Lösung.

Nachteilig ist, dass die Eingangsspannung am elektronischen Steuergerät U_0 um den Betrag der Diodenvorwärtsspannung U_D geringer ist als die Eingangsspannung U_B.

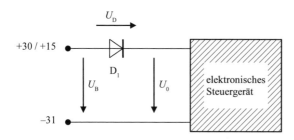

Bild 10.1 Verpolschutz durch eine Halbleiterdiode

Dieser Sachverhalt ist wichtig, sollte die Elektronik während eines Startvorganges des Fahrzeuges in Betrieb sein bzw. in Betrieb sein müssen. Dieser Startimpuls wurde bereits in Abschnitt 3.3.7 näher erläutert.

Für die Zeit, in der die Eingangsspannung U_B auf den minimalen Wert während des Startvorganges einbrechen kann (ca. $+5$ V), würde die Spannung U_0 den für den sicheren Betrieb eines Mikrocontrollers minimal erforderlichen Spannungspegel, der in den meisten Fällen ebenfalls $+5$ V beträgt, deutlich unterschreiten, da die Diodenspannung U_D (ca. 0,7 V) einen zusätzlichen Spannungsabfall hervorruft. Wie bereits dargestellt, ist während dieser Zeit die Versorgung des elektronischen Steuergerätes unter Verwendung eines großen Elektrolyt-Kondensators im Eingang erforderlich.

Dennoch hat sich in der Praxis gezeigt, dass die Verwendung einer einfachen Verpolschutzdiode für elektronische Steuergeräte in Verbindung mit dem bereits erwähnten Pufferkondensator eine zielführende und stabile Methode ist, einen Verpolschutz zu realisieren.

10.1.2 Verpolschutz durch Abschmelzen einer Sicherung

Werden an ein elektronisches Steuergerät Aktuatoren angeschlossen und über elektronische Lastschalter geschaltet, die einen zusätzlichen Spannungsabfall (der sich über eine Verpolschutzdiode ergeben würde) nicht zulassen, so ist man in der Regel gezwungen, diese Aktuatoren direkt mit der Plusversorgung des Bordnetzes (U_B) zu verbinden.

Für das Erreichen eines Verpolschutzes ist in dieser Situation also eine andere Lösung erforderlich, als es im letzten Abschnitt dargestellt worden ist.

Eine Möglichkeit ergibt sich, wenn in Reihe zu dem kompletten elektronischen System (inkl. Aktuatorik) eine Sicherung geschaltet wird und außerdem über eine geeignete Hochlast-Zener-Diode im Verpolfall ein derartig großer Strom ausgelöst werden kann, dass diese Sicherung durchschmilzt und somit das komplette System vom Bordnetz trennt. Diese Situation verdeutlicht Bild 10.2.

Das entscheidende Bauteil hier ist eine Hochleistungs-Zener-Diode (D_2), die parallel zur Versorgungsspannung hinter einer geeigneten Sicherung verbaut worden ist. Die Zener-Spannung dieser Diode wird dabei so groß gewählt, dass im normalen Betrieb kein Strom durch D_2 fließen kann.

Damit ist das elektronische System (Steuergerät plus Aktuatorik) normal mit dem Bordnetz verbunden und kann ohne zusätzliche Spannungsabfälle im Aktuator-Pfad die gewünschte Funktion durchführen.

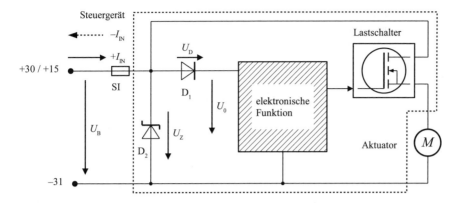

Bild 10.2 Verpolschutz durch Abschmelzen einer Sicherung

Verpolfall

Es fließt ein sehr großer Strom $(-I_{IN})$ durch die Sicherung S_1 und die Schutzdiode D_2. Dieser Strom entspricht fast einem Kurzschlussstrom. Daher wird die vorgeschaltete Sicherung sehr schnell durchschmelzen und das System vom Bordnetz trennen.

Bei diesem Verfahren sind jedoch folgende Punkte unbedingt zu beachten:

- Sollte die Energie in der im Fahrzeug vorhandenen Batterie nicht ausreichen, den notwendigen Strom zu erzeugen, um die vorgeschaltete Sicherung SI sicher auszulösen, so ergäbe sich eine undefinierte Situation im Verpolfall mit einer möglichen thermischen Überlastung in der Elektronik.

- Es kann in der Praxis nicht ausgeschlossen werden, dass die Sicherung SI durch eine andere, vom Stromwert her gesehen stärkere Sicherung ersetzt worden ist (manueller Fehler). In diesem Fall ist es wahrscheinlich, dass die Schutzdiode D2 durchlegiert, extrem heiß wird und die Leiterkarte der Elektronik schädigt. Außerdem werden in diesem Fall die Zuleitungen zum gesamten elektronischen System überlastet und können ebenfalls bis zur Entflammung sehr heiß werden.

- Bei Fahrzeugen, in denen Generatoren mit einer Spannungsbegrenzung im Verpolfall ausgestattet worden sind (siehe Abschnitt 3.3.8, ergibt sich für die Verpolspannung ein maximaler Wert von ca. 3 - 4 V. Diese Spannung kann unter Umständen in Verbindung mit längeren Versorgungsleitungen zum elektronischen System nicht ausreichen, einen so großen Verpolstrom $(-I_{in})$ zu verursachen, dass die Sicherung SI sicher und schnell abschmilzt. Auch in diesem Fall wäre eine Dauerüberlastung der elektrischen und elektronischen Komponenten des Systems mit einer Schädigung die Folge.

Diese hier aufgeführten Bemerkungen sollten also unbedingt bei der Entwicklung eines elektronischen Systems im Vorfeld mit dem Anwender geklärt werden, wenn die hier beschriebenen Verpolschutzlösungen in Betracht kommen.

Derzeit sind am Markt durchaus Schutzdioden verfügbar, die einen ausreichend hohen Strom im Verpolfall erlauben, um die hier beschriebene Funktion auszulösen.

Zusätzlich dazu kann noch festgestellt werden, dass durch den Verbau der beschriebenen Schutzdiode D_2 das gesamte System zusätzlich gegenüber einem möglichen Load-Dump-Impuls (siehe Abschnitt 4.2.1) geschützt ist. Diese Funktionalität fällt sozusagen als ein kostenloser Zusatz ab.

10.1.3 Inverser Betrieb eines N-Kanal-MOS-Power-Transistors

Zusätzlich zu den bereits dargestellten Möglichkeiten für einen Verpolschutz gibt es noch einige weitere, die jedoch die genaue Kenntnis über die Funktionalität eines MOS-Power-Transistors voraussetzen.

Wie bereits häufig erwähnt, werden in der Kraftfahrzeugelektronik heute überwiegend sog. N-Kanal-MOS-Power-Transistoren verbaut. Auch in den bereits in Abschnitt 7.5.9 beschriebenen hochintegrierten Leistungsschaltstufen sind derartige Transistoren anzutreffen.

Im Unterschied zu den Bipolar-Transistoren kann ein MOS-Power-Transistor zusätzlich auch invers betrieben werden. Diese Tatsache ermöglicht eine Vielzahl zusätzlicher und neuer Funktionalitäten, die hier zur Erreichung der Verpolsicherheit einer Elektronik verwendet werden sollen.

Um das näher zu erläutern, ist im Bild 10.3 die Kennlinie $I_{DS} = f(U_{DS})$ eines N-Kanal-MOS-Power-Transistors näher dargestellt.

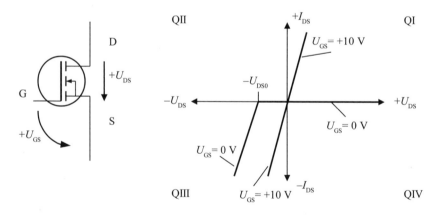

Bild 10.3 Kennlinie eines N-Kanal-MOS-Power-Transistors

Aufgetragen ist hier der Drain-Strom (I_{DS}) über die Spannung zwischen Drain und Source (U_{DS}). Damit erhält man ein Kennliniendiagramm, das sich prinzipiell über alle 4 Quadranten (QI ... QIV) erstreckt. Natürlich sind die Quadranten QII und QIV mit einem derartigen Bauteil allein nicht möglich, da hier negative Impedanzen erforderlich wären. Interessant sind also nur die Quadranten QI und QIII.

Betrieb eines N-Kanal-MOS-Power-Transistors im Quadranten QI

Ist die Spannung zwischen Gate und Source gleich 0 (U_{GS} = 0 V), sperrt dieser Transistor und es findet kein Stromfluss zwischen Drain und Source statt. Bei U_{GS} = +10 V (Beispiel) ist der Transistor durchgeschaltet und zwischen dem Drain- und Source-Anschluss verbleibt ein Widerstand, der mit R_{DSon} bezeichnet wird.

Dieser Widerstand ist bei den hier betrachteten Transistoren in der Regel sehr klein und unterschreitet in vielen Fällen sogar einen Wert von 10 mΩ. Dadurch erreicht man eine drastische Reduktion der elektrischen Verlustleistung in diesem Bauteil.

In der dargestellten Kennlinie erhält man somit näherungsweise die Steigung als Leitwert des Widerstandes R_{DSon}:

$$I_{DS} = \frac{1}{R_{DSON}} \cdot U_{DS}$$

Die umgesetzte elektrische Verlustleistung $P_{V,QI}$ ergibt sich zu:

$$P_{V,QI} = I_{DS}^2 \cdot R_{DSON}$$

Diese Verlustleistung entspricht der im normalen Betriebsfall und sollte immer sicher abgeführt werden können.

Das beschriebene Verhalten eines MOS-Power-Transistors im ersten Quadranten entspricht auch dem typischen Anwendungsfall und ist damit in vielen Beschreibungen und Datenblättern zu finden. Die Betrachtung des dritten Quadranten ist seltener anzutreffen.

Betrieb eines N-Kanal-MOS-Power-Transistors im Quadranten QIII

Im dritten Quadranten ist der Strom zwischen Drain und Source negativ ($-I_{DS}$), die Spannung zwischen Drain und Source ebenfalls ($-U_{DS}$).

Auch hier ist zu unterscheiden, ob die Gate-Source-Spannung = 0 (U_{GS} = 0 V) ist oder einem positiven Wert entspricht.

U_{GS} = 0 V, Quadrant III

Der MOS-Power-Transistor verhält sich wie eine Hochleistungs-Siliziumdiode. Das bedeutet, sobald eine Schwellspannung unterschritten wird ($-U_{DS0}$) wird der Transistor gemäß einer Dioden-e-Funktion leitend. Die Steilheit, mit der diese Kurve weiter ansteigt, entspricht ebenfalls in etwa dem Leitwert $1/R_{DSON}$.

Die Verlustleistung PV,QIII, die sich nun an diesem Bauteil einstellt, kann näherungsweise berechnet werden zu:

$$P_{V,QIII} = I_{DS}^2 \cdot R_{DSON} + U_{DS0} \cdot I_{DS}$$

Es ergibt also hier eine Gesamt-Verlustleistung am Transistor, bestehend aus der Verlustleistung im normalen Betrieb (Quadrant I) plus dem Produkt aus U_{DS} und I_{DS}.

In der Praxis ist im Allgemeinen diese zusätzliche Verlustleistung wesentlich größer als die im normalen Betrieb. Das bedeutet, dass in einem möglichen Verpolfall (Betrieb im Quadranten III) ohne weitere Maßnahmen eine erhebliche zusätzliche Verlustleistung am Transistor auftreten würde, die in den meisten Fällen eine sofortige Zerstörung zur Folge hat.

U_{GS} = + 10 V, Quadrant III (inverser Betrieb)

Wie aus der Kennlinie im Bild 10.3 ersichtlich, kann die zusätzlich auftretende Verlustleistung im Quadranten III dadurch reduziert werden, dass die Gate-Source-Spannung des Transistors auf einen relativen positiven Wert gelegt wird (z. B. U_{GS} = +10 V).

In diesem Fall ergibt sich für die Stromleitung im Quadranten III ebenfalls nur der bereits aus dem Betrieb im Quadranten I bekannte Einschaltwiderstand RDSon. Damit würde die entstehende Verlustleistung auf den Wert

$$P_{V,QIII} = I_{DS}^2 \cdot R_{DSON}$$

reduziert werden.

Da der Transistor bezüglich seiner Kühlmaßnahmen in jedem Fall für den Betrieb im Quadranten I ausgelegt sein muss, bedeutet das für den Betrieb im inversen Fall:

Wenn im inversen Betrieb (Quadrant III) dafür Sorge getragen wird, dass die Gate-Source-Spannung weiterhin einen Wert von z. B. +10 V erhält, so ist die Gefahr einer thermischen Überlastung nicht mehr gegeben.

Dieses Verhalten eines MOS-Power-Transistors stellt für viele Applikationen ungewohnte schaltungstechnische Möglichkeiten bereit, um Verlustleistungen zu reduzieren.

Als Beispiel sei hier zusätzlich erwähnt: Es ist möglich, durch eine geeignete Ansteuerung der Gate-Source-Spannung eines MOS-Power-Transistors in einer Gleichrichter-Schaltung einen derartigen Transistor als eine Präzisions-Gleichrichterdiode zu verwenden, die fast keine Verlustleistung mehr produziert und auch den bei normalen Dioden immer vorhandenen Spannungsabfall nicht mehr aufweist.

In unserem Fall jedoch (Kraftfahrzeugelektronik) wird dieser Effekt im Folgenden dazu verwendet, weitere Möglichkeiten eines Verpolschutzes darzustellen.

10.1.4 Verpolung bei einem N-Kanal-MOS-Power-Transistor

Das Bild 10.4 zeigt noch einmal den Betrieb eines Aktuators, der von einer Ansteuerung (Steuergerät) über einen N-Kanal-MOS-Power-Transistor eingeschaltet wird (High-Side-Schalter).

Bei dieser Betrachtung soll die hier strichliert angedeutete Diode D_2 zunächst nicht betrachtet werden.

Wie bereits in Abschnitt 7.5.9.2 ausführlicher dargestellt, ist es bei einem High-Side-Schalter erforderlich, eine Spannung am Gate des Schalttransistors zu erzeugen, die um den Betrag der zum Betrieb notwendigen Gate-Source-Spannung $(+U_{GS})$ über die Betriebsspannung U_B hinausgeht.

Der Transistor befindet sich also im Normalbetrieb, das bedeutet Betrieb im Quadranten I. Die Spannung U_{DS} ergibt sich zu:

$$U_{DS} = I_{DS} \cdot R_{DSon}$$

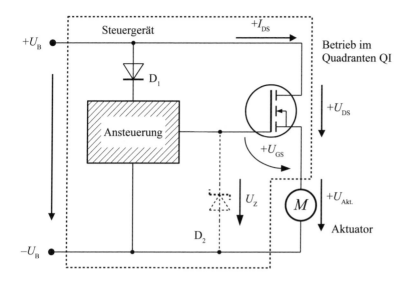

Bild 10.4 Ansteuerung eines Aktuators mittels eines High-Side-Schalters, Normalbetrieb

Es stellt sich nun die Frage, welche Situation sich ergibt, sollte die Betriebsspannung verpolt werden.

In diesem Fall ist davon auszugehen, dass die Ansteuerung dieses Transistors vom Bordnetz getrennt ist (die Verpolschutzdiode D_1 sperrt) und die Gate-Source-Spannung des Transistors ist U_{GS} = 0 V. Der Stromfluss durch den Aktuator würde sich umkehren und invers durch den Schalttransistor verlaufen.

Auf Grund der Tatsache, dass in diesem Fall eine normale Diodenfunktion im Transistor vorliegt, ergäbe sich eine Verlustleistung P_V von (siehe oben):

$$P_V = I_{DS}^2 \cdot R_{DSON} + U_{DS0} \cdot I_{DS}$$

Für diese Verlustleistung sind die vorgesehenen Kühlmaßnahmen am Transistor normalerweise nicht abgestimmt und es ist von einer Schädigung bzw. Zerstörung des Steuergerätes auszugehen.

Durch Einbau einer zusätzlichen Zener-Diode D_2 kann jedoch erreicht werden, dass in diesem Fall (Betrieb im Quadranten III) automatisch eine positive Gate-Source-Spannung erzeugt wird (Bild 10.5).

Die Diode D_2 würde in diesem Fall die positive (verpolte) Betriebsspannung direkt auf das Gate des Transistors durchschalten, dessen Drain-Anschluss auf Minus liegt. Es bildet sich somit zwischen dem Gate und dem Source-Anschluss eine positive Spannung ($+U_{GS}$), die der Betriebsspannung entspricht, reduziert um die Vorwärtsspannung von D_2 (ca. 0,7 V). Da der R_{DSon} des Transistors sehr klein ist, kann der Spannungsabfall $U_{DS} = I_{DS} \cdot R_{DSon}$ hier vernachlässigt werden.

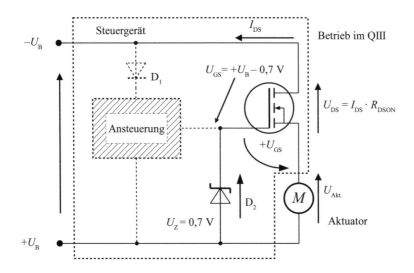

Bild 10.5 Ansteuerung eines Aktuators mittels eines High-Side-Schalters, verpolt

Ergebnis

Der Transistor befindet sich im inversen Betrieb im Quadranten III mit einer Gate-Source-Spannung von $U_{GS} = +U_B - 0,7$ V. Als Folge schaltet er durch und reduziert die an ihm abfallende thermische Verlustleistung auf den Wert, den er im Normal-Betrieb (QI) ebenfalls produziert hätte. Eine Schädigung oder auch eine Zerstörung des elektronischen Steuergerätes kann in diesem Fall wirkungsvoll verhindert werden.

Zusatzbemerkung: Die gesamte Betrachtung im obigen Abschnitt gilt allerdings nur dann, wenn es für den *Aktuator* erlaubt ist, ebenfalls **verpolt** betrieben zu werden. Außerdem darf er in diesem Fall keinen erhöhten Betriebsstrom aufweisen.

Diese Bedingung ist im Allgemeinen erfüllt bei allen Aktuatoren, die zu Heizzwecken eingesetzt werden (Glühstifte, Heizfolien usw.). Außerdem gilt das auch für Elektromotore, die mit Kommutatoren arbeiten, sofern eine umgekehrte Drehrichtung zu keinen mechanischen Schädigungen im Fahrzeug führt. Nicht erlaubt sind jedoch elektrische Antriebe, die für sich intern über elektronische Einrichtungen gesteuert werden.

Außerdem ist der Verbau von Freilaufdioden parallel zu den Aktuatoren hier nicht möglich, da auch dann eine Zerstörung im Verpolfall auftritt.

Zusammenfassung: Durch den Verbau einer speziellen Zener-Diode (D$_2$) ist es möglich, einen N-Kanal-MOS-Power-Transistor als High-Side-Schalter im Verpolfall (inverser Betrieb) so zu betreiben, dass auch hier der sehr kleine Einschaltwiderstand R_{DSon} allein wirksam ist.

Somit wird eine thermische Überlastung verhindert. Allerdings sind zusätzlich die technischen Eigenschaften der vorhandenen Aktuatoren unbedingt zu beachten.

10.1.5 Verpolschutz durch einen invers betriebenen N-Kanal-MOS-Power-Transistor

Das im letzten Abschnitt beschriebene Verhalten eines MOS-Power-Transistors im inversen Betrieb kann außerdem dazu verwendet werden, eine Aktuator-Ansteuerung oder auch eine Gruppe von Aktuatoren im Verpolfall komplett vom Bordnetz zu trennen, so, als wäre eine Verpolschutzdiode vorhanden.

Im Normalbetrieb würde in diesem Fall in der Zuleitung zu den Aktuator-Schaltstufen nur ein sehr kleiner R_{DSon}-Widerstand eines MOS-Power-Transistors vorhanden sein, der bei geeigneter Auswahl keine nennenswerte Störung der Aktuatoren verursacht.

Das schaltungstechnische Prinzip zur Realisation dieser Vorgehensweise ist im Bild 10.6 wiedergegeben. Zu erkennen ist hier auf der einen Seite ein elektronisches Steuergerät, das einen Aktuator über einen Leistungs-Schalttransistor (Tr_2) ein- bzw. ausschaltet.

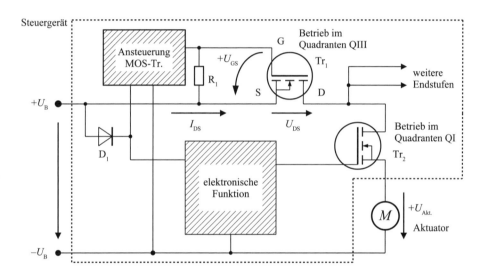

Bild 10.6 Invers betriebener Vorschalttransistor zur Versorgung der Aktuatorik

Zusätzlich befindet sich in der Zuleitung zu den Aktuatoren ein N-Kanal-MOS-Power-Transistor, der im normalen Betriebsfall invers betrieben wird (Quadrant III). Das bedeutet: Der Source-Anschluss befindet sich an der Eingangsleitung $+U_B$, der Drain-Anschluss führt zu den Endstufen.

Wie bereits ausführlich dargestellt, ist für einen verlustarmen Betrieb im Quadranten III eine positive Gate-Source-Spannung erforderlich, die in diesem Fall eine zusätzliche Elektronik erfordert, um eine Spannungsüberhöhung über $+U_B$ hinaus zu realisieren (z.B. eine „Ladungspumpe", siehe auch Abschnitt 7.5.9.2). Das ist in Bild 10.6 durch den Funktionsblock „Ansteuerung MOS-Transistor" angedeutet.

Diese spezielle Ansteuerung ist immer dann aktiviert, wenn sie von der Eingangsseite her über die Verpolschutzdiode D_1 eine positive Betriebsspannung erhält.

Ergebnis

Solange die Betriebsspannung korrekt gepolt ist, wird der Transistor Tr_1 im inversen Betrieb voll durchgesteuert und versorgt zentral somit alle vorhandenen Endstufen bzw. Verbindungsleitungen zu den Aktuatoren.

Natürlich wird an diesem vorgeschalteten Transistor eine thermische Verlustleistung entstehen, die durch geeignete Kühlmaßnahmen abzuleiten ist. Bei der Auswahl eines geeigneten Transistors mit relativ geringem R_{DSon}-Widerstand jedoch kann davon ausgegangen werden, dass der technische Aufwand für diese Kühlmaßnahmen relativ gering ist.

Betrachtung der o. g. Schaltung im Verpolfall

Wird diese Schaltung verpolt betrieben, so ist es offensichtlich, dass sowohl das elektronische Steuergerät als auch die Ansteuerung des MOS-Transistors durch die Verpolschutzdiode D_1 vom Bordnetz abgetrennt werden (Bild 10.7).

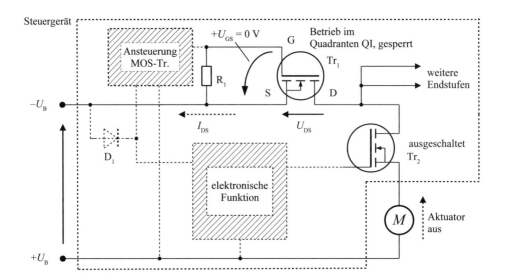

Bild 10.7 Verpolfall beim invers betriebenen Transistor

Zurück bleibt nur noch der Transistor Tr_1 mit der dahinter verschalteten Aktuatorik. Da in diesem Fall die Ansteuerung des Transistors nicht mehr aktiv ist, wird der Gate-Anschluss über den Widerstand R_1 mit dem Source-Anschluss direkt verbunden, was dazu führt, dass sich eine Gate-Source-Spannung von $U_{GS} = 0$ V einstellt.

Als Ergebnis wird der Transistor Tr_1 nun im Normalbetrieb (Quadrant I) betrieben, allerdings mit $U_{GS} = 0$ V. Das führt dazu, dass der Transistor Tr_1 vollständig sperrt, es fließt also kein Strom mehr zwischen Drain und Source.

Damit ist die gesamte Aktuatorgruppe inklusive der dazugehörigen Schalttransistoren einseitig vom Bordnetz abgetrennt und somit gegenüber dem hier vorliegenden Verpolfall geschützt.

Insgesamt gesehen kann also festgestellt werden, dass diese Schaltung geeignet ist, ein komplettes elektronisches System, bestehend aus Steuergerät und Aktuatorik, im Verpolfall vom Bordnetz zu trennen. Dazu ist allerdings der Verbau eines zentralen Hochleistungs-Transistors (ggf. mit zusätzlicher Kühlung) erforderlich, der natürlich auch Zusatzkosten verursacht.

Zusatzbemerkungen zu der o. g. Schaltung: Der in Abschnitt 10.1.4 beschriebene Nachteil, dass im Verpolfall die Aktuatoren ebenfalls invers betrieben werden, kann mit dem hier beschriebenen Schaltungsprinzip wirksam verhindert werden.

Obwohl diese elektronische Lösung auf den ersten Blick viele Vorteile aufweist, muss ein negativer Aspekt beschrieben werden, der unter Umständen erhebliche Probleme bei der Realisation verursachen kann.

Es ist dargestellt worden, dass der Transistor Tr_1 bei korrekt anliegender Betriebsspannung grundsätzlich im inversen Betrieb arbeitet. Nur im Verpolfall wird der „Transistor-Normalbetrieb, QI" vorliegen.

Das bedeutet, dass der Transistor Tr_1 im korrekt gepolten Betrieb eine elektrische Verlustleistung $P_{V,A}$ produziert, die sich auf Grund der Summe aller Ströme in die Aktuatoren hinein und seines R_{DSon}-Widerstandes ergibt:

$$P_{V,A} = R_{DSon} \cdot \left(\sum_{k=0}^{n} I_{A,k} \right)^2$$

mit k = Anzahl der Aktuatoren

   $I_{A,k}$ = Laststrom des k-ten Aktuators

Für die Abführung dieser Verlustleistung ist konstruktiv ein geeigneter Kühlkörper bzw. eine geeignete Kühlmaßnahme vorzusehen.

Sollte die thermische Verlustleistung auf Grund von überhöhten Lastströmen in den Aktuatoren (Kurzschlüsse, schleichende Kurzschlüsse usw.) oder auch durch eine nicht mehr ausreichende Wärmeabfuhr am Transistor (z. B. durch eine mechanisch nicht korrekt montierte Kühlmaßnahme) auftreten, so führt das unweigerlich zu einer thermischen Überhitzung des Transistors mit der Folge einer möglichen Durchlegierung und damit zu einer Schädigung des Gerätes.

Im Gegensatz zu allen bisher dargestellten Fällen, bei denen ein MOS-Power-Transistor verwendet worden ist, ist im hier beschriebenen Fall eines inversen Betriebes der R_{DSon}-Widerstand des Verpolschutztransistors Tr_1 im Versorgungszweig zu den Aktuatoren immer vorhanden, solange die Gate-Source-Spannung ausreichend hoch ist (z. B. U_{GS} = +10 V).

Bei einem Ausfall der Ansteuerung des MOS-Transistors würde die Verlustleistung noch dramatisch zusätzlich ansteigen, wie bereits in Abschnitt 10.1.3 beschrieben.

Für diesen Fall gilt folgende Feststellung:

Es existiert keine elektronische Möglichkeit, einen MOS-Power-Transistor im inversen Betrieb abzuschalten.

Oder anders ausgedrückt: Sollte ein Fehler auftreten, wie er hier beschrieben worden ist, so führt das auch in kurzer Zeit zu einer Schädigung bzw. zu einem Totalausfall des Gerätes.

Andere Maßnahmen, wie z. B. die Verwendung von selbstschützenden Transistoren usw., führen im *inversen Betrieb zu keinerlei Verbesserung.* Im Gegenteil: Die interne Abschaltung der Gate-Source-Spannung auf U_{GS} = 0 V würde bei zu hohen Temperaturen durch einen hier vorhandenen Temperatursensor sofort zu einer zusätzlichen gefährlichen thermischen Überlastung führen (s. o.).

Daher ist zu beachten:

Die Verwendung eines selbstschützenden Transistors, der auf hohe Temperaturen durch Abschalten der Gate-Source-Spannung reagiert, wäre in diesem Fall ein sträflicher Entwicklungsfehler.

Dasselbe gilt im Grunde genommen auch für die mechanische Anbindung des Transistors Tr_1 an einen Kühlkörper oder an eine andere Kühlmaßnahme.

Zusammenfassung: Die hier beschriebene Verpolschutzschaltung unter Verwendung eines N-Kanal-MOS-Power-Transistors im inversen Betrieb ist nur dann sinnvoll, wenn ein einfacher MOS-Power-Transistor ohne weitere interne Schutzmaßnahmen verwendet wird und zusätzlich *prozesssicher* und für die *komplette Gerätelebensdauer* dargestellt werden kann, dass die notwendige Kühlmaßnahme dieses Transistors immer vorhanden ist und korrekt funktioniert.

Dieses stellt in der Praxis ein erhebliches zusätzliches Funktionsrisiko dar. Es sollte im Einzelfall überprüft werden, ob diese Verpolschutzmaßnahme, wie sie hier beschrieben worden ist, wirklich unbedingt erforderlich ist.

10.1.6 Verpolschutzrelais

In der Anfangszeit elektronischer Steuergeräte in Kraftfahrzeugen war es üblich, die Aktuatoren über elektromechanische Relais ein- bzw. auszuschalten. Auf Grund der erheblichen Kontaktbelastung während dieser Schaltvorgänge hatten die Schaltrelais nur eine relativ geringe Lebensdauer und führten auch in der Praxis häufig zu Steuergeräteausfällen.

Als dann geeignete Halbleiterbauelemente in ausreichender Stückzahl und preiswert am Markt zur Verfügung standen, wurden diese Schaltrelais relativ schnell durch die Halbleiterbauelemente verdrängt, weil dadurch eine erhebliche qualitative Verbesserung der elektronischen Steuergeräte erreicht werden konnte.

Dennoch hat das klassische Relais einen entscheidenden Vorteil: Der Schaltpfad eines Relais (Schließer oder Öffner) stellt einen bidirektionalen und galvanisch getrennten Schaltkontakt dar, der auf einem (fast) beliebigen elektrischen Potenzial in eine Schaltleitung verbaut werden kann, während die Ansteuerseite (Relaisspule) von einer Elektronik angesteuert wird. Diese galvanische Trennung zwischen Ansteuerungs- und Lastzweig ist bei der Verwendung eines Schalttransistors (MOS-Power-Transistor) nicht mehr gegeben.

Die meisten der in den letzten Abschnitten beschriebenen negativen Aspekte werden durch diese Tatsachen begründet.

Wenn der Ansteuerzweig einer Relaisspule über eine Verpolschutzdiode geführt wird, erhält man automatisch einen wirksamen Verpolschutz für das gesamte System. Die Relaisspule kann also nur dann mit Strom versorgt werden, wenn die Eingangsspannung die richtige Polarität aufweist. Im anderen Fall würde eine vorgeschaltete Verpolschutzdiode es verhindern, dass überhaupt ein Strom für die Relaisspule entstehen kann.

Kombination eines elektromechanischen Relais mit modernen Schalttransistoren

An dieser Stelle sei nun dargestellt, wie durch Kombination der klassischen Relaisschutzbeschaltung mit der modernen Transistorelektronik ein Verpolschutz realisiert werden kann, der die entscheidenden Nachteile vermeidet, die seinerzeit zum vorzeitigen Relaisausfall geführt haben.

Ein Beispiel ist im Bild 10.8 gegeben. Hier ist zu erkennen, dass auf der einen Seite das Relais über die Verpolschutzdiode D_1 mit Strom versorgt werden kann, auf der anderen Seite jedoch ein elektronisches Steuergerät zusätzlich über einen kleinen Schalttransistor eine Kontrolle über das Relais erhält.

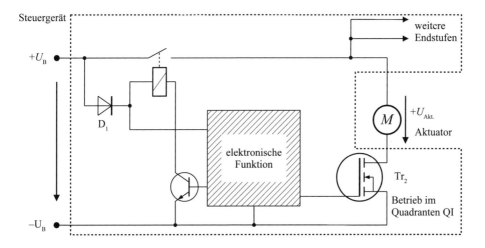

Bild 10.8 Verpolschutz unter Verwendung eines Relais in Kombination mit MOS-Power-Transistoren

Auf der Seite der Aktuatoren findet sich eine klassische Verschaltung, in diesem Fall mit einem Low-Side-Schalter.

Die Situation im Verpolfall ist einfach: Hier würde kein Stromfluss in die Relaisspule möglich sein, das Relais bleibt offen und sowohl das elektronische Steuergerät als auch die komplette Aktuatorgruppe ist völlig energielos.

Um zu verhindern, dass die Relaiskontakte vorzeitig Schaden nehmen, ist es erforderlich, eine intelligente Ansteuerung auf Seiten der Aktuatorik durchzuführen.

Das Relais darf nur dazu verwendet werden, die Hauptversorgungsleitung zu den Aktuatoren statisch einzuschalten. Sämtliche Schalttransistoren (z. B. Tr_2) müssen in diesem Zustand abgeschaltet sein. Das bedeutet für das Relais, es braucht nicht den kompletten Laststrom zu *schalten*, sondern nur zu *führen*.

Beim Abschalten des Steuergerätes erfolgt eine ähnliche Überlegung, jedoch in umgekehrter Reihenfolge: Zunächst öffnen sämtliche Transistoren danach erst das Relais. Auch hier findet keine Lastschaltung im Relais statt.

Für diesen speziellen Anwendungsfall existieren inzwischen besondere Relais, die mechanisch extrem kleine Abmessungen aufweisen und erhebliche Ströme tragen können (> 20 A). Da diese Relais grundsätzlich keinen Schaltvorgang im klassischen Sinne mehr durchführen müssen, erhöht sich deren Lebensdauer dramatisch und stellt in diesem Zusammenhang keine Qualitätsminderung mehr dar.

Wie sich in der Praxis gezeigt hat, ist diese elektromechanische/elektronische Schaltkombination für elektronische Steuergeräte auch eine recht preiswerte und funktionssichere Lösung, verglichen mit anderen hier bereits beschriebenen Schaltungen.

Es kann also festgestellt werden, dass die Elektromechanik (Relais) unter den hier gegebenen Randbedingungen durchaus auch heute noch ihre Daseinsberechtigung hat.

Zusatzbemerkungen: Es ergibt sich in diesem Zusammenhang noch ein zusätzlicher Aspekt, der in vielen Fällen auch eine gewisse Kostenreduktion im Gesamtsystem erlaubt:

Die Verwendung eines Verpolschutzrelais führt dazu, dass die positive Versorgungsleitung zu den Aktuatoren im ausgeschalteten Zustand vollständig spannungslos ist.

In Abschnitt 7.5.3 ist dargestellt, dass viele Aktuatoren geschädigt werden können, wenn sie dauerhaft in einem Kraftfahrzeug einseitig an der Plusversorgung angeschlossen sind. Diese Tatsache führte dazu, dass überwiegend sog. High-Side-Schalter verwendet werden, die im abgeschalteten Zustand dafür sorgen, dass diese dauernde Spannung an den Aktuatoren nicht auftritt.

Bei Verwendung eines zentralen Verpolschutzrelais ist diese Situation jedoch nicht mehr gegeben: Schaltet das elektronische Steuergerät komplett ab, so ist ebenfalls die positive Versorgungsleitung zu allen Aktuatoren spannungslos. In dieser Situation sollte also darüber nachgedacht werden, ob es unter dem Kostenaspekt günstiger ist, dann auf die relativ teuren High-Side-Schalter zu verzichten und die Schaltung wieder mit preiswerteren Low-Side-Schaltern auszustatten. Sowohl unter dem Gesichtspunkt der Sicherheit als auch der Lebensdauer der Aktuatoren ergäbe sich dadurch keine Veränderung.

In Bild 10.8 ist diese Situation bereits beispielhaft dargestellt, die Ansteuerung des Aktuators erfolgt durch einen Low-Side-Schalter.

Zusammenfassung: In diesem Abschnitt sind verschiedene Möglichkeiten dargestellt, elektronische Steuergeräte bzw. elektronische Systeme in Kraftfahrzeugen gegenüber einem Verpolfall zu schützen. Jede dieser Schaltungen hat spezielle Vor- bzw. Nachteile. Daher werden in der Tabelle 10.1 die wesentlichsten Unterschiede noch einmal zusammenfassend dargestellt.

Tabelle 10.1 Tabellarische Zusammenfassung der Verpolschutzmaßnahmen

	Einfache Verpol- schutzdiode	Sicherung/ Zener-Diode	Inverser Betrieb der Aktuatoren	Vorgeschalteter invers betriebe- ner Transistor	Relais mit nach- geschaltetem Schalttransistor
Bild	10.1	10.2	10.4, 10.5	10.6, 10.7	10.8
Spannungsabfall	ja, ca. 0,7 V	nein	nein	gering, nur R_{DSon}	nein
Aktuatoren invers betrieben	nein	nein	ja	nein	nein
Schaltungs- komplexität	einfach	einfach	einfach	umfangreich	einfach
Risiko	gering	groß	gering	mittel	gering
Zusatzkosten	gering	mittel	gering	hoch	mittel
Zusätzliche Vorteile	keine	Load-Dump- Schutz	keine	keine	Low-Side- Schalter möglich
Nachteile	Spannungs- abfall an der Diode	nicht prozess- sicher	Aktuato- ren invers betrieben	Kühlung ist kritisch	keine

■ 10.2 Grundsätzlicher Einfluss der nicht elektrischen Umgebungsbedingungen auf die Elektronik

Die in Kapitel 5 beschriebenen nicht elektrischen Umgebungsbedingungen, die für die Elektronik im Kraftfahrzeug auftreten können, haben in vielen Fällen spezielle Einflüsse auf die elektrische bzw. elektronische Funktion eines Steuergerätes. Einige Beispiele dieser Einflüsse sollen nun in den folgenden Abschnitten näher erläutert werden.

10.2.1 Temperatur

Ein sehr wichtiger Faktor für das korrekte Funktionieren einer Elektronik ist die Umgebungstemperatur. Diese kann, wie bereits früher erwähnt, beim Verbau in ein Kraftfahrzeug erheblichen Schwankungen unterliegen. Wie bereits dargestellt, ist hier von Temperaturbereichen zwischen – 40 °C und +125 °C (ggf. auch noch darüber hinaus im Maximum) auszugehen.

Um die Funktionssicherheit einer elektronischen Schaltung unter diesen Randbedingungen immer sicherzustellen, ist die Kenntnis über das elektrische Verhalten aller verwendeten Bauteile bei verschiedenen Temperaturen absolut notwendig.

In einigen Fällen sind die benötigten Angaben zum Temperaturverhalten der Bauelemente in den technischen Datenblättern zu finden. Oftmals jedoch müssen diese Angaben noch durch praktische Erfahrungen, die auf Grund langjähriger Beobachtung verschiedener Bauteile im Serieneinsatz gewonnen wurden, ergänzt werden.

Im Folgenden werden die wichtigsten elektronischen Bauteile bezüglich ihres Temperatur-verhaltens prinzipiell kurz angesprochen.

Widerstände

Je nach Ausführungsform sind die Temperaturkoeffizienten von Widerständen unterschied-lich.

Kohleschicht-Widerstände haben einen negativen Temperaturkoeffizienten, Metallschicht-Widerstände einen positiven. In der Praxis bedeutet das, dass es in einigen günstigen Fällen möglich sein kann, durch geschickte Kombination von Kohleschicht- mit Metall-schicht-Widerständen (z. B. bei Spannungsteilern) eine gewisse Temperaturkompensation zu erreichen.

Allerdings weisen Kohleschicht-Widerstände qualitative Nachteile auf im Vergleich zu Metallschicht-Widerständen und sind daher heutzutage in der Fahrzeugelektronik sehr selten anzutreffen, daher auch kostenintensiv.

In der Regel ist das Temperaturverhalten von Widerständen in den technischen Datenblät-tern recht ausführlich dokumentiert.

Kondensatoren

Auf Grund der Tatsache, dass Kondensatoren in der Regel schon wegen der Prozessstreu-ung eine im Vergleich recht große Toleranz aufweisen, ist die Abhängigkeit von der Tem-peratur meist kein signifikanter Faktor mehr. Aber auch hier sind die Informationen aus den technischen Datenblättern oft ausreichend.

Dioden

Die Durchlassspannung einer einfachen Halbleiterdiode sinkt mit steigender Temperatur. Das bedeutet, dass im praktischen Anwendungsfall für eine Kleinsignal-Diode davon aus-zugehen ist, eine Diodenspannung zwischen 0,5 und 0,9 V über den gesamten Temperatur-bereich zu erhalten. Der Diodensperrstrom steigt ebenfalls bei hohen Temperaturen steil an. Für diese Angaben sind entsprechende Informationen in den Datenblättern zu finden.

Zener-Dioden

Das Verhalten einer Zener-Diode ist in der Praxis uneinheitlich. Bei Zener-Spannungen von kleiner als 5 V überwiegt ein negativer Temperaturkoeffizient. Das bedeutet, bei ansteigen-der Temperatur sinkt die Zener-Spannung. Zener-Dioden mit einer Zener-Spannung größer 5 V besitzen hingegen einen positiven Temperaturkoeffizienten, also einen Anstieg der Zener-Spannung bei höheren Temperaturen.

Für die Praxis ergibt sich daraus: Sollte eine relativ genaue Spannungsreferenz erforder-lich sein, so ist eine Zener-Diode zu wählen, deren Zener-Spannung im Bereich von 5 V liegt. An dieser Stelle heben sich der positive und der negative Temperaturkoeffizient in etwa auf und man erhält ein spannungsmäßig relativ stabiles Bauelement, auch über einen großen Temperaturbereich.

Werden noch höhere Anforderungen bezüglich der Präzision an eine Referenzspannung gestellt, so empfiehlt sich der Einsatz von speziell temperaturkompensierten Referenzbauteilen.

Bipolar-Transistoren

Der wichtigste elektrische Parameter eines Bipolar-Transistors ist die Stromverstärkung. Sie ist zum einen abhängig von der Bauform des Transistors, zum anderen auch von der Umgebungstemperatur.

Auf der einen Seite steigt diese Stromverstärkung mit höherer Temperatur bis zu einem maximalen Wert an, um danach auf Grund der erhöhten Eigenleitfähigkeit des verwendeten Halbleitermaterials (Intrinsic-Leitung) bei noch höheren Temperaturen sehr schnell wieder abzunehmen. Auf der anderen Seite bedeutet das für eine elektronische Schaltung, dass bei sehr tiefen Temperaturen nur noch relativ geringe Stromverstärkungsfaktoren vorhanden sind.

Besonders Schalttransistoren für höhere Ströme können bei großer Kälte nur noch sehr geringe Stromverstärkungsfaktoren B aufweisen (zum Teil $B \leq 10$).

In vielen technischen Datenblättern sind Informationen über das Verhalten bei sehr tiefen Temperaturen nur noch als typische Wertangabe zu finden. Absolute Grenzwerte, wie sie z. B. für eine Worst-Case-Berechnung erforderlich wären, sind oft nur direkt von dem Bauteilehersteller zu erhalten.

MOS-Power-Transistoren

Ein MOS-Power-Transistor stellt im durchgeschalteten Zustand zunächst einen Widerstand mit einem positiven Temperaturkoeffizienten dar. Das bedeutet, dass bei sehr hohen Temperaturen der Einschaltwiderstand (R_{DSon}) erheblich ansteigen kann. Dieses Verhalten ist in der Regel in den technischen Datenblättern ausführlich dokumentiert.

Für die praktische Anwendung innerhalb einer Schaltung ergibt sich daraus die Notwendigkeit, den sich ergebenden R_{DSon}-Widerstand im eingeschalteten Zustand bei der maximalen Betriebstemperatur genau zu kennen und entsprechend die mögliche elektrische Verlustleistung in diesen Bauteilen zu berücksichtigen.

Beispiel

Ein MOS-Power-Transistor, der laut seinen technischen Daten bei Raumtemperatur (20 °C) einen R_{DSon}-Widerstand von ca. 10 mΩ aufweist, kann bei seiner maximalen Betriebstemperatur (ca. +150 °C) durchaus einen Einschaltwiderstand von 25 bis 30 mΩ erreichen. Damit ergäbe sich bei hohen Temperaturen eine ca. 2- bis 3-mal höhere Verlustleistung an diesem Bauteil als bei Raumtemperatur. Als Konsequenz für die elektronische Schaltung bedeutet das: entweder den Verbau eines größeren Kühlkörpers oder den Einsatz eines MOS-Power-Transistors, der bei Raumtemperatur bereits einen deutlich geringeren Einschaltwiderstand aufweist. Beide Möglichkeiten können sich in der Praxis als kostenintensiv darstellen.

Leiterbahnen auf einer Leiterkarte

Leiterbahnen bestehen normalerweise aus einer dünnen Kupferschicht. Die Temperaturabhängigkeit des elektrischen Widerstandes von Kupfer ist sehr genau bekannt.

Im Vergleich zu den anderen hier bereits beschriebenen Effekten kann jedoch festgestellt werden, dass dieser Einfluss bei den relativ kleinen Leiterkarten für Kraftfahrzeugelektroniken nur eine untergeordnete Rolle spielt.

Lötstellen

Eine technisch einwandfreie Lötstelle stellt in der Regel keinen nennenswerten Widerstand dar, der sich mit der Temperatur verändern könnte.

Jedoch ist es möglich, dass bei Elektronik, die seit vielen Jahren in Betrieb ist und somit vielen Temperatur-Wechselzyklen ausgesetzt war, Lötstellen mechanisch so beeinträchtigt werden, dass sie intern oxidieren und somit ihren Widerstandswert erhöhen. Hierbei handelt es sich jedoch um ein Langzeitproblem, das bei einem korrekt durchentwickelten Design nicht auftreten sollte.

10.2.2 Feuchtigkeit und Staub

Elektronische Steuergeräte, die außerhalb der Fahrgastzelle verbaut werden, müssen gegen Feuchtigkeit und auch Staub geschützt werden. Daher ist es für diese Elektronik eine grundsätzliche Forderung, in geschlossene Gehäuse verbaut zu werden, die weder Feuchtigkeit noch Staub an die eigentliche Leiterkarte gelangen lassen.

Bei Elektronik, die innerhalb der Fahrgastzelle zum Einsatz kommt, ist ein offener Verbau möglich (d. h. keine geschlossenen Gehäuse), so dass die Umgebungsluft durch entsprechende Öffnungen in den Gehäusen direkt auf die Leiterkarte gelangen kann. Um für diese Fälle einen gewissen Schutz zu gewährleisten, wird die Elektronik im Innenraum in vielen Fällen mit einem feuchtigkeitsresistenten Lack versehen. Diese abdichtende Lackschicht stellt jedoch keinen absoluten Feuchtigkeitsschutz dar, da es sich hierbei nicht um eine komplett geschlossene Versiegelung handelt.

Sollte der Fall eintreten, dass auf Grund von klimatischen Veränderungen Feuchtigkeit auf eine Leiterkarte gelangt (z. B. durch Betauung), so ist davon auszugehen, dass sich wegen der immer vorhandenen Verunreinigung auf der Leiterkarte leitfähige Schichten ausbreiten, die die Funktionalität einer Elektronik erheblich stören können.

Um diesen Effekt zu minimieren empfiehlt es sich, auf einer Leiterkarte nur elektronische Schaltungen zu realisieren, deren Signalwege relativ niederohmig sind. Praktische Maximalwerte sollten den Bereich von 100 bis 200 kΩ nicht überschreiten.

Da der Feuchtigkeitsfilm trotz seiner Verunreinigung in vielen Fällen einen wesentlich höheren Innenwiderstand aufweist, kann so dieser Störeinfluss minimiert werden.

Durch die meist nach Fahrtantritt stattfindende Aufheizung des Motors und damit auch der Fahrgastzelle kann davon ausgegangen werden, dass die Betauung relativ schnell wieder abtrocknet.

Bei elektronischen Steuergeräten im Außenbereich eines Fahrzeuges (Motorraum oder Unterflurbereich) muss durch konstruktive Maßnahmen sichergestellt werden, dass keinerlei Feuchtigkeit in ein Steuergerät eindringen kann. Speziell unter dem Gesichtspunkt der Temperaturwechsel ist diese Forderung nicht immer leicht zu erfüllen.

Durch entsprechende Langzeituntersuchungen an einer kompletten Elektronik (siehe Kapitel 5) ist daher sicherzustellen, dass die notwendige Dichtigkeit auch über eine lange Zeit erhalten bleibt. Sollte dennoch einmal der Fall eintreten, dass ein Steuergerät im Außenbereich Feuchtigkeit aufgenommen hat, so ist offensichtlich, dass diese Feuchtigkeit durch das immer noch sehr dichte Gehäuse fast nicht mehr entweichen kann. Diese Feuchtigkeit kann dann im Steuergerät zu einer Dauerkorrosion führen, die durch das Anliegen von elektrischen Spannungen noch verstärkt wird. Es ist dann von Funktionsstörungen auszugehen, die im extremen Fall sogar zu einem Geräte-Frühausfall führen können.

10.2.3 Mechanische Einflüsse

Mechanische Einflüsse, wie sie in Abschnitt 5.1 bereits beschrieben worden sind, beeinflussen in erster Linie sämtliche mechanischen Befestigungseinrichtungen innerhalb einer Kraftfahrzeugelektronik. Das sind z. B. Steckverbinder, stehende Bauteile, Befestigungsklammern für Kühlkörper und unter Umständen sogar Lötstellen.

Unzureichende Befestigungen von großen elektronischen Bauteilen (z. B. Elektrolyt-Kondensatoren) auf einer Leiterkarte können dazu führen, dass die Bauteile bei mechanischen Schwingungen von der Leiterkarte abgerissen werden und zum Geräte-Totalausfall führen.

Ähnliches gilt für die Befestigung von Hochleistungs-Transistoren an Kühlkörpern. Wird diese mechanische Verbindung, die in erster Linie zur Wärmeabfuhr dient, durch entsprechende mechanische Erschütterungen beeinflusst, so ist eine Überhitzung der elektronischen Bauelemente möglich. Moderne Kraftfahrzeugelektronik, die mit Mikrocontrollern gesteuert wird, würde diesen Effekt zwar diagnostizieren und entsprechende Fehlereinträge in den Fehlerspeichern vornehmen. Unter Umständen ist sogar die Stilllegung des beeinträchtigten Steuergerätes notwendig. Dennoch liegt eine gravierende Schädigung der Elektronik vor.

Derartige mechanische Fehler erzeugen in vielen Fällen ein recht kompliziertes Fehlerbild, da das Auftreten einer Funktionsstörung in diesem Fall temperaturabhängig und somit in den Werkstätten manchmal nur schwer nachvollziehbar ist.

Zusammenfassend kann festgestellt werden, dass die Einflüsse von Umgebungsbedingungen auf die Elektronik innerhalb eines Kraftfahrzeuges sehr vielfältig sind. Die Bemerkungen zu den Faktoren Temperatur, Feuchtigkeit und Staub und mechanische Einflüsse können natürlich nur einen kleinen Ausschnitt darstellen. Viele dieser Effekte fallen in den Bereich der konstruktiven Aufgaben und sollen in diesem Buch nicht weiter vertieft werden.

■ 10.3 End-of-Line (EOL)-Programmierung

Die Verwendung von Mikrocontrollern in fast allen modernen Kraftfahrzeugelektronikteilen ermöglicht es, bei einer Endprüfung oder auch während einer Zwischenprüfung innerhalb einer Fertigungslinie die Prüftiefe und auch die Prüfzeit drastisch zu verkürzen. Dazu wird während dieser Prüfungen eine Kommunikation mit der gefertigten Elektronik aufgenommen, um sie zu veranlassen, besondere Prüfaktivitäten durchzuführen.

Einer dieser Prüfpunkte ist die Präzision, mit der analoge Größen innerhalb einer Fahrzeugelektronik gemessen werden können. Auf Grund der Tatsache, dass die verwendeten Mikrocontroller zwar in der Regel analoge Eingänge aufweisen, jedoch deren Genauigkeit nicht immer ausreicht, sind oftmals Vorverstärker erforderlich.

Die Summe aller am Messvorgang beteiligten elektronischen Bauelemente verursacht in der Regel einen Messfehler, der in einigen Fällen unter der Betrachtung eines Worst-Cases (siehe Abschnitt 6.3.5) nicht mehr zu tolerieren ist.

Als Lösung dieses Problems bietet sich an, eine geeignete Form eines Abgleiches durchzuführen, um zumindest die Grundtoleranzen während der Fertigung der Elektronik in der Fertigungshalle bei Raumtemperatur auszugleichen.

Dafür gab und gibt es in der klassischen Elektronik mehrere Möglichkeiten, die hier kurz angesprochen werden sollen.

10.3.1 Verschiedene Abgleichverfahren

10.3.1.1 Abgleich durch Verwendung eines Potentiometers

Diese Methode eignet sich besonders dort, wo keine speziellen Umweltanforderungen gestellt werden.

Ein Potentiometer ist unter Einfluss von mechanischen Erschütterungen (Schwingungen oder Stoß) nicht langzeitstabil. Außerdem kann der leitende Übergang vom Schleifer zur Widerstandsbahn korrodieren. Der Abgleich ist oftmals kostenintensiv, außerdem ist das Bauteil relativ teuer und kann meist nicht automatisch bestückt werden. Vor diesem Hintergrund werden Potentiometer in Kraftfahrzeugen nur in speziellen Ausnahmesituationen verwendet. Im Normalfall sollte auf diese Bauteile verzichtet werden.

10.3.1.2 Abgleich durch eine Auswahlkette

Dieses in der Vergangenheit oft verwendete Verfahren setzte voraus, dass die abzugleichenden Bauelemente (meist Widerstände) nur in einer geringen Typenvielfalt (verschiedene Werte) benötigt werden. In der Fertigung wurden dann an besonders ausgestatteten Messplätzen die einzumessenden Widerstände in der zu fertigenden Elektronik zunächst durch eine automatisch arbeitende Dekade ersetzt (über eine Kabel- oder Nadelbett-Adaptierung), die zu messende Größe bei verschiedenen Dekadenstellungen (automatisch) erfasst und ein geeigneter Bauelementewert innerhalb der Auswahl ausgewiesen.

Das Bauteil konnte danach manuell nachbestückt und verlötet werden. Damit war der Abgleich beendet. Das so kalibrierte Steuergerät war problemlos in Kraftfahrzeuge verbaubar, da weiterhin keine mechanisch veränderbaren Bauteile verwendet worden waren. Die Funktionssicherheit und die Langzeitstabilität war also gegeben.

Allerdings war dieses Verfahren recht kostenintensiv und auch nicht prozesssicher, da die Verarbeitung manuell erfolgte. Fehlbestückungen waren möglich. Daher wird dieses Verfahren heute nicht mehr verwendet.

10.3.1.3 Abgleich auf voll elektronischem Wege unter Verwendung des Mikrocontrollers

Folgende Idee liegt diesem Verfahren zu Grunde: Einem Mikrocontroller werden geeignete Korrekturwerte für alle wichtigen analogen Messkanäle bei der Fertigung oder während der Endprüfung mitgegeben, die er dann während des normalen Betriebes zur Korrektur der entsprechenden Messwerte verwendet. Das setzt natürlich voraus, dass der benutzte Mikrocontroller über eine Einrichtung zur dauerhaften Speicherung einiger Korrekturdaten verfügt (meist EPROM-, EEPROM- oder FLASH-Speicherzellen, siehe auch Abschnitt 8.3.1). Außerdem ist eine Datenschnittstelle zum externen Testcomputer erforderlich (z. B. die K-Line, siehe Abschnitt 9.1.1).

Diese Forderung bezieht sich auf die einmalige Einspeicherung einiger Daten, die dann auch ohne Betriebsspannung über den gesamten Temperaturbereich und die Lebensdauer des Steuergerätes sicher und unverändert gespeichert werden müssen. Diese Forderung ist technologisch nicht leicht zu erfüllen und führt auch heute noch in vielen Fällen zu Diskussionen bezüglich der Qualität dieser Speicherzellen.

Da dieses Verfahren in der Regel am Ende der Fertigung (Endprüfung) stattfindet, wird es auch mit **End-of-Line, EOL-Programmierung** bezeichnet. Im Folgenden wird dieses Verfahren näher erläutert.

10.3.2 Prinzip der End-of-Line-Programmierung

Die End-of-Line-Programmierung findet in mehreren Phasen statt:

- **Phase 1:** Feststellung der aktuell im Steuergerät vorhandenen Messabweichung unter Verwendung einer geeigneten Datenkommunikation

- **Phase 2:** Berechnung eines Korrekturfaktors im Steuercomputer für die Endprüfung

- **Phase 3:** Übertragung dieses Korrekturfaktors ins Steuergerät

- **Phase 4:** Überprüfung, ob das Steuergerät unter Verwendung des neuen Korrekturfaktors präzise misst (Kontrolle)

Dieser Vorgang wird nun für alle Eingänge wiederholt, die für einen Abgleich vorgesehen sind. Danach kann das Gerät ausgeliefert werden.

Anhand eines Beispiels wird dieser Vorgang noch näher erläutert.

10.3.3 Beispiel für den Abgleich eines analogen Einganges eines Mikrocontrollers

Ein Mikrocontroller, dessen analoger Eingang intern eine Auflösung von n Bit aufweist, misst mittels eines Spannungsteilers eine Betriebsspannung UB unter Verwendung eines seiner analogen Eingänge (Bild 10.9).

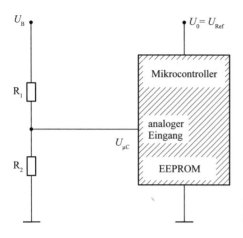

Bild 10.9 Beispiel für eine Messung einer Betriebsspannung

Im normalen Betrieb des Steuergerätes führt der Mikrocontroller folgende Rechnung aus, nachdem er einen Analogwert $U_{\mu C}$ am analogen Eingang erfasst hat:

$$U_{\mu C,\text{intern}} = U_{\mu C,d} \cdot K$$

mit: $U_{\mu C,\text{intern}}$ internes Eingabeergebnis, mit dem die Software weiterrechnen kann (Ganzzahl, Integer)

$U_{\mu C,d}$ analog gewandelter Wert am Eingangs-Port (Ganzzahl, Integer)

K Umrechnungsfaktor, der sowohl den Korrekturwert als auch den System-Umrechnungsfaktor auf Grund der Hardwareverschaltung enthält. Dieser Wert ist z.B. im EEPROM des Steuergerätes gespeichert.

Für K gilt:

$$K = K_{\text{SYS}} \cdot K_{\text{Korr}}$$

Es soll nun der Umrechnungsfaktor K berechnet werden. Für die Spannung $U_{\mu C}$ am analogen Eingang des Mikrocontrollers ergibt sich (Spannungsteiler):

$$U_{\mu C} = U_B \cdot \frac{R_2}{R_1 + R_2}$$

Der Mikrocontroller hat eine analoge Auflösung von n Bit, daraus folgt, er kann 2^n Stufen unterscheiden, aufgeteilt auf seine analoge Referenzspannung U_{Ref} (meist entspricht sie der Betriebsspannung des Mikrocontrollers U_0).

Die analoge Eingangsspannung $U_{\mu C}$ wird also intern abgebildet auf eine Integer-Zahl $U_{\mu C,d}$, die sich ergibt zu:

$$U_{\mu C,d} = U_{\mu C} \cdot \frac{2^n}{U_{Ref}} = U_B \cdot \frac{R_2}{R_1 + R_2} \cdot \frac{2^n}{U_{Ref}} = U_B \cdot K_{\text{SYS}}$$

Für K_{SYS} erhält man also:

$$K_{\text{SYS}} = \frac{R_2}{R_1 + R_2} \cdot \frac{2^n}{U_{Ref}}$$

K_{SYS} ist unter Verwendung der Bauteile- und Spannungsgrößen aus der Schaltungsentwicklung eindeutig bestimmbar. Dabei werden ideale Werte angenommen. Er ist nur einmal zu bestimmen und stellt eine charakteristische und konstante Größe für das entsprechende Steuergerät dar.

In der Realität ist aber mit Toleranzen zu rechnen, die über eine EOL-Programmierung ausgeglichen werden sollen.

Die EOL-Programmierung für das hier angenommene Beispiel teilt sich in vier Phasen.

Phase 1: Der Korrekturfaktor K_{Korr} wird zum Beginn auf

$$K_{Korr} = 1$$

programmiert, sofern nicht schon geschehen.

Unter Annahme *idealer* Bauelemente kann nun eine ideale interne Darstellung $U_{\mu C,d,Ref}$ einer präzise eingestellten externen Referenz-Betriebsspannung U_{BRef} bestimmt werden. Diese externe Referenzspannung $U_{B,Ref}$ muss am Prüfplatz für die EOL-Programmierung exakt unter Verwendung von genauen Messgeräten eingestellt sein (z. B. 12,000 V).

Unter Verwendung der bereits erwähnten digitalen Schnittstelle wird das Steuergerät aufgefordert, den unter den beschriebenen Bedingungen gemessenen internen Integer-Wert $U_{\mu C,d,gem}$ in das Prüfgerät zu übertragen.

Phase 2: Der Korrekturfaktor $K_{Kor}r$ ist bestimmbar aus dem Quotienten aus dem theoretischen idealen Messwert $U_{\mu C,d,Ref}$ und dem tatsächlich gemessenem $U_{\mu C,d,gem}$:

$$K_{Korr} = \frac{U_{\mu C,d,Ref}}{U_{\mu C,d,gem}}$$

K_{Korr} wird in der Praxis meist etwas größer oder kleiner als 1 sein.

Da die Mikrocontroller in der Regel keine Fließkomma-Arithmetik direkt beherrschen, ist eine normierte Darstellung des Wertes 1,0 auf einer für den Mikrocontroller günstigen Basis empfehlenswert. Bei einer analogen Auflösung von n Bit (s. o.) sollte ein Normierungswert von $D_n = 2^{n-1}$ gewählt werden.

Beispiel

$n = 10$ (10-Bit-Auflösung), das entspricht 1024 Stufen, damit ergibt sich ein Normierungswert von:

$$D_n = 2^9 = 512$$

Der Wert $D_n = 512$ intern im Mikrocontroller entspräche also einem Dezimalwert von 1,0.

Für die Korrekturrechnung kann ein dezimaler Wert also um

$$K_{Korr,norm} \cdot \frac{1}{2^{n-1}} = \frac{1}{512} \approx K_{Korr,norm} \cdot 0{,}00195$$

vergrößert oder verkleinert werden.

Für den endgültig in das Steuergerät zu übertragenden Korrekturwert auf Basis der genormten Darstellung folgt:

$$K_{\text{Korr,norm}} = K_{\text{Korr}} \cdot 2^{n-1} = K_{\text{Korr}} \cdot 512$$

Diese hier dargestellten Berechnungen stellen für ein computergesteuertes Prüfgerät kein Problem dar.

Phase 3: Der Wert $K_{Korr,norm}$ wird über die digitale Schnittstelle in das Steuergerät übertragen und dauerhaft in einen geeigneten Speicher (z. B. EEPROM) abgelegt.

Phase 4: Das Steuergerät wird danach aufgefordert, den ermittelten Wert für $U_{\mu C,d}$ bei der eingestellten hochgenauen Referenzspannung $U_{B,Ref}$ über die Kommunikationsschnittstelle zu übermitteln. Die vormals aufgetretenen Messfehler dürfen nun nicht mehr feststellbar sein.

Damit wäre dieser Eingang des Steuergerätes abgeglichen und der EOL-Programmiervorgang beendet. In einer Serienfertigung kann dieser komplette Vorgang für einen Eingang in wenigen ms durchgeführt werden und verkürzt die sonst erforderliche Prüfzeit erheblich.

Verwendete Größen:

- U_B: zu messender Spannungswert, z. B. die Bordnetzspannung

- $U_{B,Ref}$:   hochpräzise Referenz-Bordnetzspannung am Eingang der Schaltung zur Feststellung der Korrekturfaktoren während der EOL-Programmierung

- U_0:   Versorgungsspannung des Mikrocontrollers

- U_{Ref}:   analoge Referenzspannung für den Analog-Digital-Wandler im Mikrocontroller (meist identisch mit U0)

- $U\mu C$:   externe analoge Eingangsspannung am Mikroprozessor-Eingangspin

- $U_{\mu C,d}$:   interne Integer-Zahl, die der Mikrocontroller am analogen Eingang feststellt

- $U_{\mu C,d,Ref}$:   interne Integer-Zahl, theoretischer Idealwert

- $U_{\mu C,d,gem}$:   interne Integer-Zahl, gemessener Wert

- $U_{\mu C,intern}$:   korrigierte interne Integer-Zahl zur Weiterverarbeitung innerhalb der Software

- K: Korrekturfaktor

- K_{SYS}:   Systemkonstante (Dezimalzahl), die sich auf Grund der Hardwareverschaltung des Steuergerätes ergibt

- K_{Korr}:   individuell auf ein Steuergerät zugeschnittener Korrekturfaktor

- $K_{Korr,norm}$: individueller Korrekturfaktor, genormt auf D_n

- D_n: intern im Mikrocontroller festgelegter Normierungswert um Dezimalzahlen mit Nachkommastellen einfach zu realisieren

Zusatzbemerkung: Analoge Auflösungen: Die bei den heutigen Mikrocontrollern üblichen Auflösungen an den analogen Eingängen liegen bei:

- n = 8 Bit, 256 Stufen

- n = 10 Bit, 1024 Stufen

- n = 12 Bit, 4096 Stufen

Berechnung des korrigierten inneren Dezimalwertes $U_{\mu C,intern}$ (Integer-Wert): Dieser Wert ergibt sich aus einer Multiplikation mit dem gemessenen Wert $U_{\mu C,d}$ (Integer). Da die meisten der heute verwendeten Mikrocontroller eine Multiplikationseinheit für Ganzzahlen (Integer) beinhalten, ist diese Rechenoperation leicht durch einen entsprechenden Befehl ausführbar. Danach muss allerdings noch durch den Normierungswert geteilt werden. Das ist jedoch durch die Normierung auf 2^{n-1} durch ein Verschieben des Multiplikationsergebnisses um n – 1 Bit nach rechts ebenfalls sehr leicht möglich.

10.3.4 Korrektur des Temperaturverhaltens einer Kraftfahrzeugelektronik

Abschließend ist festzustellen, dass die End-of-Line-Programmierung eine schnelle und wirksame Möglichkeit darstellt, Toleranzen innerhalb einer Kraftfahrzeugelektronik auszugleichen. Das bezieht sich aber nur auf die Bedingungen, die zum Zeitpunkt der Fertigung innerhalb der Fertigungshalle herrschen. Mögliche Abweichungen durch Temperatureinflüsse können so nicht abgeglichen werden.

Sollte das in einigen seltenen Fällen dennoch erforderlich werden, so kann durch Erfassung der Temperatur innerhalb des Steuergerätes beim Betrieb eine weitere Korrektur durchgeführt werden. Der Verbau eines Temperatursensors auf der Leiterkarte ist die Voraussetzung. Damit liegt die Temperatur im Groben als Integer-Zahl im Mikrocontroller vor. Meist reicht es aus, die Temperatur in einigen größeren Schritten zu erfassen (z. B. 10-Grad-Abstände). An den zu verwendenden Temperatursensor sind also keine zu hohen Anforderungen zu stellen.

Die zusätzliche Temperaturkorrektur kann dann über eine Formel oder eine Korrekturtabelle innerhalb des Mikrocontrollers erfolgen.

Die Aufstellung dieser Formel bzw. Tabelle ist eine Aufgabe während der **Entwicklungsphase** der Elektronik, indem die möglichen temperaturabhängigen Abweichungen mittels intensiver Untersuchungen unter Verwendung von Temperaturschränken festgestellt werden.

Die eigentliche End-of-Line-Programmierung in der Serienfertigung am Ende der Fertigungslinie ist dann nicht mehr in diesen Vorgang eingebunden.

◼ 10.4 Informationsgehalte der Datenblätter elektronischer Bauelemente

Eine der wichtigsten Informationsquellen für die Entwicklung einer Elektronik stellen die Datenblätter dar, die die technischen Eigenschaften der Bauteile beschreiben, die in einer Schaltung verwendet werden sollen. Die Umfänge derartiger Datenblätter sind recht unterschiedlich, je nach verwendetem Bauteiletyp.

In diesem Abschnitt soll nun auf einige Aspekte näher eingegangen werden, die bei der Beurteilung der Angaben aus den technischen Datenblättern vor dem Hintergrund des Einsatzes in einer Kraftfahrzeugelektronik wichtig sind.

Die folgende Betrachtung bezieht sich in erster Linie auf die Unterlagen, die das elektrische Verhalten von Halbleiterbauelementen näher beschreiben inklusive von hochintegrierten Schaltungen, wie z. B. Mikrocontroller.

Ein technisches Datenblatt für ein elektronisches Bauteil muss bzw. sollte mindestens folgende Kapitel beinhalten:

10.4.1 Deckblatt

Das Deckblatt umfasst eine Kurzbeschreibung des Bauteils, aus der hervorgeht, welche grundsätzlichen Eigenschaften dieses Bauteil aufweist. Damit ist der Entwickler in der Lage, durch ein Schnellstudium dieser kurzen Einführung bereits festzustellen, ob das entsprechende Bauteil prinzipiell für seine Applikation geeignet ist oder nicht.

10.4.2 Typenaufschlüsselung

Hierbei handelt es sich meist um eine tabellarische Auflistung verschiedener Bauteileabarten ein und desselben Grundtyps. Besonders bei der Beschreibung von Mikrocontrollern ist eine derartige Tabelle hilfreich, um festzustellen, ob innerhalb der Mikrocontroller-Gruppe, die in einem Datenblatt beschrieben wird, überhaupt eine passende Variante bezüglich Speicherplatzgröße, Arbeitsgeschwindigkeit, Temperaturbereich usw. verfügbar ist.

10.4.3 Elektrische Daten

Einen Schwerpunkt sollten die elektrischen Daten darstellen, die die Eigenschaften eines Bauteils beschreiben, die für die Integration in eine elektronische Schaltung wichtig sind.

10.4.4 Mechanische Daten

Ein weiteres Unterkapitel stellen die mechanischen Daten dar, die den Konstrukteuren die Hinweise geben, um eine Integration in ein Leiterkartenlayout überhaupt durchführen zu können.

10.4.5 Statistische Angaben

Ein weiteres Thema sind Angaben zur Lieferqualität und den zu erwartenden möglichen Ausfallraten. Diese Angaben sind besonders interessant für die Bauteile, die neu in den Markt eingeführt werden und für die noch keine zuverlässigen Referenzwerte von ähnlichen Produkten existieren.

10.4.6 Logistik

Für die Logistik innerhalb der Fertigung sind noch Informationen über die Liefereinheiten und Verpackungsmethoden wichtig.

Im weiteren Verlauf dieses Abschnitts sollen nun einige genauere Betrachtungen zu den elektrischen Daten angestellt werden. Die elektrischen Daten können in zwei große Abschnitte aufgeteilt werden.

10.4.7 Absolute Maximal-Werte (Absolut Maximum Ratings)

Hier werden die elektrischen Grenzwerte angegeben, die bei einem Bauteil unter keinen Umständen überschritten werden dürfen, um eine Schädigung zu verhindern (auch nicht für eine sehr kurze Zeit!). Werden durch einen Designfehler innerhalb einer elektronischen Schaltung ein Spannungs- oder ein Stromwert über die vorgeschriebenen Grenzwerte auf das entsprechende Bauteil gegeben, so ist nicht auszuschließen, dass eine Schädigung dieses Bauteils eintritt.

Das muss in der Praxis nicht zwangsläufig bedeuten, dass sofort ein Totalausfall auftritt. In vielen Situationen funktionieren die Bauteile zunächst über eine längere Zeit völlig einwandfrei weiter, jedoch werden die in den Qualitätsangaben der Datenblätter enthaltenen Aussagen bezüglich der Lebensdauer oftmals nicht mehr erreicht. Eine ähnliche Betrachtung ergibt sich bei der Überschreitung der zulässigen maximalen bzw. minimalen Temperaturen an den Bauteilen.

Außerdem ist in diesem Zusammenhang noch ein weiterer Aspekt von Bedeutung:

Werden Bauteile außerhalb ihrer Spezifikation betrieben (und sei es auch nur für eine extrem kurze Zeit), so liegt faktisch ein Entwicklungsfehler vor, der unter Umständen zu erheblichen Konsequenzen in den Fällen führen kann, in denen es zu einer Regressforderung bei einem gravierenden Fehlerfall im normalen Betrieb kommt. Die Verantwortung für diesen Ausfall läge dann beim Entwickler und nicht mehr beim Bauteilehersteller.

10.4.8 Elektrische Eigenschaften (Electrical Characteristics)

Dies ist der wichtigste Abschnitt über die elektrischen Daten für Bauelemente.

Mit diesen Angaben wird beschrieben, in welchen elektrischen (und ggf. auch thermischen) Grenzen das beschriebene Bauteil die volle Funktionsfähigkeit garantiert. Das bezieht sich nicht nur auf die Grundfunktion, sondern auch auf die Genauigkeit von elektrischen Schwellen, Frequenzen, minimale und maximale Versorgungsspannungsbereiche usw.

Dieses Datenwerk stellt für einen Entwickler die entscheidende Basis dar, auf Grund derer er eine geeignete Schaltung für eine Kraftfahrzeuganwendung zu entwickeln hat.

Obwohl diese Beschreibungen in der Regel recht aufwändig und umfangreich sind, ergeben sich für die praktische Anwendung dennoch einige Details, die im Einzelfall genau zu beachten sind und ggf. auch erhebliche Probleme bereiten können.

Der wesentliche Punkt ist, auf der einen Seite korrekte Angaben zu dem maximal erlaubten Temperaturbereich für ein Bauteil aufzustellen, auf der anderen Seite zusätzlich auch die Exemplarstreuungen mit einzubeziehen, die auf Grund von Toleranzen innerhalb einer Bauteilefertigungslinie beim Hersteller auftreten können.

In sehr vielen Datenblättern findet man tabellenförmige Darstellungen elektrischer Werte, die nur typische Angaben beinhalten. Für eine Entwicklung unter Worst-Case-Gesichtspunkten ist eine derartige Angabe jedoch völlig unzureichend (siehe auch Abschnitt 6.3.5). Die minimale Forderung muss sein, anstatt eines typischen Wertes für jeden elektrischen Parameter den absoluten Minimal- bzw. Maximal-Wert anzugeben, so dass eine Worst-Case-Rechnung überhaupt korrekt durchgeführt werden kann.

Einen weiteren Problempunkt stellt die Betriebstemperatur dar. Zusätzlich zu der Exemplarstreuung eines Bauteils verändern sich die elektrischen Eigenschaften auch mit der Umgebungstemperatur. Konsequenterweise ist daher zu fordern, zusätzlich zu den Minimal- und Maximal-Werten, die sich auf die Exemplarstreuungen beziehen, auch noch die Erweiterungen hinzuzunehmen, die die Temperaturschwankungen verursachen (z. B. im Temperaturbereich zwischen $-40\,°C$ und $+125\,°C$).

Diese Kombination stellt für die Praxis ein in vielen Fällen nur sehr schwer zu realisierendes Problemfeld für einen Bauteilehersteller dar.

Sämtliche technischen Daten aus dem Abschnitt „Elektrische Eigenschaften" müssen von dem Bauteilehersteller immer garantiert werden. Sollten diese Eckwerte von den Bauteilen nicht eingehalten werden, so liegt ein Bauteileausfall vor, der reklamiert werden kann.

In letzter Konsequenz würde das zu der Forderung führen, sämtliche elektronischen Bauteile für den Einsatz im Kraftfahrzeug vor deren Auslieferung über den gesamten geforderten Temperaturbereich zu überprüfen. Dieser Aufwand ist in der Praxis weder zeitlich noch finanziell beherrschbar.

Daher wird als pragmatische Lösung z. B. aus jeder gefertigten Bauelemente-Charge eine Stichprobe entnommen, die dann einer intensiveren Überprüfung unterzogen wird. Die entsprechende Charge sollte erst dann zur Auslieferung gelangen, wenn die Ergebnisse dieser Stichprobe vorliegen und keinerlei Abweichungen festgestellt werden konnten.

Zusatzbemerkung zu Datenblättern: Besonders bei Bauelementen, die gerade neu entwickelt wurden und noch nicht in großen Stückzahlen am Markt verfügbar sind, werden für die Entwickler Datenblätter bereitgestellt, die den Vermerk „Vorläufig" (Preliminary) tragen. Damit soll ausgedrückt werden, dass sich der eine oder andere Parameter innerhalb dieser Informationsunterlage bis zur endgültigen Serienfertigung noch ändern kann.

Der Entwickler einer Elektronik hat in diesem Fall nur die Möglichkeit, die vorläufigen Daten entgegenzunehmen und mit ihnen die entsprechende Schaltung zu entwickeln. Es hat sich in der Praxis gezeigt, dass mögliche spätere Abweichungen in den Datenblättern meist nur marginal sind.

Das bedeutet, wenn innerhalb einer Schaltung das entsprechende Bauteil nicht bis an die Grenze seiner Leistungsfähigkeit belastet wird, können kleinere Änderungen in der Bauteilespezifikation ohne erneutes Schaltungsredesign abgefangen werden.

Dennoch muss an dieser Stelle folgender Grundsatz gelten: Werden für eine Entwicklung vorläufige Bauelemente-Daten zu Grunde gelegt, so muss während der Freigabephase (Freigabeuntersuchung), spätestens jedoch bis zur Serieneinführung des fertigen Produktes seitens der Entwicklung nochmals nachgeprüft werden, ob die dann vorhandenen endgültigen Daten der Bauelemente unter allen Bedingungen, wie sie im Kraftfahrzeug vorkommen können, noch den Anforderungen entsprechen.

■ 10.5 Einige statistische Begriffe

Sobald ein fertig entwickeltes System in der Serienfertigung in großen Stückzahlen produziert wird, ist zwangsläufig damit zu rechnen, dass Ausfälle auftreten. Das bedeutet: Einige produzierte Einheiten erfüllen nicht alle vorgegebenen technischen Eigenschaften.

Auf der einen Seite ist es unbedingt zu vermeiden, dass diese Geräte ausgeliefert und in Fahrzeuge verbaut werden, auf der anderen Seite werden aber auch später nach dem Verbau in Fahrzeuge Ausfälle auftreten können.

Bei der Analyse dieser Ausfälle werden in diesem Zusammenhang einige statistische Begriffe verwendet, die im Folgenden kurz erläutert werden sollen.

10.5.1 Maßzahlen

PPM: Parts Per Million (Teile pro einer Million)

DPM: Defects Per Million (Defekte Teile pro einer Million)

Es handelt sich hierbei um Maßzahlen, die es ermöglichen, sehr kleine Teile-Ausfallraten einfach darzustellen.

Beispiel: 1000 PPM (oder DPM) entsprechen 0,1 %.

FIT: Failure In Time (Ausfälle innerhalb einer bestimmten Zeit)

Hierbei handelt es sich um eine Maßzahl für die Zuverlässigkeit mit folgender Definition:

1 FIT = 1×10^{-9} Ausfälle pro Stunde

Das entspricht bei einem Bauteil einem Ausfall auf 109 Stunden.

Beispiel: 1000 FIT entsprechen 0,1 % Ausfällen nach 1000 Betriebsstunden.

LAMBDA (λ): Ausfallrate nach Inbetriebnahme einzelner Bauteile oder auch eines gesamten Systems, üblicherweise angegeben in FIT.

MTBF: Mean Time Between Failures, mittlerer Ausfallabstand oder mittlere Zeit in Stunden zwischen zwei Ausfällen.

Bei der Betrachtung von Kraftfahrzeugelektronik liegt überwiegend der Fall vor, dass ein Elektronikteil, sofern es ausfällt, nicht wieder repariert wird. Als Konsequenz erhält man für die Zeit zwischen zwei Ausfällen genau die Zeitspanne, die zwischen der Erst-Inbetriebnahme und dem ersten Ausfall liegt. In diesem Zusammenhang wird auch von

MTTF: Mean Time To Failure

gesprochen.

Berechnung von einem MTBF-Wert (Beispiel): Bei einem Gerät mit 1000 Bauelementen, die jeweils eine mittlere Ausfallrate von 5 FIT aufweisen, ergibt sich ein LAMBDA gesamt (λ_g) von

$$\lambda_g = 1000 \cdot 5 = 5000 \cdot \text{FIT}$$

und daraus ein MTBF-Wert von:

$$\text{MTBF} = \frac{1}{\lambda_g} = \frac{1}{5000 \cdot \text{FIT}} = 200\,000\ \text{h}$$

Das entspräche einer Betriebszeit bis zum Auftreten des ersten Ausfalls im statistischen Mittel von 22 Jahren.

Zusatzbemerkung für die Berechnung von MTBF-Werten kompletter Elektronik: Wie bereits dargestellt, müssen sämtliche Ausfallraten aller beteiligten Elemente einer Elektronik addiert werden und ergeben als Kehrwert dann den gesuchten MTBF-Wert.

Als Elemente sind in diesem Zusammenhang nicht nur die elektronischen Bauelemente zu verstehen. Hinzu kommen:

- Leiterbahnen
- Lötstellen
- Steckverbinder
- Befestigungsklammern
- Nietverbindungen
- Durchkontaktierungen
- Relais usw.

Für die praktische Durchführung einer MTBF-Berechnung ergibt sich nun das Problem, dass die statistischen Ausfallraten der elektronischen Bauelemente in der Regel von den Bauelemente-Herstellern bereitgestellt werden können, jedoch Aussagen bezüglich der anderen aufgeführten „Bauelemente" nur sehr schwer zu treffen sind.

Hier können in einigen Fällen Daten aus den entsprechenden Qualitätssicherungsabteilungen von Elektronikherstellern weiterhelfen, die über längere Zeit Ausfallraten der hier aufgeführten Bauelemente (inkl. Mechanik) statistisch erfasst haben.

Eine weitere, vor allem in früheren Zeiten angewandte Methode ist die, die Formeln aus dem sog. **MIL-Standard-Handbuch 217** (MIL-Std.-Handbook 217) zu verwenden. Dabei handelt es sich um eine Unterlage aus dem militärischen Umfeld, in der die statistischen Analysen zusammengefasst worden sind, die über viele Jahre hinweg auf Grund technischer Ausfallanalysen im militärischen Bereich gesammelt und ausgewertet worden sind. Inzwischen ist das MIL-Handbuch durch die IEC TR 62380 (Reliability Data Handbook) ersetzt worden.

10.5.2 Ausfallraten über die Lebensdauer eines elektronischen Systems

Betrachtet man die Ausfallrate λ von elektronischen und im Allgemeinen auch von anderen technischen Systemen über deren Lebensdauer, so ist zunächst eine relativ erhöhte Ausfallrate für die Geräte zu beobachten, die erst eine kurze Zeit in Betrieb sind. Man spricht in diesem Zusammenhang von **Frühausfällen**.

Ein ähnlicher Effekt ist zu verzeichnen, wenn die Geräte eine sehr lange Zeit in Betrieb sind und auf Grund der extremen Umweltbedingungen innerhalb der Kraftfahrzeuge an die Grenzen ihrer Lebensdauer gelangen. Man spricht dann von der **Verschleißphase**, die ebenfalls eine Erhöhung der Ausfallrate nach sich zieht.

Der Bereich dazwischen kann als **Nutzungsphase** bezeichnet werden und ist gekennzeichnet durch einen relativ niedrigen λ-Wert.

Die grafische Darstellung λ über die Betriebszeit zeigt Bild 10.10. Dieser Kurvenverlauf wird auch mit **Badewannenkurve** bezeichnet.

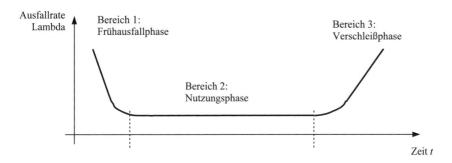

Bild 10.10 Die „Badewannenkurve"

Bereich 1 ist gekennzeichnet durch eine abnehmende Ausfallrate über der Zeit, die dadurch verursacht wird, dass bei einigen Systemen herstellungsbedingte Unsicherheiten vorhanden sind, die bereits am Anfang ihres Einsatzes zu einem Ausfall führen.

Bereich 2 beschreibt die eigentliche Nutzungsphase und ist gekennzeichnet durch die statistisch bedingte Ausfallrate im Normalbetrieb. Dieser Bereich sollte in der Praxis deutlich länger sein als die normale Betriebsdauer eines Fahrzeuges.

Im **Bereich 3** steigt die Ausfallrate deshalb wieder an, weil durch vermehrte Alterungserscheinungen bei den Bauteilen und Lötverbindungen eine erhöhte Ausfallrate festgestellt werden kann.

Das Ziel muss es nun sein, durch geeignete Maßnahmen bei der Fertigung zu erreichen, dass zumindest die Frühausfallphase in der hier beschriebenen Form nicht mehr auftritt bzw. die Komponenten, die zu einem Frühausfall innerhalb des Fahrzeugeinsatzes führen würden, sicher erkannt werden und nicht mehr zur Auslieferung gelangen. Dieser Aspekt wird im nächsten Abschnitt näher beschrieben.

■ 10.6 Serienbegleitende Prüfungen

Jedes vollautomatisch produzierte oder auch teilweise handgefertigte elektronische Steuergerät muss während des Fertigungsprozesses und auch zum Ende auf seine korrekte Funktionalität geprüft werden. Zusätzlich sind parallel dazu noch einige Prüfungen erforderlich, um die Qualität innerhalb des Fertigungsprozesses über einen langen Zeitraum auf einem hohen Niveau konstant zu halten. Im Folgenden werden die wichtigsten dieser Prüfungen kurz angesprochen.

10.6.1 Die Eingangsinspektion

Bevor ein Bauteil verarbeitet werden kann, ist es wichtig, zu wissen, ob es den vorgesehenen Spezifikationen entspricht. Dazu wird in vielen Fällen eine Eingangsinspektion durchgeführt.

Dazu wird im Extremfall jedes Bauteil einer Prüfung bezüglich seiner wichtigsten Parameter unterzogen. Nur die Teile, die in Ordnung sind, werden verbaut.

Das ist ein großer Aufwand. Meist genügt es, eine kleine Stichprobe aus jeder Fertigungscharge zu entnehmen und einer Prüfung zu unterziehen. Ist die Stichprobe in Ordnung, wird das Fertigungslos für den weiteren Verbau freigegeben.

Stellt sich über einen längeren Zeitraum heraus, dass keinerlei Ausfälle auftreten, dann ist es möglich, die Bauteile ohne weitere Prüfung direkt zum Verbau freizugeben („Ship-to-Stock-Lieferung"), sofern es sich um einen zuverlässigen und bekannten Lieferanten handelt.

10.6.2 In-Circuit-Test (ICT)

Hierbei handelt es sich um eine Zwischenprüfung, mit der sichergestellt wird, dass alle erforderlichen elektronischen Bauelemente korrekt auf der entsprechenden Leiterkarte verbaut worden sind und dass sie im Groben gesehen auch die richtigen elektrischen bzw. elektronischen Parameter aufweisen.

Um diesen Test durchzuführen, ist es notwendig, sämtliche Leiterbahnen der fertigen bzw. halbfertigen Leiterkarte über einen Nadelbettadapter mit entsprechenden Prüf- und Messgeräten zu verbinden und durch eine geeignete Computersteuerung diese Leiterkarte komplett zu überprüfen:

- Kurzschlüsse zwischen den Leiterbahnen

- Unterbrechungen

- fehlende Bauteile

- falsche Bauteile

- falsche elektrische Parameter (z. B. falscher Widerstandswert).

Der messtechnische und Programmieraufwand für einen ICT ist erheblich.

10.6.3 Endkontrolle bzw. Endprüfung

Während der In-Circuit-Test nur eine einfache Leiterkarte überprüft, wird bei der Endkontrolle das komplette elektronische Steuergerät in seiner Endform getestet.

Durch das meist vorhandene geschlossene Gehäuse ist in diesem Zustand keine direkte Zugriffsmöglichkeit mehr gegeben, einzelne Bauteile auf der Leiterkarte zu kontaktieren. Daher wird bei der Endkontrolle das fertige Steuergerät über die vorhandenen Steckerkörbe kontaktiert und unter Verwendung eines Steuercomputers in der Art und Weise in Betrieb genommen, wie es im späteren Fahrzeug auch der Fall sein würde. Das bedeutet, dass für die Aktuatorik und oft auch für die Sensorik die Originalaggregate aus den Fahrzeugen für die Endkontrolle verwendet werden sollten.

Bei Steuergeräten, die mit Mikrocontrollern arbeiten, ist es heutzutage üblich, während der Endkontrolle eine spezielle Datenkommunikation mit dem Steuergerät aufzunehmen und es zu veranlassen, Prüfprogramme durchzuführen, um so die Prüfzeit zu verkürzen.

Ebenfalls ist es üblich, an dieser Stelle evtl. notwendige Betriebsparameter über die bereits angesprochene serielle Kommunikation mitzuteilen und so zu komplettieren (End-of-Line-Programmierung, siehe Abschnitt 10.3).

Nach erfolgreicher Endkontrolle werden die Geräte in der Regel automatisch gekennzeichnet (Datumsstempel) und dann zum weiteren Versand freigegeben.

Diese Prüfung ist grundsätzlich zu 100 % für alle gefertigten Geräte durchzuführen. Allerdings findet sie naturgemäß in einer Fertigungshalle statt, die sich auf Raumtemperatur befindet. Das bedeutet, die Endkontrolle berücksichtigt in den meisten Fällen keine Überprüfungen über den möglichen Betriebs-Temperaturbereich.

10.6.4 Stichprobe

Um sicherzustellen, dass die gefertigten Steuergeräte nicht nur die Grundfunktionen erfüllen, sondern auch in den Randbereichen der Umweltanforderungen korrekt funktionieren, wird aus einer in einem Durchlauf gefertigten Gerätemenge (eine sog. **Fertigungs-Charge**) eine Stichprobe entnommen und eine intensivere Prüfung auf einem besonders ausgestatteten Prüfplatz durchgeführt.

Die Anzahl der entnommenen Geräte ist abhängig von der gesamten Fertigungsmenge, der Gesamtlaufzeit innerhalb der Serienfertigung und ggf. bekannten Ausfallraten im Fahrzeugbetrieb.

Auf diesem Stichproben-Prüfplatz sollte es in der Regel möglich sein, die Geräte auch bezüglich ihrer elektrischen Grenzbelastung zu überprüfen, inkl. verschiedener Betriebsspannungen und über den Temperaturbereich. Damit wird naturgemäß nicht die Prüftiefe erreicht wie innerhalb einer kompletten Freigabeuntersuchung, jedoch deutlich mehr, als es in der zeitlich sehr kurzen Endkontroll-Prüfung möglich wäre.

Idealerweise sollte eine Fertigungs-Charge erst dann zur Auslieferung gelangen, wenn die aus dieser Charge entnommene Stichprobe zu keinerlei Beanstandungen innerhalb der Prüfung geführt hat.

10.6.5 Run-In

Wie bereits im letzten Abschnitt dargestellt, kann auf Grund der unterschiedlichen Bauteileeigenschaften und deren Kombination zueinander eine gewisse Anzahl von Geräten relativ kurz nach ihrer Inbetriebnahme Fehlfunktionen aufweisen.

Um diese gefährdeten Geräte zu erkennen wird der sog. **Run-In** durchgeführt. Dabei handelt es sich um den Betrieb fertiger Geräte über einen bestimmten Zeitraum bei verschiedenen Temperaturen (Temperaturwechsel).

In der Praxis werden dazu mehrere Geräte adaptiert und mit jeweils einem Prüfcomputer verbunden. Diese Gruppe erfährt dann in einem Temperaturschrank eine Temperatur-Wechselprüfung, die sich allerdings im Rahmen der von der Spezifikation erlaubten Temperaturgrenzen bewegt. Die entsprechenden Steuergeräte dürfen auf keinen Fall vorgeschädigt werden.

Sollten sich jedoch elektronische oder mechanische Instabilitäten (z. B. defekte Lötstellen) innerhalb dieser Geräte befinden, so werden sie wahrscheinlich während der Temperatur-Wechselprüfung einen Ausfall verursachen, der von dem Prüfcomputer erfasst werden kann. Das entsprechende Steuergerät würde dann nicht mehr zur Auslieferung gelangen. Auf diese Weise ist eine Reduktion der Frühausfallrate bezogen auf die ausgelieferten Geräte möglich (siehe Abschnitt 10.5.2).

Allerdings ist der technische Aufwand für die Durchführung einer Run-In-Prüfung extrem groß und kostenintensiv. Daher wird eine derartige Überprüfung in der Regel nur bei sicherheitskritischen Systemen durchgeführt.

Eine Variante stellt die Run-In-Stichprobenprüfung dar, bei der nicht 100 % der gefertigten Serie einer Run-In-Prüfung unterzogen wird, sondern nur eine Stichprobe. Auch hier gilt: Die gesamte Fertigungs-Charge, aus der die entsprechende Stichprobe entnommen worden ist, sollte erst dann zur Auslieferung gelangen, wenn die zugehörige Run-In-Prüfung erfolgreich von allen Geräten ohne Ausfall geleistet worden ist.

10.6.6 Burn-In

Viele elektronische Bauelemente haben die Eigenschaft, in der ersten Zeit nach ihrer Inbetriebnahme einige elektronische Parameter relativ schnell zu verändern, um danach für eine sehr lange Nutzungsphase auf diesen Werten zu verbleiben.

Um diese Alterung vorwegzunehmen, kann man die Bauteile einer sog. **Burn-In-Lagerung** unterziehen, bei der sie bei ihrer maximalen Lagertemperatur über eine bestimmte Zeit in einem Temperaturschrank auf hoher Temperatur gehalten werden.

Durch diese Maßnahme wird erreicht, dass langfristige Alltagserscheinungen zeitlich vorgeholt werden und somit innerhalb der Betriebsphase des Steuergerätes nicht mehr in dem Maße auftreten.

Die Bauteile werden nach dieser Phase geprüft und normal verbaut, sofern sie in Ordnung sind. Man kann dadurch erreichen, dass auf der einen Seite die Ausfallrate der Steuergeräte innerhalb der Frühausfallphase reduziert wird. Auf der anderen Seite ist es auch in einem gewissen Rahmen möglich, die Verschleißphase zu reduzieren.

Bauelemente, die zum Ende der Lebensdauer eines Gerätes Probleme bereiten könnten, werden durch einen Burn-In in vielen Fällen so verändert, dass sie anschließend bezüglich ihrer elektrischen und elektronischen Parameter nicht mehr einsetzbar wären und würden somit nicht mehr verbaut.

Da der Burn-In in vielen Fällen nur mit einzelnen Bauelementen durchgeführt wird und außerdem keinerlei elektronische Kontaktierung erfordert, ist die Durchführung unter Verwendung eines einfachen Temperaturschrankes relativ einfach, schnell und preiswert möglich.

10.6.7 Serienbegleitende Requalifikation

Wenn ein System über lange Zeit innerhalb einer Fertigungslinie gefertigt wird, so ist es denkbar, dass auf Grund extrem langsamer Parameterveränderungen gewisse technische Eigenschaften dieses Gerätes wegdriften. Dieser Prozess kann sich über Monate hinziehen. Dieses Wegdriften kann unter Umständen in den hier bereits genannten Prüfungen nicht sicher erkannt werden.

Die einzige Möglichkeit ist, mit einer kleinen Stichprobe dieses Gerätetyps eine komplette Requalifikation durchzuführen, die sämtliche elektrischen, mechanischen, thermischen und chemischen Prüfungen beinhaltet, wie sie bei einer Erstmusterprüfung auch durchlaufen werden müssen. Das beinhaltet ebenfalls die Überprüfung des EMC-Verhaltens.

Auf Grund des hohen Prüfaufwandes wird man eine derartige Prüfung nur mit sehr wenigen Steuergeräten und auch in relativ großen Zeitabständen durchführen, da hierdurch erhebliche Kosten verursacht werden.

Dennoch ist es wichtig, die serienbegleitenden Requalifikationen durchzuführen und vor allem auch genau zu dokumentieren, um so langfristige Schwankungen bzw. Veränderungen innerhalb der Fertigungsprozessesse erkennen und ggf. dann abstellen zu können.

Zusammenfassend kann festgestellt werden, dass für das Erreichen eines hohen Qualitätsniveaus von Kraftfahrzeugelektronik innerhalb einer Fertigung ein erheblicher Prüfaufwand anfällt, bzw. zu leisten ist. Nur so kann erreicht werden, dass ein modernes Kraftfahrzeug, das eine Vielzahl komplizierter elektronischer Systeme zu seinem korrekten Betrieb benötigt, über eine lange Zeit unter den beschriebenen, zum Teil extremen Umweltbedingungen sicher funktioniert.

11 Tabellen und Übersichten

■ 11.1 Beispielhafter Entwicklungsablaufplan für eine Komponente (Kraftfahrzeugelektronik)

Die Entwicklung ist in einzelnen Phasen aufgeteilt, die jeweils zu dokumentieren sind.

Phase 1: Aufgabenklärung

- Erarbeitung der Aufgabenstellung
- Lastenhefterstellung ggf. zusammen mit dem Kunden
- Grundlegende Klärung über den mechatronischen Gesamtaufbau
- Grundstrukturierung bez. Realisation in Hardware bzw. Software
- Erste grobe Vorkalkulation unter Verwendung von Basiswissen oder bereits vorhandener Systeme
- Terminschiene
- Kostenrahmen
- Festlegung eines Entwickler-Teams.

Phase 2: Konzeptphase

- Genauere Strukturierung des Gesamtaufbaues im Hinblick auf eine realisierbare Lösung
- Genaue Entscheidung, welche Funktionen in Hardware, welche in Software realisiert werden (inkl. Überlegungen zur Verwendung von ASICs)
- Entwicklung eines Blockschaltbildes
- Entwicklung eines mechanischen Aufbaues
- Erste FMEA- und wenn nötig FTA-Betrachtungen
- Prüfung der Patentlage
- Erste Überlegungen zu EMC-relevanten Punkten
- Dokumentation der Ergebnisse.

Phase 3: Entwicklungsphase

- Genaue Festlegung des Schaltungskonzeptes mit Realisation einzelner Schaltungsteile auf Basis des Blockschaltbildes

- Simulation kritischer Schaltungsteile

- Durchführung der Worst-Case-Berechnungen

- Erstellung eines A-Musters

- Feststellung der Lieferbarkeit der notwendigen Bauteile

- Aktualisierung der FMEA (ggf. FTA)

- MTBF-Berechnung

- Festlegung der EMC-Maßnahmen (Massebaum ...)

- Sicherstellung der Testbarkeit für die Serienfertigung.

- Hinweise für die Layouter mit Layout-Review (bei externer Fertigung: Produktions-Parameter beachten)

- Durchführung eines Hardware-Schaltungs-Reviews mit Dokumentation

- Einbau der ggf. notwendigen Änderungen

- Aufbau erster B-Muster

- Erstellung der Prüfanweisung für die B-Musterprüfung

- Erstellung der Prüfanweisung für die Fertigung

- Dokumentation aller Ergebnisse und Festlegungen.

Phase 4: Erprobungsphase

- Durchführung der B-Musterprüfungen und ggf. Winter- und Sommertests zusammen mit dem Kunden:

- Temperaturwechsel/Temperaturschock

- Betriebsspannungsbereich

- EMC-Prüfung

- Schwingung/Stoß/Fall

- ggf. Feuchte/Dichtigkeit

- ggf. Salzsprühtest

- Dauerlauf

- Dokumentation aller Ergebnisse.

Phase 5: Serienvorbereitungen

- Bereitstellung der Fertigungseinrichtungen inkl. ICT (bei externer Fertigung: Auditierung der Fertigung, Prozess-FMEA)

- Vollautomatische, prozesssichere Fertigung

- Durchlauf der C-Muster (Vorserie)

- Nachhaltung der C-Muster-Freigabe des Kunden

- Bevorratung des Fertigungsmaterials

- Serienstart

- Serienfertigung

- Ständige Qualitätskontrolle

- 100 % Endprüfung mit Dokumentation

- Stichprobenprüfung mit vollem Funktionsumfang

- Requalifikation einer kleinen Stichprobe während größerer Fertigungszeiträume

- Run-In/Burn-In

- Aktionspläne für den Fall plötzlicher Qualitätsverluste bei Bauteilen, ggf. Second Source notwendig

- Beobachtung des Marktes nach Bauteileabkündigungen.

■ 11.2 Musterphasen (Beispiel)

Während der Entwicklung von Kfz-Elektronik werden von einem System mehrere Musterphasen durchlaufen. Die Bezeichnung dieser Phasen ist nicht einheitlich. Dennoch kann man sich an der folgenden Aufstellung orientieren. In vielen Fällen werden die Phasen noch weiter unterteilt. Zur Vereinheitlichung können folgende, im Kfz-Bereich übliche Bezeichnungen gewählt werden:

A-Muster

- erstes Labormuster, handgefertigt

- Behelfs-Leiterkarte oder Lötigel

- eventuell reduzierter Funktionsumfang (z. B. noch ohne Diagnose)

- bedingt Kfz-tauglich (mit externer Hilfsverkabelung)

- keine Temperatur- oder EMC-Tests

- Darstellung der Grundfunktion im Entwicklungslabor.

B-Muster

- funktionsfähiges, Kfz-taugliches Muster
- seriennahe Leiterkarte
- endgültiges Gehäuse, jedoch aus einer Musterfertigung (Hilfswerkzeuge)
- elektrische und Temperaturprüfungen
- voller Funktionsumfang
- Korrekturen noch möglich, jedoch mit Auswirkungen auf die Kosten und Termine
- erste Einbauten beim Kunden in Fahrzeuge möglich.

C-Muster

- mit Serienwerkzeugen unter seriennahen Bedingungen gefertigt
- komplette Freigabeprüfungen inkl. EMC nach Lasten-/Pflichtenheft
- kompletter Funktionsumfang
- Erprobung der Serien-Fertigungseinrichtungen inkl. aller Prüfmittel
- Winter-/Sommererprobung möglich
- geringfügige Korrekturen an der Software nur noch in Ausnahmefällen
- letzter Test vor der Serie.

D-Muster (Erstmuster)

- mit Serienwerkzeugen unter Serienbedingungen gefertigt
- Null-Serie (einige 100 Stück).

Daraus entnommen:

F-Muster (Freigabe-Muster)

- endgültige Freigabe des Kunden
- Serienstart mit großen Stückzahlen jederzeit möglich.

■ 11.3 IP-Code-Bestandteile nach DIN 40050-9

Tabelle 11.1 IP-Codierung

Bestandteil	Ziffer Buchstabe	Bedeutung für den Schutz der elektrischen Ausrüstung
Erste Kennziffer/ Ergänzender Buchstabe		Gegen Eindringen von festen Fremdkörpern (einschließlich Staub):
	0	nicht geschützt
	1	mit $\varnothing \geq 50$ mm
	2	mit $\varnothing \geq 12,5$ mm
	3	mit $\varnothing \geq 2,5$ mm
	4	mit $\varnothing \geq 1,0$ mm
	5K	staubgeschützt
	6K	staubdicht
Zweite Kennziffer/ ergänzender Buchstabe		Gegen Eindringen von Wasser:
	0	nicht geschützt
	1	senkrechtes Tropfen
	2	Tropfen (15^0 Neigung)
	3	Sprühwasser
	4	Spritzwasser
	4K	dto. mit erhöhtem Druck
	5	Strahlwasser
	6	starkes Strahlwasser
	6K	dto. mit erhöhtem Druck
	7	zeitweiliges Eintauchen
	8	dauerndes Untertauchen
	9K	Hochdruck/Dampfstrahl-Reinigung

Beispiele für die Zuordnung von Wasserschutzgraden zu Fahrzeugarten und Einbausituationen sind in Tabelle 11.2 zusammengefasst.

Tabelle 11.2 Personenkraftwagen, Kraftomnibusse sowie Nutzkraftwagen, Sonderfahrzeuge und Zugmaschinen für Straßenverkehr und dazugehörige Anhänger

Fahrzeugart	An- bzw. Einbauort	Wassereinwirkungen	Zweite Kennziffer/ ergänzender Buchstabe
Personenkraftwagen	Fahrgastraum	Keine besondere Einwirkung	0
	Nach unten abgedeckter Motorraum	Keine Einwirkung von Spritz- und Strahlwasser. Nur leichter Sprühnebel an einzelnen unbedeutenden Stellen	3
	Nach unten offener Motorraum, geschützte Stellen	Spritz- und Strahlwasser kann nur indirekt (nach Umlenkung) einwirken	4
	Nach unten offener Motorraum, exponierte Stellen	Spritz- und Strahlwasser kann direkt einwirken	4K
	Außenanbau	Spritz- und Strahlwasser kann direkt einwirken	4K
Kraftomnibusse sowie Nutzkraftwagen, Sonderfahrzeuge und Zugmaschinen für Straßenverkehr und dazugehörige Anhänger	Fahrgastraum, Fahrerhaus	Keine besondere Einwirkung	0
	Frontmotorraum, geschützte Stellen; geschlossener Heckmotorraum	Spritz- und Strahlwasser kann nur indirekt (nach Umlenkung) einwirken	4
	Frontmotorraum, exponierte Stellen, ungeschützter Unterflur-Raum	Spritz- und Strahlwasser kann direkt einwirken	4K
	Stellen, die von sehr starken Wasserstrahlen (z. B. beim Reinigen, vor Reparaturen, Inspektionen) getroffen werden	Strahlwasser mit besonders hohem Druck ist zu erwarten	6K
	Außenanbau	Spritz- und Strahlwasser kann direkt einwirken	4K

■ 11.4 Widerstandsreihen

E192 ±0,5%	E96 ±1%	E48 ±2%	E24 ±5%	E12 ±10%	E6 ±20%		E192 ±0,5%	E96 ±1%	E48 ±2%	E24 ±5%	E12 ±10%	E6 ±20%
100	100	100	100	100	100		158	158				
101							160			160		
102	102						162	162	162			
104							164					
105	105	105					165	165				
106							167					
107	107						169	169	169			
109							172					
110	110	110	110				174	174				
111							176					
113	113						178	178	178			
114							180			180	180	
115	115	115					182	182				
117							184					
118	118						187	187	187			
120			120	120			189					
121	121	121					191	191				
123							193					
124	124						196	196	196			
126							198					
127	127	127					200	200		200		
129							203					
130	130		130				205	205	205			
132							208					
133	133	133					210	210				
135							213					
137	137						215	215	215			
138							218			220	220	220
140	140	140					221	221				
142							223					
143	143						226	226	226			
145							229					
147	147	147					232	232				
149							234					
150	150		150	150	150		237	237	237			
152							240			240		
154	154	154					243	243				
156							246					

E192 ±0,5%	E96 ±1%	E48 ±2%	E24 ±5%	E12 ±10%	E6 ±20%		E192 ±0,5%	E96 ±1%	E48 ±2%	E24 ±5%	E12 ±10%	E6 ±20%
249	249	249					402	402	402			
252							407					
255	255						412	412				
258							417					
261	261	261					422	422	422			
264							427					
267	267						432	432		430		
271			270	270			437					
274	274	274					442	442	442			
277							448					
280	280						453	453				
284							459					
287	287	287					464	464	464			
291							470			470	470	470
294	294						475	475				
298							481					
301	301	301	300				487	487	487			
305							493					
309	309						499	499				
312							505					
316	316	316					511	511	511	510		
320							517					
324	324						523	523				
328							530					
332	332	332	330	330	330		536	536	536			
336							542					
340	340						549	549				
344							556					
348	348	348					562	562	562	560	560	
352							569					
357	357						576	576				
361			360				583					
365	365	365					590	590	590			
370							597					
374	374						604	604				
379							612					
383	383	383					619	619	619			
388							626			620		
392	392		390	390			634	634				
397							642					

E192 ±0,5%	E96 ±1%	E48 ±2%	E24 ±5%	E12 ±10%	E6 ±20%		E192 ±0,5%	E96 ±1%	E48 ±2%	E24 ±5%	E12 ±10%	E6 ±20%
649	649	649					806	806				
657							816					
665	665						825	825	825	820	820	
673							835					
681	681	681	680	680	680		845	845				
690							856					
698	698						866	866	866			
706							876					
715	715	715					887	887				
723							898					
732	732						909	909	909			
741							920			910		
750	750	750	750				931	931				
759							942					
768	768						953	953	953			
777							965					
787	787	787					976	976				
796							988					

■ 11.5 Wichtige Klemmenbezeichnungen

(Auszug aus DIN 72552)

Die Klemmenbezeichnungen sind nicht gleichzeitig Leitungsbezeichnungen, da an beiden Enden einer Leitung Geräte mit unterschiedlicher Klemmenbezeichnung angeschlossen sein können. Reichen die Klemmenbezeichnungen nicht mehr aus (Mehrfachsteckverbindungen), so erhalten die Klemmen fortlaufende Zahlen- oder Buchstabenbezeichnungen, die keine genormte Funktionszuordnung haben.

	Zündspule, Zündverteiler
1	Niederspannung
	Zündverteiler mit zwei getrennten Stromkreisen
la	zum Zündunterbrecher I
lb	zum Zündunterbrecher II
2	Kurzschließklemme (Magnetzündung)
4	Zündspule, Zündverteiler Hochspannung
	Zündverteiler mit zwei getrennten Stromkreisen
4a	von Zündspule I, Klemme 4
4b	von Zündspule II, Klemme 4
15	Geschaltetes Plus hinter Batterie, (Ausgang Zünd-[Fahrt-]Schalter)
15a	Ausgang am Vorwiderstand zu Zündspule und Starter
	Glühstartschalter
17	Starten
19	Vorglühen
	Batterie
30	Eingang von Batterie Plus, direkt
	Batterieumschaltrelais 12/24 V
30a	Eingang von Batterie II Plus
	Rückleitung an Batterie
31	Minus oder Masse, direkt
	Rückleitung an Batterie
31b	Minus oder Masse, über Schalter oder Relais (geschaltetes Minus)
	Batterieumschaltrelais 12/24V
31a	Rückleitung an Batterie II Minus
31c	Rückleitung an Batterie I Minus
	Elektromotoren
32	Rückleitung [1])
33	Hauptanschluß [1])
33a	Endabstellung
33b	Nebenschlußfeld
33f	für zweite kleinere Drehzahlstufe
33g	für dritte kleinere Drehzahlstufe
33h	für vierte kleinere Drehzahlstufe
33L	Drehrichtung links
33R	Drehrichtung rechts
	Starter
45	Getrenntes Startrelais, Ausgang, Starter, Eingang (Hauptstrom)

	Zwei Starter-Parallelbetrieb Startrelais für Einrückstrom
45a	Ausgang Starter I, Eingang Starter I und II
45b	Ausgang Starter II
48	Klemme am Starter und am Startwiederholrelais Überwachung des Startvorgangs
	Blinkgeber (Impulsgeber)
49	Eingang
49a	Ausgang
49b	Ausgang, 2. Blinkkreis
49c	Ausgang, 3. Blinkkreis
	Starter
50	Startersteuerung (direkt)
	Batterieumschaltrelais
50a	Ausgang für Startersteuerung
	Startersteuerung
50b	bei Parallelbetrieb von zwei Startern mit Folgesteuerung
	Startrelais für Folgesteuerung des Einrückstroms bei Parallelbetrieb von zwei Startern
50c	Eingang in Startrelais für Starter I
50d	Eingang in Startrelais für Starter II
	Startsperrelais
50e	Eingang
50f	Ausgang
	Startwiederholrelais
50g	Eingang
50h	Ausgang
	Wechselstromgenerator
51	Gleichspannung am Gleichrichter
51e	Gleichspannung am Gleichrichter mit Drosselspule für Tagfahrt
	Anhängersignale
52	Weitere Signalgebung vom Anhänger zum Zugwagen
	Generator und Generatorregler
B+	Batterie Plus
B -	Batterie Minus
D +	Dynamo Plus
D -	Dynamo Minus
DF	Dynamo Feld
DF1	Dynamo Feld 1
DF2	Dynamo Feld 2

[1]) Polaritätswechsel Klemme 32 – 33 möglich

53	**Wischermotor,** Eingang (+)
53a	Wischer (+), Endabstellung
53b	Wischer (Nebenschlußwicklung)
53c	Elektrische Scheibenspülerpumpe
53e	Wischer (Bremswicklung)
53i	Wischermotor mit Permanentmagnet und dritter Bürste (für höhere Geschwindigkeit)
54	**Anhängersignal** Anhänger-Steckvorrichtungen und Leuchtkombinationen
54g	**Bremslicht** Druckluftventil für Dauerbremse, elektromagnetisch betätigt
55	**Nebelscheinwerfer**
56	**Scheinwerferlicht**
56a	Fernlicht und Fernlichtkontrolle
56b	Abblendlicht
56d	Lichthupenkontakt
57	**Standlicht** für Krafträder (im Ausland auch für Pkw, Lkw usw.)
57a	**Parklicht**
57L	Parklicht, links
57R	Parklicht, rechts
58	**Begrenzungs, Schluß-, Kennzeichen- und Instrumentenleuchten**
58b	Schlußlichtumschaltung bei Einachsschleppern
58c	Anhänger-Steckvorrichtung für einadrig verlegtes und im Anhänger abgesichertes Schlußlicht
58d	Regelbare Instrumentenbeleuchtung, Schluß- und Begrenzungs leuchte
58L	links
58R	rechts, Kennzeichenleuchte
59	**Wechselstromgenerator** (Magnetzünder-Generator) Wechselspannung, Ausgang, Gleichrichter, Eingang
59a	Ladeanker, Ausgang
59b	Schlußlichtanker, Ausgang
59c	Bremslichtanker, Ausgang
61	**Generatorkontrolle**
71	**Tonfolgeschaltgerät** Eingang
71a	Ausgang zu Horn 1 + 2 tief
71b	Ausgang zu Horn 1 + 2 hoch

72	**Alarmschalter** (Rundumkennleuchte)
75	**Radio, Zigarettenanzünder**
76	Lautsprecher
77	**Türventilsteuerung**
81	**Schalter** Öffner und Wechsler Eingang
81a	1. Ausgang, Öffnerseite
81b	2. Ausgang, Öffnerseite Schließer
82	Eingang
82a	1.Ausgang
82b	2.Ausgang
82z	1. Eingang
82y	2. Eingang Mehrstellenschalter
83	Eingang
83a	Ausgang, Stellung 1
83b	Ausgang, Stellung 2
83L	Ausgang, Stellung links
83R	Ausgang, Stellung rechts
84	**Stromrelais (Bild 11.1)** Eingang, Antrieb und Relaiskontakt
84a	Ausgang, Antrieb
84b	Ausgang, Relaiskontakt
85	**Schaltrelais (Bild 11.1)** Ausgang, Antrieb (Wicklungsende Minus oder Masse)
86	Eingang, Antrieb Wicklungsanfang
86a	Wicklungsanfang oder 1.Wicklung
86b	Wicklungsanzapfung oder 2.Wicklung
87	Relaiskontakt bei Öffner und Wechsler, Eingang
87a	1.Ausgang (Öffnerseite)
87b	2.Ausgang
87c	3.Ausgang
87z	1. Eingang
87 y	2. Eingang
87x	3. Eingang

88	Relaiskontakt bei Schließer, Eingang
88a 88b 88c	Relaiskontakt bei Schließer und Wechsler (Schließerseite), 1.Ausgang 2.Ausgang 3.Ausgang
88z 88y 88x	Relaiskontakt bei Schließer, 1. Eingang 2. Eingang 3. Eingang
	Generator und Generatorregler
B+ B - D + D - DF DF1 DF2	Batterie Plus Batterie Minus Dynamo Plus Dynamo Minus Dynamo Feld Dynamo Feld 1 Dynamo Feld 2

U, V, W	Drehstromgenerator Drehstromklemmen
	Fahrtrichtungsanzeige (Blinkgeber)
C	Erste Kontrollampe
C0	Hauptanschluß für vom Blinker getrennte Kontrollkreise
C2	Zweite Kontrollampe
C3	Dritte Kontrollampe (z. B. beim Zwei-Anhänger-Betrieb)
L	Blinkleuchten, links
R	Blinkleuchten, rechts

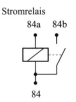

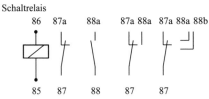

Bild 11.1 Bezeichnungen der Relais

▪ 11.6 Elektronische Bauteileabkürzungen

Die Abkürzungen der elektronischen Bauelemente sind nicht standardisiert, die folgenden werden jedoch oft verwendet:

R:	(Resistor)	Widerstand
C:	(Capacitor)	Kondensator
L:	(Inductivity)	Induktivität
T oder **Tr:**	(Transistor)	Transistor
D:	(Diode)	Diode
IC:	(Integrated Circuit)	Integrierter Schaltkreis
Rel.:	(Relay)	Relais
Q:	(Quartz)	Quarz
µC:	(MicroController)	Mikrocontroller
M:	(Motor)	Motor
F:	(Fuse)	Sicherung
Gnd.	(Ground)	Masse

■ 11.7 ISO 7637, Schärfegrade, Übersicht

12-V-Bordnetz

Test-Impuls	Schärfegrad, Spannungs-Impulshöhe				Impulszahl oder Testdauer
	I	II	III	IV	
1	−25 V	−50 V	−75 V	−100 V	5000
2	+25 V	+50 V	+75 V	+100 V	5000
3a	−25 V	−50 V	−100 V	−150 V	1 h
3b	+25 V	+50 V	+75 V	+100 V	1 h
4	+8 V	+7 V	+6 V	+5 V	1 Impuls
5	+26,5 V	+46,5 V	+66,5 V	+86,5 V	1 Impuls

24-V-Bordnetz

Test-Impuls	Schärfegrad, Spannungs-Impulshöhe				Impulszahl oder Testdauer
	I	II	III	IV	
1a	−50 V	−100 V	−150 V	−200 V	5000
1b	−275 V	−550 V	−825 V	−1100 V	100
2	+25 V	+50 V	+75 V	+100 V	5000
3a	−35 V	−70 V	−140 V	−200 V	1 h
3b	+35 V	+70 V	+140 V	+200 V	1 h
4	+19 V	+14 V	+10 V	+8 V	1 Impuls
5	+70 V	+113 V	+156 V	+200 V	1 Impuls

■ 11.8 Tabelle der ASCII-Codierung

DEC.			0	16	32	48	64	80	96	112
	HEX.		00	10	20	30	40	50	60	70
		BIN.	$b_6 b_5 b_4$ 000	$b_6 b_5 b_4$ 001	$b_6 b_5 b_4$ 010	$b_6 b_5 b_4$ 011	$b_6 b_5 b_4$ 100	$b_6 b_5 b_4$ 101	$b_6 b_5 b_4$ 110	$b_6 b_5 b_4$ 111
		$b_3 b_2 b_1 b_0$								
0	0	0000	NUL	DLF	SP	0	@	P	`	p
1	1	0001	SOH	DC1	!	1	A	Q	a	q
2	2	0010	STX	DC2	"	2	B	R	b	r
3	3	0011	ETX	DC3	#	3	C	S	c	s
4	4	0100	EOT	DC4	$	4	D	T	d	t
5	5	0101	ENQ	NAK	%	5	E	U	e	u
6	6	0110	ACK	SYN	&	6	F	V	f	v
7	7	0111	BEL	ETB	´	7	G	W	g	w
8	8	1000	BS	CAN	(	8	H	X	h	x
9	9	1001	HT	EM	)	9	I	Y	i	y
10	A	1010	LF	SUB	*	:	J	Z	j	z
11	B	1011	VT	ESC	+	;	K	[	k	{
12	C	1100	FF	FS	,	<	L	\	l	|
13	D	1101	CR	GS	-	=	M	]	m	}
14	E	1110	SO	RS	.	>	N	↑	n	~
15	F	1111	SI	US	/	?	O	←	o	DEL

Verwendete Fachbegriffe

Absorberhalle
Elektromagnetisch abgeschirmte Halle zur Untersuchung der elektromagnetischen Verträglichkeit ganzer Fahrzeuge

Absorberraum
Elektromagnetisch abgeschirmter Raum zur Untersuchung der elektromagnetischen Verträglichkeit einzelner Komponenten

ASIC (Application Specific Integreated Circuit)
Kundenspezifisch integrierter Schaltkreis

BCI (Bulk Current Injection)
Stromeinspeisung über eine Koppelzange

Bond-Out-Chip
Spezieller Mikrocontroller zur Verwendung in In-Circuit-Emulatoren, bei dem alle internen Register in Zugriff sind

Boot-Strap-Schaltung
Getaktete Ansteuerung eines Aktuators mittels eines High-Side-Schalters ohne Verwendung einer Ladungspumpe

Burn-In
Hochtemperaturlagerung einzelner Bauteile oder Komponenten, um Langzeiteffekte vorzuholen

CAN-Bus (Controller Area Network)
Lokales Daten-Bussystem zur Verbindung von Mikrocontrollern in Fahrzeugen

Current Injection
Technische Eigenschaft einiger Mikrocontroller, bei der im Betrieb ein kleiner Strom in die Ports geleitet werden darf

DPM (Defects Per Million)
Statistische Ausfallrate pro 1 Million gefertigter Teile

EMC (Electromagnetic Compatibility)
Elektromagnetische Verträglichkeit (EMV)

EOL (End-of-Line)
Programmierung spezieller Kalibrier- oder Funktionsdaten in bereits gefertigten Steuergeräten am Bandende

ESD (Electrostatic Discharge)
Elektrostatische Entladung

FIT (Failure in Time)
Statistische Ausfälle innerhalb einer bestimmten Zeitspanne

FLASH
Spezielle Halbleiterstruktur auf einem Speicher, mit dem Daten dauerhaft und schnell gespeichert werden können

Hausnorm
Innerhalb einer Firma angewandte Festlegung von technischen Randbedingungen oder Anforderungen, die nicht einer allgemein gültigen Norm entsprechen

High-Side-Schalter
Aktuator-Ausgang, bei dem die Last einseitig zur Masse verschaltet ist

ICT (In-Circuit-Tester)
Testeinrichtung, bei der mittels eines Nadelbettadapters eine Leiterkarte komplett überprüft wird

IDE (Integreated Development Environment)
Integrierte Entwicklungsumgebung

In-Circuit-Emulator
Nachbildung eines Ziel-Mikrocontrollers durch einen Bond-Out-Chip zur Softwareentwicklung unter Verwendung der Original-Zielhardware

IP-Code
Normenmäßig festgelegter Code zur Beschreibung der Systemdichtigkeit gegenüber Feuchtigkeit und Staub

Jump-Start
Start eines Fahrzeuges mit einem 12-V-Bordnetz mittels einer 24-V-Batterie

K-Line
Bidirektionale Datenleitung vom Fahrzeug zu einem Diagnose-Testgerät

KWP 2000
Datenprotokoll zur Kommunikation einzelner Steuergeräte eines Fahrzeuges mit einem Diagnose-Testgerät

LAMBDA
Statistische Ausfallrate von Bauteilen oder Komponenten

LIN-Bus (Local Interconnect Network)
Kleiner lokaler Bus zur Vernetzung einiger Steuergeräte unter Verwendung einer K-Line

Load-Dump (dt.: Lastabwurf)
Energiereicher langer Spannungsimpuls bei Abfall einer Batterieklemme

Logic-Level-MOS-Power-Transistor
MOS-Transistor für hohe Ströme, der bei einer Steuerspannung von + 5 V schon voll durchschaltet

Low-Drop-Regler
Spannungsregler mit extrem kleinem Spannungsabfall zwischen Eingang und Ausgang

Masken-Mikrocontroller
Mikrocontroller, bei dem das Programm durch einen speziellen Masken-Belichtungssatz unveränderbar festgelegt ist

Massebaum
Schaltplanmäßige Darstellung, welche Masseanschlüsse innerhalb einer Elektronik zusammengefasst und in welcher Reihenfolge mit dem Bordnetz verbunden werden

Mikrocontroller
Mikroprozessor mit integrierte Peripherie inkl. I/O und Speicher

MOS-Power-Transistor
MOS-Transistor für sehr hohe Ströme bei gleichzeitig sehr geringem Einschaltwiderstand

MTBF (Mean Time Between Failure)
Statistische mittlere Zeit zwischen dem Auftreten von zwei Fehlern

MTTF (Mean Time To Failure)
Statistische mittlere Zeit zwischen der Erstinbetriebnahme und dem Auftreten des ersten Fehlers

Multilayer
Leiterkarte mit mehr als zwei Verdrahtungsebenen

OTP (One-Time Programmable)
Mikrocontroller, der nur einmal programmiert werden kann

Piggy-Back
Mikrocontroller, bei dem der Programmspeicher unter Verwendung eines Stecksockels auf der Rückseite aufgesteckt werden kann

PPM (Parts Per Million)
Teile pro einer Million

PWM (Pulse Width Modulation)
Pulsweiten-Modulation. Methode zur analogen Leistungsregelung in einem Aktuator durch eine getaktete Ansteuerung

ROM-LESS
Mikrocontroller ohne Programmspeicher

Run-In
Temperaturwechselprüfung mit einzelnen Komponenten im Betrieb, um Frühausfälle zu erkennen

Soft-Clipping
Gezielte Verringerung der Flankensteilheiten an den Ausgängen von Mikrocontrollern, um die EMC-Abstrahlung zu verringern

Strip-Line
Messtechnische Anordnung zur Überprüfung der gestrahlten Störfestigkeit oder Störaussendung von Komponenten

TEM-Zelle
Abgeschirmte Messzelle zur Beurteilung der gestrahlten Störaussendung oder der Störfestigkeit von Komponenten

TT-CAN (Time Triggered CAN)
Erweiterter CAN-Bus mit der Eigenschaft, zeitsynchrone Vorgänge zu bedienen und auch sicherheitskritische Daten zu transportieren

Literatur

[1] *Babiel, Gerhard:* Bordnetze und Powermanagement, Springer Vieweg, Wiesbaden, 2013

[2] *Babiel, Gerhard:* Elektrische Antriebe in der Fahrzeugtechnik, Springer Vieweg, Wiesbaden, 2009

[3] *Beierlein, T.; Hagenbruch, O.:* Taschenbuch Mikroprozessortechnik, Carl Hanser Verlag, München Wien, 2010

[4] *Bermbach, Rainer:* Embedded Controller, Carl Hanser Verlag, München Wien, 2001

[5] *Böhmer, Erwin:* Elemente der angewandten Elektronik, Vieweg + Teubner Verlag, Wiesbaden, 2010

[6] *Braess, Hans Hermann; Seiffert, Ulrich:* Handbuch Kraftfahrzeugtechnik, Springer Vieweg, Wiesbaden, 2013

[7] *Etschberger, Conrad:* Controller-Area-Network. Grundlagen Protokolle Bausteine Anwendungen, Carl Hanser Verlag, München Wien, 2002

[8] *Federau, Joachim:* Operationsverstärker, Vieweg + Teubner Verlag, Wiesbaden, 2013

[9] *Franz, Joachim:* EMV. Störungssicherer Aufbau elektronischer Schaltungen, Springer Vieweg, Wiesbaden, 2013

[10] *Graf, Alfons:* The new automotive 42 V PowerNet, expert-Verlag, Renningen, 2001 (Fachbuchreihe/Haus der Technik; Band 8)

[11] *Grzemba, Andreas:* MOST. Das Multimedia-Betriebssystem für den Einsatz im Automobil, Franzis Verlag GmbH, Poing, 2007

[12] *Grzemba, Andreas; von der Wense, Hans-Christian:* LIN-Bus, Franzis Verlag GmbH, Poing, 2005

[13] *Haken, Karl-Ludwig:* Grundlagen der Kraftfahrzeugtechnik, Carl Hanser Verlag, München Wien, 2013

[14] *Henning, Peter; Vogelsang, Holger:* Taschenbuch Programmiersprachen, Carl Hanser Verlag, München Wien, 2007

[15] *Horstkotte, Jo:* CE-Kennzeichnung, Franzis Verlag GmbH, Feldkirchen, 1996

[16] *Infineon:* Halbleiter. Technische Erläuterungen und Kenndaten, Infineon Technologies AG, München, 2001

[17] *Lawrenz, Wolfhard:* CAN Controller Area Network. Grundlagen und Praxis, VDE-Verlag GmbH, Berlin Offenbach, 2011

[18] *Lemieux, Joseph:* Programming in the OSEK/VDX Environment, CMP Books, Gilroy CA, USA, 2001

[19] *Linß, Gerhard:* Qualitätsmanagement für Ingenieure, Carl Hanser Verlag, München Wien, 2011

[20] *Marscholik, Christoph; Subke, Peter:* Datenkommunikation im Automobil. Grundlagen, Bussysteme, Protokolle und Anwendungen, VDE-Verlag GmbH, Berlin Offenbach, 2011

[21] *Müller, Rudolf:* Grundlagen der Halbleiter-Elektronik, Band 1, Springer Verlag, Berlin, 1995

[22] *Rausch, Mathias:* FlexRay. Grundlagen Funktionsweise Anwendung, Carl Hanser Verlag, München Wien, 2007

[23] *Reif, Konrad:* Bosch Autoelektrik und Autoelektronik, Vieweg + Teubner Verlag, Wiesbaden, 2011

[24] *Reif, Konrad:* Automobilelektronik. Eine Einführung für Ingenieure, Vieweg + Teubner Verlag, Wiesbaden, 2012

[25] *Robert Bosch GmbH:* Bosch. Kraftfahrtechnisches Taschenbuch, Vieweg + Teubner Verlag, Wiesbaden, 2011

[26] *Schaaf:* Mikrocomputertechnik mit Mikrocontrollern der Familie 8051, Carl Hanser Verlag, München Wien, 2010

[27] *Schäuffele, Jörg; Zurawka, Thomas:* Auromotive Software Engineering. Principles, Processes, Methods and Tools, SAE International, 2005

[28] *Schott, Dieter:* Ingenieurmathematik mit MATLAB, Carl Hanser Verlag, München Wien, 2004

[29] *Schwab, Adolf J.:* Elektromagnetische Verträglichkeit EMV 2000, Springer Verlag, Berlin, 2011

[30] *Sperling, Dieter:* Elektromagnetische Verträglichkeit in der KFZ-Technik (EMV), VDE-Verlag, Berlin-Charlottenburg, 2001

[31] *Sturm:* Mikrocontrollertechnik, Carl Hanser Verlag, München Wien, 2014

[32] *Stein, Ulrich:* Programmieren mir MATLAB, Carl Hanser Verlag, München Wien, 2012

[33] *Texas Instruments:* AOQ bis Zuverlässigkeit am Beispiel von Halbleitern. Eine Einführung, Das Qualitäts-ABC, Texas Instruments Deutschland GmbH, Freising, 1990

[34] *Tietze, Ulrich; Schenk, Christoph:* Halbleiter-Schaltungstechnik, Springer Verlag, Berlin Heidelberg New York, 2002

[35] *Trautmann, Toralf:* Grundlagen der Fahrzeugmechatronik, Vieweg + Teubner Verlag, Wiesbaden, 2009

[36] *Waldschmidt, Klaus:* Schaltungen der Datenverarbeitung, B. G. Teubner Verlag, Stuttgart, 1980

[37] *Watzik, G.; Laske, L.; Kühn, W.:* EMV in der Kfz.-Technik, Franzis Verlag GmbH, Feldkirchen, 1995

[38] *Wiegelmann, Jörg:* Softwareentwicklung in „C" für Mikroprozessoren, VDE Verlag GmbH, Berlin Offenbach, 2011

[39] *Zeiner, Karlheinz:* Programmieren lernen mit C, Carl Hanser Verlag, München Wien, 2000

[40] *Zimmermann, Werner; Schmidgall, Ralf:* Bussysteme in der Fahrzeugtechnik. Protokolle und Standards, Vieweg + Teubner Verlag, Wiesbaden, 2011

Verweise auf Normen

ISO/DIS 16750

Road vehicles – Environmental conditions and testing for electrical and electronic equipment –

Part 1: General

Part 2: Electrical Loads

Part 3: Mechanical Loads

Part 4: Climatic Loads

Part 5: Chemical Loads

ISO 7637

Road vehicles – Electrical disturbance by conduction an coupling –

Part 1:   Passenger cars and light commercial vehicles with nominal 12 V Supply Voltage, Electrical transient conduction along supply lines only

Part 2:   Passenger cars and light commercial vehicles with nominal 24 V Supply Voltage, Electrical transient conduction along supply lines only

Part 3:   Vehicles with nominal 12 V or 24 V supply voltage –Electrical transient transmission by capacitive and inductive coupling via lines other than supply lines –

ISO 11451

Road vehicles – Vehicle test methods for electrical disturbances from narrowband radiated electromagnetic energy –

Part 1: General and definitions

Part 2: Off-vehicle radiation sources

Part 3: On-board transmitter simulation

Part 4: Bulk current injection (BCI)

ISO/DIS 11452

Road vehicles – Component test methods for electrical disturbances from narrowband radiated electromagnetic energy –

Part 1: General and definitions

Part 2: Absorber-lined chamber

Part 3: Transverse electromagnetic mode (TEM) cell

Part 4: Bulk current injection (BCI)

Part 5: Stripline

Part 6: Parallel plate antenna

Part 7: Direct radio frequency (RF) power injection

IEC-CISPR 25

Radio disturbance characteristics for the protection of receivers used on board vehicles, boats, and on devices – Limits and methods of measurement

IEC-CISPR 12

– Vehicles, motorboats and spark-ignited engine-driven devices – Radio disturbance characteristics – Limits and methods of measurement

ISO 10305

Road vehicles – Calibration of electromagnetic field strength measuring devices –

Part 1: Devices for measurement of electromagnetic fields at frequencies > 0 Hz

Part 2: IEEE standard for calibration of electromagnetic field sensors and probes, excluding antennas, from 9 kHz to 40 GHz

ISO 10605

Road vehicles – Test methods for electrical disturbances from electrostatic discharge –

ISO 11898

Road vehicles – Controller area network (CAN) –

Part 1: Data link layer and physical signalling

Part 2: High-speed medium access unit

Part 3: Low speed fault tolerant medium dependent interface

Part 4: Time triggered communication

ISO 14230

Road vehicles – Diagnostic systems – Keyword Protocol 2000

Part 1: Physical layer

Part 2: Data link layer

Part 3: Application layer

Part 4: Requirements for emission-related systems

ISO 9141

Road vehicles – Diagnostic systems –

Part 1: Requirements for interchange of digital information

Part 2: CARB requirements for interchange of digital information (CARB: California Air Ressources Board)

Part 3: Verification of the communication between vehicle and OBD II scan tool

ISO/CD 17356

Road vehicles – Open interface for embedded automotive applications –

Part 1: General structure

Part 2: OSEK/VDX binding specification

Part 3: OSEK/VDX operating system (OS)

Part 4: OSEK/VDX communication (COM)

Part 5: OSEK/VDX network management (NM)

Part 6: OSEK/VDX implementation language (OIL)

Local Interconnect Network

LIN V 1.2 Specification 12.12.2002

Physical Layer

Data link Layer

DIN 72 552

Klemmenbezeichnungen im Kfz nach DIN (Deutsch/Englisch) Klemmenbezeichnungen

IEC TR 62380

Reliability data handbook – Universal model for reliability prediction of electronics components, PCBs and equipment

Index